智能电网技术与装备丛书

直流电网故障电流
——分析与抑制

Fault Current of DC Grid: Analysis
and Limitation Methods

贺之渊　刘天琪　郝亮亮　李保宏　彭　乔　著

科学出版社

北　京

内 容 简 介

本书共 9 章,包括直流电网的发展及直流电网故障电流的研究现状与发展趋势、直流电网故障电流关键影响因素、限制故障电流水平的网架结构优化方法及原则、限制故障电流水平的运行方式优化方法、阻尼特性对故障电流初始态的影响、直流电网不同故障类型下电气量变化及分布特性、基于暂态能量流的直流电网故障电流影响因素分析、直流电网故障电流通用计算方法、采取限流措施后的直流电网故障特性。

本书可供从事高压直流输电、直流电网规划设计、建设和运行等相关工作的科研、设计、运行人员及输变电工程技术人员参考使用,也可作为高等院校相关专业师生的参考书。

图书在版编目(CIP)数据

直流电网故障电流：分析与抑制 / 贺之渊等著. — 北京：科学出版社,
2025.6. -- ISBN 978-7-03-081611-5

Ⅰ. TM721.1

中国国家版本馆 CIP 数据核字第 2025J0L592 号

责任编辑：范运年　王楠楠 / 责任校对：王萌萌
责任印制：师艳茹 / 封面设计：赫　健

科学出版社 出版
北京东黄城根北街 16 号
邮政编码：100717
http://www.sciencep.com
三河市春园印刷有限公司印刷
科学出版社发行　各地新华书店经销
*
2025 年 6 月第　一　版　开本：720 × 1000　1/16
2025 年 6 月第一次印刷　印张：23 3/4
字数：473 000
定价：168.00 元
(如有印装质量问题,我社负责调换)

"智能电网技术与装备丛书" 编委会

"智能电网技术与装备丛书"序

国家重点研发计划由原来的"国家重点基础研究发展计划"（973 计划）、"国家高技术研究发展计划"（863 计划）、国家科技支撑计划、国际科技合作与交流专项、产业技术研究与开发基金和公益性行业科研专项等整合而成，是针对事关国计民生的重大社会公益性研究的计划。国家重点研发计划事关产业核心竞争力，整体自主创新能力和国家安全的战略性、基础性、前瞻性重大科学问题，重大共性关键技术和产品，为我国国民经济和社会发展主要领域提供持续性的支撑和引领。

"智能电网技术与装备"重点专项是国家重点研发计划第一批启动的重点专项，是国家创新驱动发展战略的重要组成部分。该专项通过各项目的实施和研究，持续推动智能电网领域技术创新，支撑能源结构清洁化转型和能源消费革命。该专项从基础研究、重大共性关键技术研究到典型应用示范，全链条创新设计、一体化组织实施，实现智能电网关键装备国产化。

"十三五"期间，智能电网专项重点研究大规模可再生能源并网消纳、大电网柔性互联、大规模用户供需互动用电、多能源互补的分布式供能与微网等关键技术，并对智能电网涉及的大规模长寿命低成本储能、高压大功率电力电子器件、先进电工材料以及能源互联网理论等基础理论与材料等展开基础研究，专项还部署了部分重大示范工程。"十三五"期间专项任务部署中基础理论研究项目占24%；共性关键技术项目占54%；应用示范任务项目占22%。

"智能电网技术与装备"重点专项实施总体进展顺利，突破了一批事关产业核心竞争力的重大共性关键技术，研发了一批具有整体自主创新能力的装备，形成了一批应用示范带动和世界领先的技术成果。预期通过专项实施，可显著提升我国智能电网技术和装备的水平。

基于加强推广专项成果的良好愿景，工业和信息化部产业发展促进中心与科学出版社联合以智能电网专项优秀科技成果为基础，组织出版"智能电网技术与装备丛书"，丛书为承担重点专项的各位专家和工作人员提供一个展示的平台。出版著作是一个非常艰苦的过程，耗人、耗时，通常是几年磨一剑，在此感谢承担"智能电网技术与装备丛书"重点专项的所有参与人员和为丛书出版做出贡献的作者和工作人员。我们期望将这套丛书做成智能电网领域权威的出版物！

　　我相信这套丛书的出版，将是我国智能电网领域技术发展的重要标志，不仅可供更多的电力行业从业人员学习和借鉴，也能促使更多的读者了解我国智能电网技术的发展和成就，共同推动我国智能电网领域的进步和发展。

2019 年 8 月 30 日

序

以可再生清洁能源开发利用为核心，推动能源结构向清洁、高效转型已成为世界各国的共识。2020 年 9 月 22 日，国家主席习近平在第七十五届联合国大会一般性辩论上提出了我国"二氧化碳排放力争于 2030 年前达到峰值，努力争取 2060 年前实现碳中和"①的目标，为能源转型指明了方向、明确了目标。电网在清洁能源低碳转型中也将持续发挥关键和引领作用。中国幅员辽阔、蕴藏着丰富的可再生清洁能源。为适应能源格局转型的深刻变化，实现大规模能源资源的集约化开发和资源优化配置，需建设新型电能汇集及传输电网。

大规模可再生清洁能源的接入需要更加灵活的并网方式，同时，高比例可再生清洁能源的广域互补和送出也需要电网具备更强的调节能力。柔性直流输电以高度的灵活性和可控性，在大规模清洁能源并网、大电网柔性互联等领域得到了广泛应用。由柔性直流输电技术构成的直流输电网络可使柔性直流输电技术应用于更广泛的领域，也可为能源转型中电网结构形态的变革提供可行的技术手段。为有效利用张北地区大量的风光清洁能源为北京提供更加清洁绿色的能源供应，国家规划建设了张北柔性直流电网工程。该工程于 2020 年 6 月 29 日投入运行，为 2022 年北京冬季奥运会所有场馆提供了 100%的绿色清洁电力能源。这是全球首个并网运行的柔性直流电网工程，成为国际电力领域发展的重要里程碑。

然而，电网运行中，关键设备随时可能出现各种故障，及时有效地应对故障是系统安全可靠运行的基本前提。对柔性直流电网而言，故障电流的演化机理和抑制措施是其面临的挑战及难题之一。针对柔性直流电网弱阻尼带来的故障电流快速上升问题，2018 年我国立项国家重点研发计划项目"柔性直流电网故障电流抑制的基础理论研究"，围绕复杂直流电网故障电流分布特性与演变机理、故障电流抑制理论及技术等科学问题，对直流电网故障电流无过零点且上升速度快、分断难度大、直流电网电力电子设备耐受过电流能力差等问题进行了深入研究。

该书是"柔性直流电网故障电流抑制的基础理论研究"项目课题 1 和课题 2 研究成果的汇集和凝练，其成果主要包括首次从理论上揭示柔性直流电网故障电流特性、关键影响因素及演化规律；从理论上破解和揭示阻尼特性对故障电流起始值及上升率的影响机理，并创建相应的理论及模型；提出从网架结构和运行方

---

① 习近平在第七十五届联合国大会上一般性辩论上的讲话.(2020-09-22). http://www.gov.cn/xinwen/2020-09/22/content_5546169.htm。

式维度降低故障电流的优化方法；给出柔性直流电网故障电流的通用计算方法，以及线路参数、子模块电容、限流电抗器、控制器等关键参数对故障电流发展演化的影响及评价指标。这不仅为张北柔性直流电网工程的安全可靠运行提供了有力的理论和技术支撑，也将为后续柔性直流电网的规划设计、建设和运行奠定相关的理论技术基础。

未来，随着全球能源领域仍将持续朝清洁低碳方向发展，特别是我国"双碳"目标的实施，柔性直流电网技术的应用前景更加广阔。相信该书将为科研人员、高校师生和工程技术人员提供有益的帮助。

中国工程院院士

2024 年 10 月

前　言

中国幅员辽阔，蕴藏着丰富的可再生清洁能源。为适应能源转型的深刻变化，实现大规模能源资源的集约化开发和资源优化配置，需建设新型电能汇集及送出通道。随着技术的进步，曾经主要应用于小容量、短距离的柔性直流输电技术在大规模新能源汇集及送出场景中的应用越来越多。由于柔性直流输电技术具有高可控性、高灵活性、高拓展性等优势，因此多端直流电网建设成为可能。2020 年 6 月，全球首个大容量、高电压等级柔性直流电网——张北柔性直流电网工程正式投运，并在 2022 年 2 月为北京冬季奥运会提供绿色电能。未来，全球范围内的直流电网工程将越来越多，对直流电网的深入研究和分析对新型电力系统的安全稳定运行至关重要。

随着直流电网规模的扩大，故障事件发生频率日益增加，特别是架空直流线路的直流电网。交直流线路发生故障将引起断路器动作或改变换流站注入直流电网的功率，潮流将会向电网中的正常支路转移，从而可能引起线路过载，甚至发生连锁跳闸事故，从而导致故障进一步扩大。因此，对直流电网故障电流分析与抑制的深入研究十分必要。然而，不同于交流系统，直流电网故障电流没有过零点，且故障电流上升速度快、电网设备耐受过流能力差，使得直流电网故障电流问题较之交流系统更加复杂，使其面临诸多挑战。

直流电网目前尚处于飞速发展阶段，直流电网故障电流分析与抑制尚缺少完整成熟的研究体系，专门针对直流电网故障电流研究的专著则更为稀缺，迫切需要一本囊括机理分析、特性剖析、计算方法和抑制措施的直流电网故障电流系统性专著。本书在此背景下应运而生。本书由国网智能电网研究院有限公司、四川大学、天津大学、合肥工业大学、华中科技大学、北京交通大学和武汉大学的专家学者共同完成，是国家重点研发计划项目"柔性直流电网故障电流抑制的基础理论研究"课题 1 和课题 2 研究成果的汇集和凝练。第 1 章由贺之渊、许韦华、陆晶晶撰写，第 2 章由刘天琪、李保宏、陶艳撰写，第 3 章由彭乔、陶艳撰写，第 4 章由李保宏、孙银锋撰写，第 5 章由陶艳、刘天琪撰写，第 6 章由李博通、刘轶超、王文鑫撰写，第 7 章由茆美琴、施永、胡凯凡撰写，第 8 章由张凯、郝亮亮、王卓雅撰写，第 9 章由秦亮、徐祎撰写，全书由贺之渊、刘天琪、彭乔统稿。张文馨、毛光亮、邓文军、陈思危、王鹏宇、王靖榕、吴仁杰、刘宏伟、程德健、袁敏、陆辉等人承担了大量的资料查找、校对等工作，在此一并表示感谢。

与本书相关的研究工作得到了国家重点研发计划项目"柔性直流电网故障电流抑制的基础理论研究"（2018YFB0904600）的资助，并且，在此项目的研究及本书成稿过程中，国内相关科研单位、高等院校、工程建设单位和出版社给予了大力支持和帮助，在此深表感谢。

限于作者水平，书中难免存在不足之处，恳请各位专家和读者批评指正。

作　者

2024 年 10 月

目　　录

第1章 绪　　论

1.1　直流电网的发展

1.1.1　柔性直流输电技术的发展历程

世界能源发展正面临资源紧张、环境污染、气候变化等严峻挑战，加快转变能源开发利用方式，减少二氧化碳排放，成为世界各国共同面临的紧迫课题。推动一次能源多元化、促进新能源的开发利用是能源战略转型的重要环节，已成为世界各国的共识。世界各国纷纷加强风、光、水等可再生能源的开发利用。无论是从全球范围还是从我国实际情况来看，可再生能源富集地区多属于电网薄弱地区，大多数处于电网末端，甚至处于电网空白区域，加之可再生能源发电间歇性和波动性的特点，致使可再生能源的汇集、送出和消纳十分困难。能源资源和消费分布不均衡，使未来电网技术主要面临的问题是大规模可再生能源的汇集和长距离外送。

相比于高压交流输电，高压直流(high voltage direct current，HVDC)输电的线路走廊窄、造价低、损耗小，其快速精确的可调性能够提高互联交流系统的运行稳定性和灵活性，更适用于大容量、远距离的电能传输。高压直流输电技术始于20世纪20年代。基于汞弧阀的第一代直流输电技术主要应用于20世纪70年代以前，而采用晶闸管阀的第二代直流输电技术应用于20世纪70~90年代这段时间。相比于传统直流输电技术，基于电压源型换流器(voltage source converter，VSC)的柔性直流输电技术可独立控制有功和无功功率，无须考虑无功补偿和换相失败问题，具有谐波水平低、可为无源系统供电、电流可双向流动和占地面积小等优点，在清洁能源并网、孤岛供电、城市异步电网互联、海上平台供电等技术领域具有明显优势。

柔性直流输电技术的发展经历了两个重要阶段。第一个阶段始于20世纪90年代初，ABB生产的两电平或三电平电压源型换流器广泛应用于瑞典、丹麦、挪威、芬兰等北欧国家的直流工程中，主要承担离岸风电并网和异步电网互联等功能。两电平换流器存在投切频率高、开关损耗大等缺点，且换流阀中串联器件之间均压问题突出；三电平换流器也存在着电容电压难以平衡、阀组模块化实现较难、开关器损耗较高等一系列问题。2001年，德国学者Marquardt和Lesnicar提出了模块化多电平换流器(module multilevel converter，MMC)的概念，2010年11月，世界上首个采用MMC的柔性直流输电工程——Trans Bay Cable输电工程在美国加利福尼亚州旧金山市投入使用，标志着柔性直流输电技术进入第二个发展阶段。模块化多电平换流器的模块化结构大大降低了换流器的制造难度，并增强了设备的拓展性、降低了开关损耗和谐波畸变率等，使其成为构成柔性直流系统的首选换流器方案。

柔性直流输电系统的结构从初期的两端连接向多端化、网格化发展，直流电网的理论研究和工程预想在国内外引发了研究热潮。欧洲多个国家于 2008 年签署北海国家海上电网倡议谅解备忘录，着手开启超级电网(Super Grid)规划，建立海底高压直流互联电网并与陆上电网相连，将北海和波罗的海海域的风电以及北非和中东的光伏并网，实现可再生能源的充分利用与可靠消纳。美国也在 2011 年提出"Grid 2030"计划，利用超导技术、电力储能技术、信息通信技术和高压直流输电技术建立国家主干网，优化电力在东西海岸、加拿大及墨西哥等区域之间的供需平衡。这些方案仍在理论探索阶段，技术上尚不成熟。虽然国内在柔性直流领域起步较晚，但发展较快，已有多项工程投入使用。2013 年中国南方电网有限责任公司投运了世界上第一个多端柔性直流输电工程——南澳多端柔性直流输电示范工程；2014 年国家电网有限公司投运了电压等级最高、直流端数最多、单端容量最大的多端柔性直流输电工程——浙江舟山五端柔性直流输电工程；我国已经投运的张北柔性直流电网工程，对张北地区的大规模风电汇集消纳发挥重要作用，并在全世界范围内首次实现风电经直流电网向特大城市供电。

直流电网是由多个电压源型换流器互联构成、以直流方式进行电能传输的电力网络，其典型结构如图 1-1 所示。其主要技术特点如下。

(1)直流电网形成独立网络，换流站位于交、直流网络的联络线上，直流线路间可自由连接和切换，并实现互为冗余备用。

(2)可实现多电源供电、多落点受电，并提供灵活、快捷、可靠的输电方式。

(3)既有利于接入大规模风电、光伏和储能设备，也有利于分散的小型新能源通过换流设备接入；没有无功功率和频率振荡问题，稳定性好。

(4)除了 VSC，还可以包含直流/直流(DC/DC)变换器、直流断路器、直流潮流控制器等电力电子设备，实现不同电压等级直流电网互联、直流故障隔离、直流潮流可控等功能。

自 2009 年以来，国际大电网会议(Conference International des Grands Reseaux Electriques，CIGRE)、国际电工委员会(International Electrotechnical Commission，IEC)和欧洲电工标准化委员会(the European Committee for Electrotechnical Standardization，CENELEC)先后成立了多个与直流电网相关的工作组，如表 1-1 所示，对直流电网的可行性、互联规则、换流器建模、潮流控制、可靠性和可用性、基准模型和故障限流技术等展开研究，公布了多项技术标准，对直流电网的研究和发展具有指导意义。

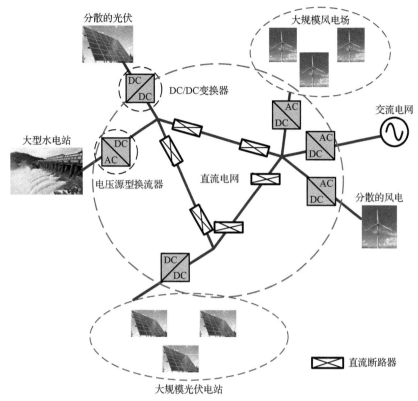

图 1-1　直流电网简化示意图

表 1-1　国际组织对直流电网技术研究的概况

国际组织	工作组	研究内容	工作时间
	B4.52	HVDC Grids Feasibility Study 高压直流电网可行性研究	2009～ 2012 年
	B4.56	Guidelines for Preparation of Connection Agreements or Grid Codes for HVDC Grids 高压直流电网"互联协议"或"电网准则"准备导则	2011～ 2014 年
	B4.57	Guide for the Development of Models for HVDC Converters in a HVDC Grid 高压直流电网中高压直流换流器建模导则	2011～ 2014 年
CIGRE	B4.58	Devices for Load Flow Control and Methodologies for Direct Voltage Control in a Meshed HVDC Grid 网状高压直流电网的潮流控制设备及直流电压控制方法	2011～ 2014 年
	B4/B5.59	Control and Protection of HVDC Grids 高压直流电网控制及保护	2011～ 2014 年
	B4.60	Designing HVDC Grids for Optimal Reliability and Availability Performance 高压直流电网的优化可靠性及可用性设计	2011～ 2014 年
	B4/C1.65	Recommended Voltage for HVDC Grids 高压直流电网的建议电压等级	2013～ 2015 年

续表

国际组织	工作组	研究内容	工作时间
CIGRE	B4.72	DC Grid Benchmark Models for System Studies 系统研究用直流电网标准模型	2016～ 2020 年
	B4.76	DC/DC Converters in HVDC Grids and for Connections to HVDC Systems 高压直流电网中与 HVDC 系统相连的 DC/DC 变换器	2017 年至 今
	B4/A3.86	Fault Limiting Technologies for DC Grids 直流电网故障限流技术	2020 年 至今
CENELEC	—	European Study Group on Technical Guidelines for DC Grids 欧洲研究小组关于直流电网的技术指导	2010～ 2012 年
	—	New TC8X WG06 WG06 工作组对于高压直流电网系统方面的研究	2013 年 至今
IEC	TC-57	Power Systems Management and Associated Information Exchange 电力系统管理和相关的信息交换	—

1.1.2　柔性直流输电工程代表性案例

基于 MMC 的柔性直流输电工程在世界范围内不断涌现，国内虽然起步较晚，但在设备研发和工程建设方面发展迅速，目前已经投运的工程如表 1-2 所示。

表 1-2　国内投运的 MMC-HVDC 工程

工程名称	投运年份	额定功率/MW	直流电压/kV	建设目的
上海南汇柔性直流输电工程	2011	20	±30	风电场联网
南澳多端柔性直流输电示范工程	2013	200	±160	海岛风电外送
浙江舟山五端柔性直流输电工程	2014	1000	±200	风电场联网
厦门柔性直流输电示范工程	2015	1000	±320	海岛供电
渝鄂背靠背柔性直流工程	2019	2×1250	±420	交流电网异步互联
张北柔性直流电网工程	2020	4500	±500	新能源联网，城市供电

1）上海南汇柔性直流输电工程

上海南汇柔性直流输电工程由中国电力科学研究院有限公司承建，于 2010 年底开始建设，2011 年 7 月正式投入运行。该工程联结上海南汇风电场与书柔变电站，工程容量为 20MW，直流电压等级为±30kV，是亚洲首条柔性直流输电示范工程，也是我国第一条拥有完全自主知识产权、具有世界一流水平的柔性直流输电线路。它的成功投运，标志着我国在智能电网高端装备方面取得了重大突破，国家电网有限公司也成为世界上少数几家掌握该项技术的公司。

2) 南澳多端柔性直流输电示范工程

南澳多端柔性直流输电示范工程是世界上首个多端柔性直流输电工程,于 2013 年 12 月投入使用,工程的建成增强了南澳岛内风能的外送能力,为南澳岛发展海上风电提供有力支撑。工程项目的具体建设方案为:在南澳岛上的 110kV 金牛换流站及 110kV 青澳换流站附近各选址新建一个柔性直流换流站,将岛上牛头岭、云澳及青澳等风电场产生的交流电能逆变为直流功率,金牛换流站及青澳换流站两站的直流功率在金牛换流站汇集后,通过岛上新建的直流架空线及电缆混合线路集中送出;直流线路出岛后,改为以直流海缆的形式过海,直流海缆过海后,通过澄海侧的直流陆地电缆接入澄海侧的塑城换流站,通过塑城换流站逆变为交流功率后,接入汕头电网,从而实现岛上大规模风电的送出。

3) 浙江舟山五端柔性直流输电工程

浙江舟山五端柔性直流输电工程于 2014 年 7 月投运,该工程分别在舟山本岛定海区、岱山岛、衢山岛、洋山岛、泗礁岛建设了 5 座换流站,总容量为 1000MW;新建±200kV 直流输电线路 141.5km,其中海底电缆 129km,新建交流线路 31.8km,是当时世界上端数最多、同级电压中容量最大、运行最复杂的海岛供电网络,对加快海岛智能电网建设、解决风电等新能源并网、加强本岛—岱山—洋山—嵊泗的联网意义深远。

4) 厦门柔性直流输电示范工程

厦门柔性直流输电示范工程是世界首个双极柔性直流输电工程,该工程于 2014 年 7 月开工建设,2015 年 12 月正式投入运行,输送容量为 1000MW,新建岛外浦园、鹭岛两座换流站,采用 1800mm² 大截面绝缘直流电缆敷设,通过厦门翔安海底隧道与两座换流站连接。工程建成后有效消除了厦门岛作为无源电网的劣势,不仅可以补充厦门岛内电力缺额,还具备动态无功补偿功能,能快速调节岛内电网的无功功率,从而稳定电网电压。

5) 渝鄂背靠背柔性直流工程

2019 年 1 月,基于 MMC 的柔性直流换流器应用于±420kV/4×1250MW 渝鄂背靠背柔性直流工程,该工程提高了川渝电网的水电外送能力,消除了川渝电网-华中电网、华中-华北电网失步解列的风险,解决了电网面临的安全挑战问题。

6) 张北柔性直流电网工程

世界首个直流电网工程——张北柔性直流电网工程于 2020 年 6 月正式投运,是国网冀北电力有限公司服务绿色冬奥的"涉奥六大工程"之一,总投资 125 亿元,额定直流电压为±500kV,额定输电能力为 4500MW,输电线路长度为 666km。张北柔性直流电网工程 1 期为 4 站 4 线直流环网工程,即张北换流站、康保换流站两站汇集当地风电和光伏发电，丰宁抽蓄接入丰宁换流站，北京换流站接入当地 500kV 交流电网，张北、康保、丰宁与北京换流站形成 4 端直流环网。远期还将建设御道口、唐山两个±500kV 换流站，分别连接到丰宁换流站和北京换流站，建设±500kV 蒙西换流站连接到张北换流站，形成泛京津冀的日字型 6 端±500kV 直流电网。工程采用直流架空线技术，汇集风、光、储或抽蓄等电源，实现可再生能源的接入汇集，提升可再生能源的并网安全性与故障穿越能力。

1.1.3　直流电网基本结构与运行特性

1.1.3.1　模块化多电平换流器

MMC 共包含 A、B、C 三个相单元，每个相单元由上下两个桥臂构成，其拓扑结构如图 1-2 所示。

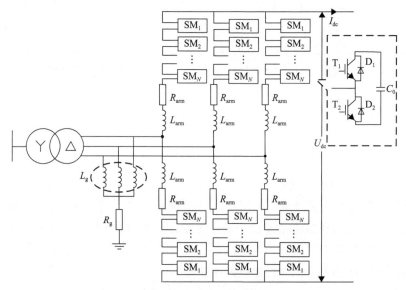

图 1-2　MMC 拓扑结构

MMC 每个桥臂连接有若干子模块(SM)，子模块中 T_1、T_2 为绝缘栅双极型晶体管(IGBT)，D_1、D_2 为二极管，C_0 为子模块电容，L_{arm} 和 R_{arm} 为桥臂电感和电阻，L_g 和 R_g 为交流侧接地电感和电阻，I_{dc} 为直流电流。系统稳态运行时，MMC 通过子模块的投切调节各相单元上下桥臂的电势，从而实现其交直流转换功能。

1.1.3.2　直流电网网架结构

直流电网网架结构的发展目前已经历了两个阶段，首先是以基于晶闸管的电网换相换流器(line commutated converter，LCC)为主要换流装置的点对点两端直流输电系统，经过几十年的发展，其关键技术相对成熟，电压等级和输送容量已分别达到±1100kV 和 12000MW[1]。第二个阶段是基于电压源型换流器的多端直流 (multi-terminal direct current，MTDC) 输电系统，其中电压源型换流器在潮流反转时只需改变电流极性，成为构成多端直流输电系统的首选换流器。利用直流线路将多端直流输电系统中的换流站互联构成网状结构，则是第三阶段的直流电网，也是直流输电发展的必然趋势。

直流电网的拓扑结构主要分为辐射型、环型和网状三种类型，任一直流电网可由其中一种拓扑单独构成或者多种拓扑组合而成。文献[2]～[5]对各类拓扑的特点进行了分析，总结如下。

1) 辐射型拓扑

除中心换流站以外，其余换流站均只有一条直流出线，此类拓扑严格意义上属于多端直流输电系统，也有学者认为属于直流电网的特例。该拓扑结构简单且系统造价较低，广泛应用于海上风电并网。然而，该拓扑的运行可靠性低于其他拓扑，当直流侧发生故障时，故障所在线路将被直流断路器断开，与之相连换流站的功率输送也将被完全中断。为提高可靠性和灵活性，远期必须在换流站之间增设直流线路，通过冗余线路提高功率输送能力及其可靠性。

2) 环型拓扑

该拓扑的特征是用直流线路将所有换流站连接成一个环，每个换流站拥有两条直流出线。当环中的某条直流线路发生故障时，断开与故障点相连的两个直流断路器，换流站可通过另一条健全线路继续传输功率。直流母线的馈线数量少且分布均匀，因此环型拓扑的故障暂态过流性能较好。然而这种拓扑结构的传输线路较长，增加了运行损耗，且开环状态下某些输电线路需要具备传输整个输电系统功率的能力，直流线路的额定容量需提升至直流电网的总容量。

3) 网状拓扑

该拓扑通过冗余线路将换流站互联，缩短了直流端点之间的电气距离，降低了运行损耗，提高了系统的可靠性和灵活性。该拓扑的故障隔离措施与环型拓扑相似，但由于直流母线的馈线数量增加，故障暂态过流现象相对严重。

1.1.3.3　直流电网接地方式

通常，对称双极系统较对称单极系统具有更高的可靠性，其按接地方式可大致分为大地回线全端接地、金属回线单端接地。

1) 大地回线全端接地

各换流器中心线均直接接地，正常运行时，接地点无直流电流通路，仅流过较小的不平衡电流。不对称运行时，接地点将流过工作电流。因此，大地回线全端接地方式下，接地极必须专门设置，对直流电网来说，每端均设置一个接地极。

2) 金属回线单端接地

由于金属回线的存在，无论对称还是不对称运行时接地点均不流过工作电流。因此无须专门设置接地极，只需将接地点与直流电网中某个换流站的接地网连接即可。

1.1.3.4　直流电网控制方法

在基于旋转同步坐标系的双环矢量电流控制中，有功功率控制和直流电压控制都属于有功功率类控制，因此，二者是一组不兼容的控制目标，也即通常情况下一个 VSC 只能实现一种控制目标。而对直流电网来说，直流电压是最重要的变量，通常所说的直流电网协调控制即指直流电压协调控制。目前，实际工程中常见的直流电网协调控制包括三种：主从控制、电压裕度控制和电压下垂控制，其他控制方法大多由这三类方法改进或演化而来，三种控制方法的原理和特点如下。

1) 主从控制

为保持直流系统的有功功率和直流电压稳定，两端 VSC-HVDC 系统通常指定一个 VSC 为有功功率控制端，而另一个 VSC 为直流电压控制端，从而同时控制整个系统的直流电压和功率流动。在 VSC-MTDC 系统中，该控制思想发展成了主从控制，也即系统中一个 VSC 控制直流电压，称为主控制端，其余 VSC 控制有功功率，称为从控制端。若所有从控制端的功率确定，则主控制端的功率也确定。通常选择容量较大且连接的电网强度足够的 VSC 作为主控制端。实际应用中，通常由高层控制选定某一个 VSC 作为主控制端，并由功率协调与潮流计算等手段得到各有功功率控制端的参考值，并下发至所有的 VSC。

需要注意的是，当 VSC-MTDC 系统采用主从控制，主控制端发生故障退出运行后，需要由高层控制下发指令启动后备电压控制站，用时长且过于依赖通信系统。因此，虽然主从控制结构和实际应用简单，但其动态响应较慢，灵活性较低。目前，VSC-MTDC 系统的站间协调控制的发展趋势是减少对高层控制以及远距离通信系统的依赖，由高层控制给定各 VSC 的初始控制方式及参考值，各 VSC 按照预设的参考值进行独立的自主控制。实际运行过程中可通过站间的裕度控制等采用本地信号的自主措施保证整个系统的稳定运行。

2) 电压裕度控制

电压裕度控制由主从控制发展而来。虽然仍然由主控制端负责直流电压控制，但系统会指定多个备用直流电压控制端，当主控制端发生故障退出运行后，系统直流电压失稳偏离额定值，备用端检测到事先设定的直流电压偏差后，由有功功率控制切换至直流电压控制。当第一个备用端也退出运行后，第二个备用端会检测到直流电压偏差，进而由有功功率控制切换至直流电压控制。由于每个备用端都需要提前设置一定电压裕度作为控制模式切换的基准，因此称为电压裕度控制。

电压裕度控制解决了主从控制响应能力不足，整个系统稳定性过于依赖主控制端的问题。然而，当直流电压控制任务从主控制端切换至后备控制端时，系统的直流电压参考值逐渐偏离额定状态的参考值，导致直流电压偏差逐渐增大。同时，由于 VSC-MTDC 系统存在严格的直流电压运行范围，这限制了电压备用端的个数，也增加了控制器设计，尤其是电压裕度计算的难度。

3) 电压下垂控制

主从控制和电压裕度控制在同一时刻都由一个 VSC 控制系统直流电压，响应能力较弱，对直流电压的控制力度不够，因此，文献[6]提出了 VSC-MTDC 系统的电压下垂控制方法。在电压下垂控制方法中，通常设置多个 VSC 作为直流电压-有功功率下垂控制端，也即存在多个 VSC 同时控制直流电压，当系统直流电压受到扰动时，多个直流电压控制端同时作用，响应速度快。当一个直流电压控制端退出运行后，其余电压控制端可继续控制直流电压，不存在备用站切换与投入的中间过程，极大地提高了系统的抗干扰与故障穿越能力。

电压下垂控制包括直流电压-有功功率 (U-P) 下垂控制与直流电压-直流电流 (U-I) 下垂控制。二者本质相同，可通过设置增益而互相转换。在电压下垂控制作用下，VSC 将根据直流电压偏移量分配站间有功功率不平衡量 (如过剩与缺额)。例如，当 VSC 直流母线电压升高时，系统需要控制器作用使 VSC 降低其直流母线电压，从而使直流母线电容输出功率，因此，需要增大 VSC 输出功率参考值。由于每个 VSC 的调节任务由下垂系数决定，下垂系数将直接影响电压下垂控制性能，进而影响整个系统的稳定性。稳态情况下，当下垂系数较小时，功率分配特性强，但是直流电压稳定能力较差，当下垂系数趋近于零时，等效于有功功率控制；当下垂系数较大时，直流电压稳定能力强，但系统的功率分配特性差，当下垂系数趋近于无穷大时，等效于直流电压控制。

电压下垂控制几乎不需要站间通信，同一时刻有多个 VSC 参与直流电压控制，多个 VSC 控制端按照各自独立的控制律和控制特性曲线共同搜寻新的全局稳定运行点，实现有功功率的快速平衡，不需要切换至额外的控制模式就能迅速对直流系统潮流变化做出响应。但正因如此，电压下垂控制无法将直流电压精确控制至指定值，在对直流电压精度要求高的场景中不太适用。

1.2　直流电网故障电流研究现状与发展趋势

1.2.1　直流电网的故障限流问题

随着柔性直流输电技术向高电压、大容量方向发展，整个系统的可靠性、稳定性、安全性面临更大的挑战。考虑到传输容量和线路投资等问题，架空线成为构建直流电网的主要输电线路形式。裸露在户外的直流架空线受气候、环境和人为因素等影响，发生故障的概率远高于直流电缆，且多为瞬时性故障。相比传统交流系统，由电力电子设备组成的直流电网是一个"弱阻尼"系统，直流线路一旦发生故障，各换流站将在毫秒级短时间内向故障点注入短路电流。在发生严重的直流短路故障后，换流器和直流侧的储能元件将快速放电，形成发展快、影响范围广、释放能量大的故障电流，其上升速度通常在每毫秒数千安；而换流器中的 IGBT 耐流能力弱，仅为额定电流的 2 倍，故障后 1~2ms 内电流即达到其耐受上限，将损毁换流器中的开关器件。即使换流阀子模块全部闭锁，避免开关器件损毁，也会导致功率传输中断、直流电网停运，如换流阀采用半桥模块时，即使换流阀闭锁，交流系统仍会通过与 IGBT 反并联的二极管向故障点馈入电流，短路故障严重危害了直流电网及嵌入的交流系统的稳定性。

传统的直流故障处理方法是利用交流断路器跳闸来隔离交流系统与直流故障点，再由故障线路两侧的直流快速开关切除故障线路。然而，交流断路器的动作时间通常在 2~3 个交流周波，一方面，无法满足柔性直流电网几毫秒的动作时间要求；另一方面，直流电网将经历较长时间的停运和重启恢复过程，降低了系统的供电可靠性。因此，此方案在对故障隔离要求较高的场景中实用性较低。

为提升直流电网的故障穿越能力，学术界和工业界将研究热点集中在直流断路器(DC circuit breaker，DCCB)的应用和 MMC 拓扑结构改进两个方向。由于全桥型 MMC 子模块造价较高，从投资成本和运行经验角度考虑，目前实际工程中仍主要采用半桥型 MMC 子模块。由于半桥型 MMC 子模块无法自主隔离故障，因此目前正在建设的直流电网大多采用"半桥子模块+直流断路器"的故障隔离技术路线。结合快速故障检测和故障定位方法，直流断路器可在数毫秒内将故障线路精准切除，从而保证直流电网中功率传输不中断以及非故障部分的持续运行。

故障发生后，快速上升的故障电流和必须在换流阀子模块闭锁前隔离故障以避免电网停运的原则，对直流断路器的反应速度和开断性能提出了苛刻的要求。以张北柔性直流电网工程为例，直流断路器须在 3ms 内开断 25kA 的直流故障电流。然而，大容量直流断路器制造困难、造价昂贵，并且工程运行经验不足。因此，研究快速、可靠地抑制直流故障电流的手段，以降低直流电网故障处理难度，是目前直流电网推广最迫切的需求之一。

目前，国内外已开展了针对双端柔性直流输电系统换流器短路机理和简单直流电网短路电流计算的初步研究，但在复杂直流电网中，由于汇集能源形式不同、换流站控制方式不同、运行方式多样，线路的分布参数、电力电子设备非线性变换与故障电流的发展存在强耦合作用，直流电网短路电流分布和计算尚未有成熟、通用的分析方法，且故障电流的时空分布、演变规律尚不清楚。在故障电流抑制方面，国内外学者提出了直流电网关键设备的拓扑结构及控制方法，如直流断路器、具备限流功能的换流器、故障限流器和直流变压器等，但限流措施和限流设备等仍处于理论研究初级阶段。

1.2.2　直流电网故障电流影响因素

根据现有对 MMC-HVDC 输电系统中直流短路故障规律的研究，直流短路故障过程可以等效为换流器电容的二阶欠阻尼振荡放电过程。因此，从电容放电回路的角度考虑，回路中的阻抗值对故障起到了关键的影响作用。放电回路中的阻抗值越大，则放电越缓慢，但由于各元件在故障电路中的位置不同，增大各类参数带来的影响也不相同。忽略各类器件中的杂散阻抗参数后，故障回路中的电感元件包括桥臂电感、直流电感、接地电感和中性线电感等，电阻元件包括接地电阻和过渡电阻。除此之外，子模块拓扑、接地方式的选择和接地阻抗值等，也会直接影响故障回路中的阻抗参数，是重要的影响因素。

目前，关于直流电网故障电流的关键影响因素研究尚处于起步阶段，相关研究成果较少。文献[7]研究了基于电压源型换流器的通用多端 HVDC 输电系统中的故障期间断路器中故障电流的发展过程，为分析故障电流影响因素提供了一定的理论依据；文献[8]提出故障后的等效电路模型并建立故障后系统电压电流的表达式；文献[9]分析了 VSC-HVDC 输电系统在不同直流故障条件下的行为，仿真结果表明如果没有有效的接地方案，直流线路接地故障将导致系统发生潜在接地回路过电流；文献[10]分析了接地故障机理，建立了在交流系统接地方式下的故障模型并提出相应的计算方法；文献[11]和[12]分别从暂态量的变化与分布参数模型行波变化角度，分析了故障后系统状态量变化并提出了定位故障的方法；文献[13]研究了张北柔性直流电网工程单极故障过电压机理及其影响因素，但研究停留在仿真上，并未得出理论推导结果；文献[14]分析了金属回线接地方式下单极故障各特征量变化情况，但研究未深入探讨系统参数对故障电流的影响；文献[15]建立了故障暂态模型并探讨了接地装置对故障的影响，但未涉及系统参数对故障特性影响的研究。

除了基于等效电路对直流电网的故障进行分析外，一些文献从暂态能量的角度进行了研究[16-19]。相较于故障电流和电压，利用暂态能量对短路故障进行分析具有以下几点优势：首先，暂态能量是比故障电流和电压更为统一的故障特征量，是故障电流和电压之间的媒介，且系统各类元件的故障特征均可用能量进行描述；其次，暂态能量能够综合反映电压和电流的变化特征，从而避免忽略关键的故障信息；最后，能量变化量比单纯的以电流或电压的均值和变化率体现的故障特征更加明显，这是因为暂态能量与电流或者电压的均值和变化率均有关。

　　综上，尽管目前已有不少文献对柔性直流输电系统的故障电流进行了研究，但大部分为定性分析，在故障电流的关键影响因素方面仍较为缺乏关键性结论，此外，暂态能量作为新方法用于故障电流关键影响因素的研究已初见成效，但仍需进一步探索以得到更准确的结论。

1.2.3　直流电网故障阻尼特性

　　由于直流电网含有大量电力电子设备，其具有"低惯性""弱阻尼"的特点。当直流电网接入交流系统时，其不可避免地影响着交流系统的阻尼特性，从而影响着系统的稳定与安全。因此，有必要对直流电网阻尼特性进行研究，以明确其对交流系统的影响，提升系统稳定性。对电力电子设备进行阻尼特性分析时，通常需建立其小信号模型。

　　文献[20]针对 MMC 建立了十阶线性化模型，研究了锁相环(phase-locked loop，PLL)和环流抑制控制的增益对 MMC 动态特性的影响。文献[21]考虑了子模块电容电压波动、环流以及环流抑制等 MMC 内部动态特性，建立了详细小信号模型，并提供了与外部交流系统和控制器模型的接口。文献[22]提出了一种旋转坐标系下的直流电网状态空间建模和小信号建模的统一方法，其中各子系统采用模块化建模的思想，易于扩展，并利用根轨迹和特征值灵敏度分析的方法研究了不同控制方式下 MMC 控制器参数对小信号稳定性的影响。上述研究主要通过时域建模的方法得到 MMC 的小信号模型，进而利用特征值和根轨迹的方法分析直流电网的小信号稳定性，此类方法不便于直观地提取直流电网的阻尼特性。文献[23]建立了柔性直流输电系统的频域阻抗模型，并利用奈奎斯特稳定性分析方法研究了影响直流谐振的关键因素。文献[24]和[25]考虑了 PLL 的动态特性和输电线路的阻抗特性，推导了 MMC 型直流电网的频域小信号模型，分析了直流电网的阻尼特性，并提出了增强稳定性的控制器参数计算方法和附加阻尼控制策略。

　　以上小信号建模或阻抗建模的目的是分析直流输电系统的小信号稳定性，因此无法直接应用于故障阻尼分析，仍需进一步改进换流器的建模方法，使之符合直流电网故障的发展规律。

1.2.4　直流电网故障电流暂态特性

　　目前，针对 MMC-HVDC 输电系统直流侧故障暂态特性，国内外的专家学者已开展了大量研究并取得了一定的成果。文献[26]建立了单极接地故障以及极间短路故障情况下的等值电路模型，推导得出了故障电压、电流的数学表达式，并对此进行仿真验证，研究了 MMC-HVDC 输电系统直流侧故障瞬间的暂态特性。文献[27]介绍了柔性直流输电系统换流器出口侧极间短路故障的故障特性，针对 MMC-HVDC 输电系统线路直流侧的单极接地故障进行了详细分析并描述了其故障特性，然后，在此基础上详细分析了三种计算健全极过电压的模型。文献[28]研究了平均值模型(average value model，AVM)在直流电网中的适用性，对平均值模型进行改进，与 MMC 详细模型进行比较，表明该模型可以有效地用于高压直流输电网络研究中，精度和效率有了明显提高。

以上文献提出了故障回路等效模型，对多种故障都进行了概括性分析，下面文献分别只针对一种故障情况进行具体分析。

针对单极接地故障，文献[14]介绍了 MMC-HVDC 输电系统的接地方式，将星型电抗经电阻接地方式作为研究对象，重点研究了交流接地方式下避雷器动作前后的单极接地暂态故障特性，列出了求解放电电流与电容电压的微分方程组，对换流站故障恢复机制进行了分析，并给出了相应的恢复策略。文献[29]考虑到了变压器接线方式和故障位置的不同对系统造成的影响，针对变压器绕组 Y0/D 和 D/Y0 两种接线方式下发生在交流系统侧、阀侧和直流侧三种不同故障位置的接地故障特性进行讨论分析。文献[30]主要针对半桥型和全桥型 MMC 进行分析，对于半桥型 MMC-HVDC 输电系统，分析了在交流侧和直流侧两种不同的接地方式下的单极接地短路故障特性，指出交流侧接地情况下，接地电阻的阻值对直流单极接地短路故障暂态及其保护策略有直接影响。

针对极间短路故障，文献[31]将故障过程分为闭锁前和闭锁后两个阶段，分析了直流极间短路的故障机制，在两个阶段下分别建立了子模块过电流分析的电路模型，并推导出了对应的计算公式，给出了过电流应力的解析方程，揭示了各电路参数变化对过电流应力的影响。文献[32]将极间短路故障过程分为直流侧电容放电阶段、不控整流初始阶段及不控整流稳态阶段，并对各阶段进行了详细分析，推导出了直流侧电容放电阶段电容放电的电流、电压表达式，对不控整流初始阶段存在的不同情况进行了分析，针对不控整流稳态阶段提出了基于开关函数的短路电流计算方法。文献[33]考虑了直流线路极间电容的影响，建立了换流器闭锁前、换流器闭锁后、断路器动作前以及断路器动作后的等效电路，分析了不同阶段的故障特性。

以上文献都是针对对称单极柔性直流系统故障进行研究，针对双极柔性直流系统故障分析方法及特性的研究成果目前还比较少。文献[34]针对双极 MMC-HVDC 输电系统直流侧单极接地故障，分析了换流器在闭锁前后各阶段的故障机理，得出故障回路等效数学模型，并与对称单极接地故障进行对比，搭建了 51 电平双极 MMC-HVDC 输电系统双端模型。文献[35]针对双极 MMC-HVDC 输电系统直流侧极间短路故障进行分析，建立了考虑 MMC 子模块动态投切的等值电路模型，在此基础上，根据故障等效电路列写了数学描述方程，分析了换流器闭锁前后的故障发展过程。

上述文献都是针对双端直流系统中的线路故障或者单个换流器出口故障的暂态响应及特性的研究，而针对直流电网故障的研究还相对较少。文献[36]首先建立了单个模块化多电平换流器的 RLC 等效模型，然后根据基尔霍夫电压定律和基尔霍夫电流定律列写故障时的状态微分方程，对故障电流进行了定量的计算和分析，同时研究了限流电抗器对故障电流的影响。文献[37]考虑了系统中 MMC 控制的影响，结合支路电流法对电流微分方程进行改进，提出了单极接地故障电流计算分析方法，但其仅对故障电流定量计算进行了研究，对故障特性的研究相对较少。

1.2.5 直流电网故障电流计算方法

故障电流计算是研究直流电网直流线路短路故障的重要环节。故障电流计算可归纳为通过建立故障电路拓扑结构求解直流侧短路故障电流的解析方法。文献[38]分析了基于半桥型 MMC 的直流侧故障回路，建立了适用于短路电流计算的等效电路模型，并提出了等效电路的参数取值准则。文献[9]根据 MMC 拓扑结构分析了短路电流的稳态分量和故障分量，将其等效为电抗、电阻和电容的串联电路，求解多端输电系统的故障分量。上述文献通过建立不同的拓扑结构，求解直流侧短路故障电流，但在分析过程中进行了大量近似和等效，难以准确地计算 MMC-HVDC 输电系统直流侧短路故障电流。

为了进一步研究 MMC-HVDC 输电系统故障后短路电流的整体变化趋势，准确解析 MMC 直流侧短路故障电流，研究人员采用等效电路网络模型的方法对其进行求解[39]。文献[40]针对不同类型的短路故障，搭建对称单极柔性直流输电系统的环型网络电路模型，基于多维矩阵求解方式提出了适用于任意故障位置的短路电流通用计算方法；文献[36]基于单个换流站的 RLC 等效模型推导了多端换流站的故障前矩阵，并根据不同故障位置建立修正后的故障矩阵以求解各支路的直流故障电流。上述研究提出了准确求解 MMC-HVDC 输电系统短路电流的方法，但在计算故障电流时需求解高阶多维矩阵，难以简单求解短路电流。因此，需要对 MMC 直流侧故障特性进行深入分析，得出有依据且更为简洁的故障电流解析表达式。为了得到 MMC-HVDC 输电系统直流侧短路电流的工程实用解析计算公式，而不再用数值仿真描述短路电流的演变规律，需充分考虑单阀的短路电流出力特性、故障放电耦合特性以及复杂网络的变换、简化方法。

此外，目前已有大量研究提出了直流电网的故障电流抑制方法以及附加设备，而当直流电网加入限流措施后，故障电流发展演变的特性与趋势会随之改变，故障演变过程变得更加复杂。目前，在加入限流措施的直流电网故障电流特性方面的研究较少，文献[41]分析了限流电感投入前后故障电流的变化情况，同时考虑了故障限流器并联的金属氧化物避雷器的能量耗散特性，以及直流断路器切断故障电流时的能量耗散特性，分析了故障电流特性。文献[42]通过仿真分别分析了多种柔性直流换流器下直流电网的故障特性，并分析了不同换流器结构对故障电流的限制作用。文献[43]~[45]探讨了 MMC 的运行机理，在发生故障后的初始阶段，忽略 MMC 各子模块电容之间的放电差异，将 MMC 在闭锁前等效为 RLC串联电路，从而简化故障计算过程，并通过仿真进行验证。在该 RLC 等效电路的基础上，文献[46]推导了详细的故障电流计算公式，并提出了闭锁后换流器的等效电路，推导了电流应力的解析方程，得到各电路参数变化时对故障后设备电流应力的影响。文献[47]考虑电抗器投入过程与直流断路器的故障隔离过程，兼顾故障限流器和直流断路器中的金属氧化物避雷器特性，提出了一种包含 6 个阶段的直流电网故障电流计算方法。文献[48]针对单个 MMC 提出一种考虑 MMC 主动限流控制的直流短路电流计算方法，通过引入电容放电状态占空比参数来体现主动限流控制对直流短路电流的影响，基于状态空间平均法建立直流短路电流的状态方程，给出了直流短路电流的时域解析表达式。

综上所述，目前针对加入限流措施后直流电网故障电流的演变特性以及故障电流计算方法的研究大多为定性分析，或仅针对某一场景进行了定量分析，未形成较为统一深入的理论体系。

1.2.6 直流电网故障电流抑制方法

为了保护直流电网中的电力电子设备在发生直流线路故障后尽可能不遭受过电流和过电压的破坏，学者针对故障电流的抑制和清除开展了大量的研究。

其中一种热门方法是通过改进 MMC 的拓扑结构从而赋予故障电流自清除能力。该方法可从源侧阻断故障电流，其实现分为两种思路，一种是改进子模块的拓扑结构，如全桥子模块(full bridge sub-module，FBSM)和钳位双子模块(clamped double sub-module，CDSM)等，故障后通过闭锁新型子模块中的 IGBT，将直流电压合成为零，并阻断交流馈入电流以清除故障电流，然而，新型子模块需要额外增加大量的 IGBT 器件，导致换流器的投资成本翻倍、元件开关损耗和通态损耗增加，并且故障清除依赖于换流器的闭锁，大大降低了直流电网的故障穿越能力；另一种方法是改进桥臂的拓扑结构，如在 MMC 的直流出口串联一个大功率二极管，故障后阻断故障通路，由于二极管的单向导通性，该方法限制了换流器的功率传输方向，不适用于直流电网。针对具有故障自清除能力子模块器件使用过多的问题，文献[49]、[50]提出了将每个桥臂中的子模块由改进子模块和半桥子模块按比例混合级联的子模块混合型 MMC(hybrid MMC)，利用其中改进子模块闭锁后提供的反电动势阻断故障电流，相较全部采用改进子模块的换流器来说，该方法在一定程度上减少了电力电子器件的数量和损耗，但其控制策略设计较为复杂。考虑到丰富的运行经验和简单的控制策略，越来越多的工程项目选择采用半桥子模块构建换流器，对于此类直流电网，安装直流断路器是隔离直流故障的最佳选择。直流断路器适用于中低压直流电网，但当其用于高压大容量直流电网时，严格的故障清除时间和开断容量等技术要求使得其造价激增、设计生产难度加大。因此，为了缓解直流断路器的开断压力，国内外学者在故障电流抑制方面做了大量研究工作。

第一种方法是通过安装故障限流装置来限制故障电流的快速上升。最常见的做法是在直流断路器和换流站出口之间的直流线路上串联限流电抗器[51,52]，并有文献研究了保证直流电网持续运行的电抗器参数选取方法[53]。虽然这种方法原理简单、成本较低，但直流侧的大电感会降低直流电网控制的响应速度，引起功率振荡甚至引发失稳现象。为此，有学者将超导材料和大功率半导体等前沿技术应用在故障限流器(fault current limiter，FCL)中，构成超导型和固态型两类故障限流器(即超导故障限流器和直流固态故障限流器)。在系统正常运行时，超导故障限流器表现为超导态(零电阻)，故障后通过改变外界条件使其转变为失超态(高阻态)，从而产生高阻抗达到限制故障电流的目的[54]，主要有电阻型超导故障限流器[55]、磁通补偿型超导故障限流器[56]、非失超型超导故障限流器[57]、电感型超导故障限流器[58]等多种类型。超导故障限流器具有控制简单、运行损耗低等优点，但其失超恢复和低温处理等技术问题仍需进一步解决。随着电力电子器件的发展，基于电力电子器件的直流固态故障限流器得到了广泛研究，其工作原理是利用了电力电子器件高速可控的特点，在故障后将限流电抗器迅速接入主电路，从而限制故障电流的上升，主要有基于门极关断晶闸管(GTO)的直流固态故障限流器[59]、电容型直流固态故障限流器[60]、直流桥式固态故障限流器[61]以及其他改进型故障限流器[62]等多种拓扑形式。直流固态故障限流器控制灵活、响应快速，但耐压能力不足、造价昂贵，在实际系统中运行的可靠性较低。鉴于这两类故障限流器存在固有缺陷，有学者借鉴混合式直流断路器的组成结构，提出了混合式故障限流器[63-66]。混合式故障限流器由通流支路和主限流支路构成，正常运行时电流经过通流支路与直流电网交换功率，当保护系统检测到故障时，分别向负载转换开关和超快速机械开关发出关断和分闸信号，将电流转移至主限流支路，通过主限流支路中电力电子器件的动作和换相电容的充放电，将电阻或电感投入电流支路中，抑制故障电流的上升。

第二种方法是改进直流断路器和直流潮流控制器等网侧直流设备的拓扑结构，使其具有故障限流功能。文献[67]提出了一种限流式混合直流断路器拓扑，通过在直流断路器的出口串联限流电感抑制故障电流，该方法与直接安装限流电抗器具有相同的缺点。文献[68]提出了一种限流式固态直流断路器方案，通过电力电子器件的动作切换限流电感的连接方式，将原来并联的电感串联起来，电流

通路中的电感由 L/n 变为 nL，实现限流功能，然而利用机械开关切换拓扑的速度较慢，影响限流效果。文献[69]提出了一种采用单钳位子模块作为主要工作单元的往复限流式直流断路器拓扑，利用电力电子器件快速切换限流模式和正常工作模式。文献[70]提出了一种具有故障限流功能的线间直流潮流控制器，文献[71]提出了一种具有故障限流和开断能力的直流潮流控制器，其均可在正常运行时全面控制直流潮流，并在故障时抑制故障电流。

可以发现，上述故障限流措施都需要在系统中安装额外的设备，这必将额外增加投资成本，附加设备的可靠性也将影响限流效果并带来额外的运行风险。为了降低限流成本，有学者提出了基于 MMC 控制的故障限流方法。一种方法是将直流侧的附加阻抗特性映射到控制系统中，通过虚拟阻抗控制作用达到故障限流的目的[72]。另一种方法是通过调节故障后投入子模块的数量来降低直流放电电流来实现的。文献[73]提出了一种基于虚拟电抗(virtual reactance，VR)的故障限流控制策略，将 MMC 等效为带可控电容的 RLC 电路，进一步将限流控制作用等效为一个受控电抗，其控制源为可控电容的放电系数，通过调节放电系数改变受控电抗的大小，获得不同程度的限流效果。文献[74]研究了一种通过自适应旁路部分子模块来限制故障电流的控制策略，并进行了关键控制参数对限流效果影响的灵敏度分析。此外，文献[75]改进了环流抑制控制器，使之在故障后抑制子模块电容放电从而限制故障电流上升。

综上所述，目前较为常见的直流电网故障电流抑制方法如图 1-3 所示。其中，

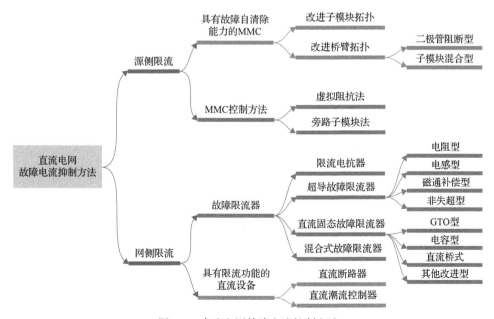

图 1-3　直流电网故障电流抑制方法

通过安装限流装置限制故障电流的方法效果显著，但额外投资较大；通过 MMC 的附加控制来限制故障电流虽然无须额外的投入，但这些策略的理论分析薄弱，往往导致控制结构和参数的设计不合理。因此，需要在直流电网故障电流计算和评估的基础上，探索新的故障限流措施。

首先，在直流电网网架结构方面，直流电网的动态特性受网架结构的影响很大，目前已引起一些专家学者的注意。文献[76]以海上风电场集电系统的电缆总长度最小为优化目标，采用基于图论的最小生成树(minimum spanning tree, MST)算法优化了集电系统的拓扑结构。文献[77]以集电系统经济成本的倒数为适应度函数，提出了基于改进遗传算法的海上风电场集电系统拓扑优化方法。然而，目前直流电网网架结构优化主要面向经济性等方面，几乎没有针对故障电流限制的网架结构分析与优化研究。要以降低故障电流为目的设计直流电网网架结构，首先需要建立合适的目标函数，以评价直流电网故障电流水平。文献[36]将每一个 MMC 等效为一个无源 RLC 电路，划分虚/实直流节点，将简化电路的微分方程组转换为矩阵形式，建立了初始求解矩阵并根据故障位置修正矩阵，求解得到各支路的故障电流。文献[78]根据故障通路中电感、电阻参数的数值特点对故障电路合理简化，得到故障电流的近似解析解。文献[79]提出了一种直流电网高频等效模型，当计算故障后几毫秒内的故障电流时，仅需保留故障网络频域阻抗的高频部分，大大降低了计算复杂度，具有工程实用意义。现有文献虽然对直流电网中的直流故障特征进行了详细分析，提出了精确的故障电流计算方法，也在保证工程实用精度的前提下利用故障电流的分布特性极大地简化了计算过程，对直流故障机理的深入研究和设备选型提供了参考，但是，现有研究尚未建立评估直流电网故障电流水平的指标，少有进一步对故障电流影响因素进行定量分析的研究，对网架结构等更深层的影响尚未展开研究，从限流角度优化网架结构的研究仍属空白。

其次，在直流电网接地方式方面，文献[80]～[83]分析了柔性直流系统各种接地形式的原理和特点，总结了不同接地方式下的故障电流特性，但并没有得出接地方式与故障电流水平之间的关系。对双极直流电网来说，大地回线全端接地方式下，接地点位置决定了直流电网各换流站子模块电容放电通路。因此，基于金属回线单端接地方式换流站放电特点，可从优化接地方式角度来实现放电路径的优化，从而降低直流电网故障电流水平。然而，目前针对故障电流抑制的金属回线双极直流电网的接地极优化方法研究较少，仍需进一步探索。

最后，在直流电网运行方式方面，由于直流电网由大量的电力电子设备组成，如换流器、断路器、直流变压器等，其控制方式对故障电流均有不同的影响。目前，基于控制方式的故障电流抑制研究主要集中在高压直流断路器拓扑的控制方式及其在直流电网中的配合控制上。文献[84]针对多端高压直流电网的直流故障中断，提出了一种混合式 DCCB 时序切换策略。文献[85]提出了一种高压直流断路器的限流控制方法。文献[86]针对混合式高压直流断路器的经典拓扑的控制方式进行研究，通过动态投入避雷器等能量吸收装置来减小故障电流的峰值，为断路器的动作争取时间。而现有文献中关于 MMC 参与故障限流的研究，主要集中在换流器外加辅助元件，或者改变子模块的拓扑结构以实现故障抑制自清除，未充分考虑换流站本身控制方式以及直流电网各换流站的协调控制对故障电流的影响。对于直流电网故障电流的研究，需要综合整个直流电网的运行水平，包括直流电网的运行电压水平、换流站的运行模式（整流、逆变）、运行功率水平等。目前关于直流电网运行水平的研究主要集中在维持直流电压的稳定、保持功率平衡、换流站保护与控制等方面[87-91]。换流站的运行模式决定了系统稳定运行时功率的传输方向，而电网电压和功率水平直接影响着直流故障电流的初态及故障后电流的上升速度，运行水平与故障电流之间的关系有待深入研究。

1.3　内　容　概　述

本书将针对直流电网的故障电流展开论述，深入探讨故障电流的分析与抑制，分析直流电网故障电流关键影响因素，明确故障电流特性；论述限制故障电流水平的网架结构优化方法以及运行方式优化方法，从不同角度探讨直流电网故障电流抑制手段；介绍阻尼特性对故障电流初始态的影响，明确直流电网故障电流的本质；论述直流电网不同故障类型下电气量变化及分布特性，从电气量的角度揭示故障电流的变化特性和影响因素；基于暂态能量流对故障电流进行分析，并提出直流电网的故障电流通用计算方法，将不同类型直流电网故障电流进行通用分析；论述加入限流措施后的直流电网故障特性，探究限流措施对故障电流的影响。

参 考 文 献

[1] 郭贤珊, 赵峥, 付颖, 等. 昌吉—古泉±1100kV 特高压直流工程绝缘配合方案[J]. 高电压技术, 2018, 44(4): 1343-1350.

[2] Bucher M K, Wiget R, Andersson G, et al. Multiterminal HVDC networks—What is the preferred topology?[J]. IEEE Transactions on Power Delivery, 2014, 29(1): 406-413.

[3] 李国庆, 杨洋, 王鹤, 等. 直流电网的拓扑结构及潮流控制综述[J]. 东北电力大学学报, 2019, 39(2): 1-9.

[4] 王凯, 胡晓波. 直流电网发展历程、典型拓扑及潮流控制策略综述[J]. 陕西电力, 2015, 43(1): 39-45.

[5] van Hertem D, Ghandhari M. Multi-terminal VSC HVDC for the European supergrid: Obstacles[J]. Renewable and Sustainable Energy Reviews, 2010, 14(9): 3156-3163.

[6] 刘英培, 崔汉阳, 梁海平, 等. 考虑直流电压稳定的 VSC-MTDC 附加频率自适应下垂控制策略[J]. 电网技术, 2020, 44(6): 2160-2168.

[7] Bucher M K, Franck C M. Contribution of fault current sources in multiterminal HVDC cable networks[J]. IEEE

Transactions on Power Delivery, 2013, 28(3): 1796-1803.

[8] 薛士敏, 廉杰, 齐金龙, 等. MMC-HVDC 故障暂态特性及自适应重合闸技术[J]. 电网技术, 2018, 42(12): 4015-4021.

[9] Zhang Z, Xu Z. Short-circuit current calculation and performance requirement of HVDC breakers for MMC-MTDC systems[J]. IEEJ Transactions on Electrical and Electronic Engineering, 2016, 11(2): 168-177.

[10] 李俊松, 张英敏, 曾琦, 等. MMC-MTDC 系统单极接地故障电流计算方法[J]. 电网技术, 2019, 43(2): 546-555.

[11] 赵翠宇, 齐磊, 陈宁, 等. ±500kV 张北直流电网单极接地故障健全极母线过电压产生机理[J]. 电网技术, 2019, 43(2): 530-536.

[12] 王帅, 毕天姝, 贾科. 基于小波时间熵的 MMC-HVDC 架空线路单极接地故障检测方法[J]. 电网技术, 2016, 40(7): 2179-2185.

[13] 宋国兵, 李德坤, 靳东晖, 等. 利用行波电压分布特征的柔性直流输电线路单端故障定位[J]. 电力系统自动化, 2013, 37(15): 83-88.

[14] 赵成勇, 李探, 俞露杰, 等. MMC-HVDC 直流单极接地故障分析与换流站故障恢复策略[J]. 中国电机工程学报, 2014, 34(21): 3518-3526.

[15] 朱韬析, 候元文, 王超, 等. 直流输电系统单极金属回线运行方式下线路接地故障及保护研究[J]. 电力系统保护与控制, 2009, 37(20): 133-138.

[16] Mao M, Lu H, Cheng D, et al. Optimal allocation of fault current limiter in MMC-HVDC grid based on transient energy flow[J]. CSEE Journal of Power and Energy Systems, 2020, 9(5): 1786-1796.

[17] Mao M, Cheng D, Chang L. Investigation on the pattern of transient energy flow under DC fault of MMC-HVDC grid[C]. 4th IEEE Workshop on the Electronic Grid, Xiamen, 2019.

[18] Chen X T, Mao M Q. Analysis of valve structure on current evolution of MMC-HVDC bipolar short circuit fault[C]. 4th IEEE Workshop on the Electronic Grid, Xiamen, 2019.

[19] Mao M, Cheng D, He Z, et al. A fault detection method for MMC-HVDC grid based on transient energy of DC inductor and submodule capacitors[C]. 2020 IEEE Conference on Energy Internet and Energy System Integration (IEEE EI2), Wuhan, 2020.

[20] Far A, Jovcic D. Small signal dynamic DQ model of modular multilevel converter for system studies[J]. IEEE Transactions on Power Delivery, 2016, 31(1): 191-199.

[21] 李探, Gole A M, 赵成勇. 考虑内部动态特性的模块化多电平换流器小信号模型[J]. 中国电机工程学报, 2016, 36(11): 2890-2899.

[22] 鲁晓军, 林卫星, 向往, 等. 基于模块化多电平换流器的直流电网小信号建模[J]. 中国电机工程学报, 2018, 38(4): 1143-1156, 1292.

[23] Xu L, Fan L, Miao Z. DC Impedance-model-based resonance analysis of a VSC-HVDC system[J]. IEEE Transactions on Power Delivery, 2014, 30(3): 1221-1230.

[24] 李云丰, 汤广福, 贺之渊, 等. MMC 型直流输电系统阻尼控制策略研究[J]. 中国电机工程学报, 2016, 36(20): 5492-5503, 5725.

[25] 李云丰, 汤广福, 庞辉, 等. 直流电网电压控制器的参数计算方法[J]. 中国电机工程学报, 2016, 36(22): 6111-6121.

[26] 杨海倩, 王玮, 荆龙, 等. MMC-HVDC 系统直流侧故障暂态特性分析[J]. 电网技术, 2016, 40(1): 40-46.

[27] 潘武略, 裘愉涛, 张哲任, 等. 直流侧故障下 MMC-HVDC 输电线路过电压计算[J]. 电力建设, 2014, 35(3): 18-23.

[28] Xu J Z, Gole A M, Zhao C Y. The use of averaged-value model of modular multilevel converter in DC grid[J]. IEEE

Transactions on Power Delivery, 2015, 30(2): 519-528.

[29] 张建坡, 赵成勇, 黄晓明, 等. 基于模块化多电平高压直流输电系统接地故障特性仿真分析[J]. 电网技术, 2014, 38(10): 2658-2664.

[30] 罗永捷, 徐罗那, 熊小伏, 等. MMC-MTDC 系统直流单极对地短路故障保护策略[J]. 电工技术学报, 2017, 32(S1): 98-106.

[31] 王姗姗, 周孝信, 汤广福, 等. 模块化多电平换流器 HVDC 直流双极短路子模块过电流分析[J]. 中国电机工程学报, 2011, 31(1): 1-7.

[32] 胡竞竞, 高一波, 严玉婷, 等. 电压源换流器直流侧短路故障特性分析[J]. 机电工程, 2014, 31(4): 512-516, 544.

[33] Gao Y, Bazargan M, Xu L, et al. DC fault analysis of MMC based HVDC system for large offshore wind farm integration[C]. Renewable Power Generation Conference, Beijing, 2013.

[34] 陈继开, 孙川, 李国庆, 等. 双极 MMC-HVDC 系统直流故障特性研究[J]. 电工技术学报, 2017, 32(10): 53-60,68.

[35] 张野, 洪潮, 李俊杰, 等. MMC-HVDC 双极短路故障机理及暂态特性研究[J]. 南方电网技术, 2018, 12(4): 7-15.

[36] Li C, Zhao C, Xu J, et al. A pole-to-pole short-circuit fault current calculation method for DC grids[J]. IEEE Transactions on Power Systems, 2017, 32(6): 4943-4953.

[37] Langwasser M, de Carne G, Liserre M, et al. Fault current estimation in multi-terminal HVDC grids considering MMC control[J]. IEEE Transactions on Power Systems, 2019, 34(3): 2179-2189.

[38] Leterme W, Beerten J, Hertem D V. Equivalent circuit for half-bridge MMC dc fault current contribution[C]. Energy Conference, Leuven, 2016.

[39] Bucher M, Franck C. Analytic approximation of fault current contribution from AC networks to MTDC networks during pole-to-ground faults[J]. IEEE Transactions on Power Delivery, 2016, 31(1): 20-27.

[40] 裴翔羽, 汤广福, 张盛梅, 等. 双极直流电网短路电流暂态特性分析[J]. 全球能源互联网, 2018, 1(4): 403-412.

[41] 朱思丞, 赵成勇, 李承昱, 等. 考虑故障限流器动作的直流电网限流电抗器优化配置[J]. 电力系统自动化, 2018, 42(15): 142-148.

[42] Acharya S, Vechalapu K, Bhattacharya S, et al. Comparison of DC fault current limiting capability of various modular structured multilevel converter within a multi-terminal DC grid[C]. IEEE Energy Conversion Congress and Exposition, Montreal, 2015.

[43] Li R, Xu L, Holliday D, et al. Continuous operation of radial multiterminal HVDC systems under DC fault[J]. IEEE Transactions on Power Delivery, 2016, 31(1): 351-360.

[44] 徐政, 刘高任, 张哲任. 柔性直流输电网的故障保护原理研究[J]. 高电压技术, 2017, 43(1): 1-8.

[45] 姚良忠, 杨晓峰, 林智钦, 等. 模块化多电平换流器型高压直流变压器的直流故障特性研究[J]. 电网技术, 2016, 40(4): 1051-1058.

[46] Han P, Wang S. Parameter coordination of modular multilevel converter for robust design during DC pole to pole fault[C]. IEEE China International Conference on Electricity Distribution, Shanghai, 2013.

[47] 朱思丞, 赵成勇, 李承昱, 等. 含直流故障限流装置动作的直流电网故障电流计算方法[J]. 中国电机工程学报, 2019, 39(2): 469-478.

[48] 龙凯华, 李笑倩, 李子明, 等. 考虑 MMC 主动限流控制的直流短路电流计算方法[J]. 电力系统自动化, 2020, 44(5): 84-90.

[49] Merlin M M C, Green T C, Mitcheson P D, et al. A new hybrid multi-level voltage-source converter with DC fault

blocking capability[C]. 9th IET International Conference on AC and DC Power Transmission(ACDC 2010), London, 2010.

[50] Zeng R, Xu L, Yao L, et al. Design and operation of a hybrid modular multilevel converter[J]. IEEE Transactions on Power Electronics, 2015, 30(3): 1137-1146.

[51] Li R, Xu L, Yao L. DC fault detection and location in meshed multiterminal HVDC systems based on DC reactor voltage change rate[J]. IEEE Transactions on Power Delivery, 2017, 32(3): 1516-1526.

[52] Li C, Gole A M, Zhao C. A fast DC fault detection method using DC reactor voltages in HVDC grids[J]. IEEE Transactions on Power Delivery, 2018, 33(5): 2254-2264.

[53] Wang Y, Wen W, Zhang C, et al. Reactor sizing criterion for the continuous operation of meshed HB-MMC-based MTDC system under DC faults[J]. IEEE Transactions on Industry Applications, 2018, 54(5): 5408-5416.

[54] 陈妍君, 顾洁, 金之俭, 等. 电阻型超导限流器仿真模型及其对 10kV 配电网的影响[J]. 电力自动化设备, 2013, 33(2): 87-91, 108.

[55] Sung B C, Park D K, Park J, et al. Study on optimal location of a resistive SFCL applied to an electric power grid[J]. IEEE Transactions on Applied Superconductivity, 2009, 19(3): 2048-2052.

[56] 王晨, 陈磊, 唐跃进, 等. 直流超导故障限流器方案设计及限流效果仿真分析[J]. 继电器, 2005, (6): 6-8, 19.

[57] Liang S, Tang Y, Xia Z, et al. Study on the current limiting performance of a novel SFCL in DC systems[J]. IEEE Transactions on Applied Superconductivity, 2017, 27(4): 1-6.

[58] Choi H, Jeong I, Choi H. Stability improvement of DC power system according to applied DC circuit breaker combined with fault current limitation characteristics of superconductivity[J]. IEEE Transactions on Applied Superconductivity, 2018, 28(7): 1-4.

[59] 涂春鸣, 姜飞, 郭成, 等. 多功能固态限流器的现状及展望[J]. 电工技术学报, 2015, 30(16): 146-153.

[60] Luo F, Chen J, Lin X C, et al. A novel solid state fault current limiter for DC power distribution network[C]. 2008 Twenty-Third Annual IEEE Applied Power Electronics Conference and Exposition, Austin, 2008.

[61] He J, Li B, Li Y. Analysis of the fault current limiting requirement and design of the bridge-type FCL in the multi-terminal DC grid[J]. IET Power Electronics, 2018, 11(6): 968-976.

[62] Li S, Zhang J, Xu J, et al. A new topology for current limiting HVDC circuit breaker[J]. International Journal of Electrical Power & Energy Systems, 2019, 104: 933-942.

[63] 韩乃峥, 贾秀芳, 赵西贝, 等. 一种新型混合式直流故障限流器拓扑[J]. 中国电机工程学报, 2019, 39(6): 1647-1658, 1861.

[64] 许建中, 武董一, 俞永杰, 等. 电流换相 H 桥型混合式直流故障限流器[J]. 中国电机工程学报, 2019, 39(S1): 235-242.

[65] 赵西贝, 许建中, 苑津莎, 等. 一种新型电容换相混合式直流限流器[J]. 中国电机工程学报, 2018, 38(23): 6915-6923, 7125.

[66] 赵西贝, 许建中, 苑津莎, 等. 一种阻感型电容换相混合式限流器[J]. 中国电机工程学报, 2019, 39(1): 236-244, 338.

[67] 江道灼, 张弛, 郑欢, 等. 一种限流式混合直流断路器方案[J]. 电力系统自动化, 2014, 38(4): 65-71.

[68] 李帅, 赵成勇, 许建中, 等. 一种新型限流式高压直流断路器拓扑[J]. 电工技术学报, 2017, 32(17): 102-110.

[69] 许建中, 冯谟可, 赵西贝, 等. 一种单钳位模块型往复限流式高压直流断路器拓扑[J]. 中国电机工程学报, 2019, 39(18): 5565-5574, 5605.

[70] Li G, Bian J, Wang H, et al. Interline DC power flow controller with fault current-limiting capability[J]. IET Generation Transmission & Distribution, 2019, 13(16): 3680-3689.

[71] Xu J, Li X, Li G, et al. DC current flow controller with fault current limiting and interrupting capabilities[J]. IEEE Transactions on Power Delivery, 2021, 36(5): 2606-2614.

[72] 张帆, 许建中, 苑宾, 等. 基于虚拟阻抗的 MMC 交、直流侧故障过电流抑制方法[J]. 中国电机工程学报, 2016, 36(8): 2103-2113.

[73] Li X, Li Z, Zhao B, et al. HVDC reactor reduction method based on virtual reactor fault current limiting control of MMC[J]. IEEE Transactions on Industrial Electronics, 2020, 67(12): 9991-10000.

[74] Ni B, Xiang W, Zhou M, et al. An adaptive fault current limiting control for MMC and its application in DC Grid[J]. IEEE Transactions on Power Delivery, 2021, 36(2): 920-931.

[75] ZerihunDejene F, Abedrabbo M, Beerten J, et al. Design of a DC fault current reduction control for half-bridge modular multi-level converters[C]. 2018 20th European Conference on Power Electronics and Applications (EPE'18 ECCE Europe), Riga, 2018.

[76] Dutta S, Overbye T J. Optimal wind farm collector system topology design considering total trenching length[J]. IEEE Transactions on Sustainable Energy, 2012, 3(3): 339-348.

[77] 吴国祥, 孙继国, 吴国庆, 等. 大规模海上风电场多端直流网拓扑的优化设计[J]. 电机与控制学报, 2015, 19(7): 95-100.

[78] 汤兰西, 董新洲. MMC 直流输电网线路短路故障电流的近似计算方法[J]. 中国电机工程学报, 2019, 39(2): 490-498, 646.

[79] Li J, Li Y, Xiong L, et al. DC fault analysis and transient average current based fault detection for radial MTDC system[J]. IEEE Transactions on Power Delivery, 2020, 35(3): 1310-1320.

[80] 刘情新, 刘森, 张志鹏. 柔性直流换流站接地方案设计[J]. 河北电力技术, 2019, 38(5): 42-45.

[81] 王赟, 方乙君, 梅念, 等. 柔性直流换流站直流接地点选择探讨[J]. 高压电器, 2018, 54(12): 212-217.

[82] 傅春翔, 汪天呈, 郦洪柯, 等. 用于海上风电并网的柔性直流系统接地方式研究[J]. 电力系统保护与控制, 2019, 47(20): 119-126.

[83] 梅念, 陈东, 吴方劼, 等. 基于 MMC 的柔性直流系统接地方式研究[J]. 高电压技术, 2018, 44(4): 1247-1253.

[84] Song Y, Sun J F, Saeedifard M, et al. Reducing the fault-transient magnitudes in multiterminal HVDC grids by sequential tripping of hybrid circuit beaker modules[J]. IEEE Trans on Industrial Electronics 2019, 66(9): 7290-7299.

[85] 王晓晨, 吴学光, 王婉君, 等. 高压直流断路器快速限流控制[J]. 中国电机工程学报, 2017, 37(4): 997-1005.

[86] 吴学光, 王晓晨, 朱永强, 等. 高压直流断路器的避雷器分步投入分断及仿真方法[J]. 高电压技术, 2017, 43(4): 1079-1085.

[87] 付媛, 江国文, 张祥宇, 等. 直流电网的暂态稳定判据与电压恢复控制技术[J]. 高电压技术, 2020, 46(5): 1710-1718.

[88] 刘云, 荆平, 李庚银, 等. 直流电网功率控制体系构建及实现方式研究[J]. 中国电机工程学报, 2015, 35(15): 3803-3814.

[89] 江守其, 李国庆, 辛业春, 等. 提升柔性直流电网盈余功率消纳能力的协调控制策略[J]. 高电压技术, 2021, 47(12): 4471-4482.

[90] 梅念, 周杨, 李探, 等. 张北直流电网盈余功率问题的耗能方法[J]. 电网技术, 2020, 44(5): 1991-1999.

[91] 卢东斌, 田杰, 李海英, 等. 电网换相换流器和电压源换流器串联组成的混合直流换流器控制和保护研究[J]. 电力系统保护与控制, 2020, 48(15): 92-101.

第2章 直流电网故障电流关键影响因素

2.1 直流故障类型与故障特征

2.1.1 用于故障电流分析的换流器等效模型

对不同类型直流电网，其故障电流由初始电流 I_0 和暂态电流 I_f 叠加组成，如图 2-1 所示，其中，初始电流 I 取决于初始潮流，而初始潮流由网架结构和各换流站注入功率共同决定。暂态电流 I_f 由直流电网阻尼特性决定，主要取决于拓扑结构，受各换流站注入功率影响较小。图中，R_0 为故障前稳态电路电阻，L_{eq}、R_{eq}、C_{eq} 为换流站电感、电阻、电容，U_{dc0} 为直流母线初始电压，Z_0 为故障电路线路阻抗。

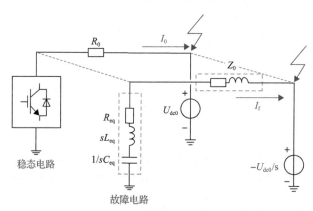

图 2-1　故障电路示意图

为验证初始电流与暂态电流近似符合线性叠加原理。以系统拓扑为定量，初始电流为变量，验证二者对故障电流的影响。以张北柔性直流电网工程仿真模型为基础，调节换流站定功率值使直流电网潮流分布不同，也即线路初始电流不同，在同一线路上施加单极短路接地故障，故障电流 (I_0) 对比图如图 2-2 所示。由图 2-2 可以看出，故障线路初始潮流仅决定故障电流的初始值，而几乎不影响故障电流上升率，而故障电流上升率主要与由直流电网拓扑结构决定的阻尼特性有关，将在第 5 章进行详细讨论。

由上述分析可知，换流器以及直流电网故障电流特性分析主要集中在其故障分量上。如图 2-3(a) 所示的三相 MMC 模型可以简化为如图 2-3(b) 所示的 RLC 电路模型。

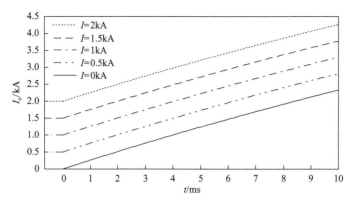

图 2-2　同一拓扑不同初始电流下故障电流对比图

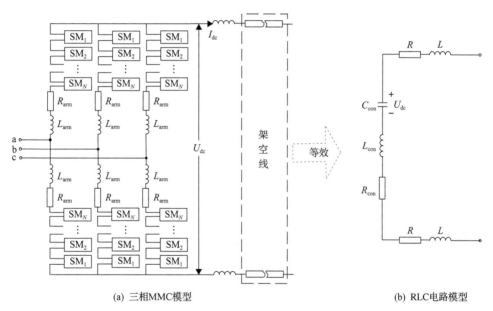

(a) 三相MMC模型　　　　　　　　　　　　(b) RLC电路模型

图 2-3　MMC 详细结构与等效模型

图 2-3 中 U_{dc} 是直流电压，R_{arm} 是桥臂电阻，L_{arm} 是桥臂电感。等值电路参数表达式为

$$R_{\mathrm{con}} = \frac{2\left(R_{\mathrm{arm}} + \sum R_{\mathrm{ON}}\right)}{3} \tag{2-1}$$

$$L_{\mathrm{con}} = \frac{2L_{\mathrm{arm}}}{3} \tag{2-2}$$

$$C_{\mathrm{con}} = \frac{6C_0}{N_{\mathrm{SM}}} \tag{2-3}$$

式中，N_{SM} 为每相桥臂子模块的总数；$\sum R_{ON}$ 为 IGBT 模块（IGBT 与二极管的并联）导通电阻之和；C_0 为子模块电容值。

直流电网故障主要分为极间短路（包括双极同时接地形成的极间短路）与单极接地两大类故障，而直流电网接线方式又可分为双极与对称单极两类。因此，对于不同的短路故障在不同的接线方式中需要具体分析。

2.1.2　对称单极直流电网极间短路故障特征

MMC-HVDC 系统中直流线路双极短路是最严重的故障，一般是永久性故障，输电线路的双极短路连接，两站中的子模块电容快速放电，两站之间的功率传输将迅速停止，相当于交流系统发生三相短路故障。对称单极接线直流电网发生极间短路后，换流器与短路点之间将形成放电通路，如图 2-4 所示。

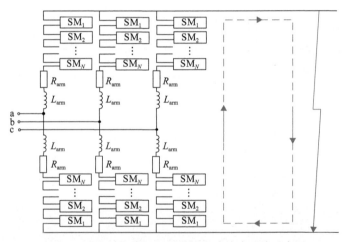

图 2-4　对称单极直流电网极间短路故障通路示意图

直流输电系统直接发生极间短路故障的概率非常低，一般都是双极同时发生接地故障间接造成的双极极间短路。当直流线路发生极间短路故障时，MMC 子模块电容迅速放电导致桥臂电流以及线路电流快速上升，文献[1]表明故障发生后 10ms 内的故障电流主要由子模块电容放电形成，几乎不受交流电网的影响。由于换流站的闭锁会对直流电网的功率输送和交流系统的稳定性产生不利影响，同时考虑配置的直流断路器具有 3ms 开断故障电流的能力，平波电抗器的配置可以减缓故障电流上升的速度，因此，在分析对称单极直流电网极间短路故障特征时，可重点关注故障后 10ms 内的故障电流。

2.1.3　对称单极直流电网单极接地故障特征

对称单极直流电网发生单极接地故障时，短路点与换流器之间将会形成放电通路，如图 2-5 所示。

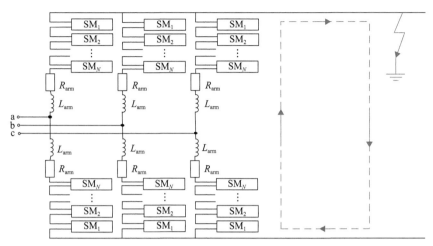

图 2-5　对称单极直流电网单极接地故障通路示意图

需要注意的是，对称单极直流电网单极接地故障特性还受接地方式影响。对称单极直流电网接地方式主要分为三种，包括阀侧星型电抗经电阻接地、换流变中性点经电阻接地以及直流侧钳位电阻接地。目前实际应用中阀侧星型电抗经电阻接地与直流侧钳位电阻接地这两种接地方式为主流。若对称单极直流电网采用直流侧钳位电阻接地方式，系统发生直流线路单极接地故障时，换流器子模块电容无法形成放电回路，不会产生故障电流。但当对称单极直流电网采用阀侧星型电抗经电阻接地方式，直流侧发生单极接地故障时，交流侧与直流侧共同形成放电回路，与极间短路故障情形区别较大，如图 2-6 所示。

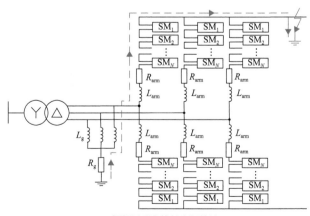

(a) 阀侧星型电抗经电阻接地

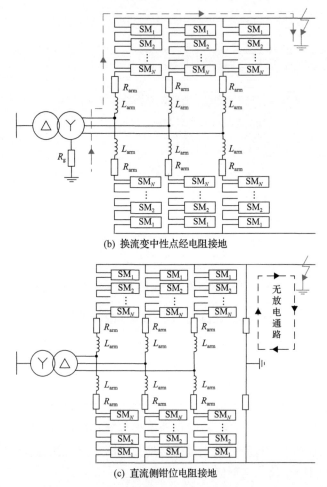

(b) 换流变中性点经电阻接地

(c) 直流侧钳位电阻接地

图 2-6　三种接地方式下对称单极直流电网单极接地故障通路示意图

2.1.4　双极直流电网极间短路故障特征

双极直流电网发生极间短路故障后,正负极换流器通过短路点形成放电通路,如图 2-7 所示。

2.1.5　双极直流电网单极接地故障特征

双极直流电网发生单极接地故障后,故障极换流器通过直流侧中性点与接地点形成放电通路,如图 2-8 所示,其与对称单极直流电网发生极间短路的放电回路基本一致。

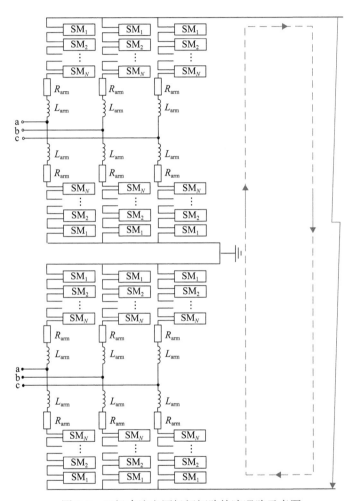

图 2-7　双极直流电网极间短路故障通路示意图

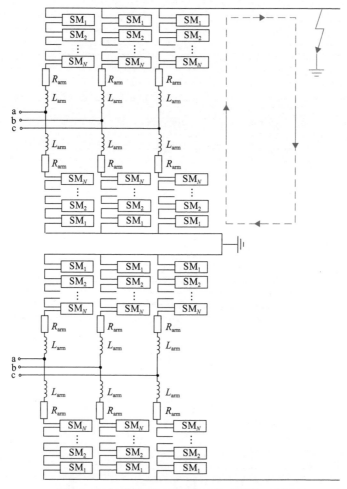

图 2-8 双极直流电网单极接地故障通路示意图

2.2 单电压等级直流电网故障电流主要影响因素

2.2.1 基于矩阵指数的直流电网故障电流计算方法

状态方程求解法能够实现对称单极直流电网中单极故障电流的简化求解并具有较高的精确度，但是只能求得故障电流的数值解，且求解方程阶数较高，不便于详细分析各变量对故障电流的影响。利用矩阵指数方法可进一步化简求解过程，同时能够保留相关变量进行分析。

故障后直流电网的状态方程为

$$\frac{\mathrm{d}}{\mathrm{d}t}\begin{bmatrix} i \\ u \end{bmatrix} = \begin{bmatrix} -L^{-1}R & L^{-1}B \\ C^{-1}P & 0 \end{bmatrix}\begin{bmatrix} i \\ u \end{bmatrix} \tag{2-4}$$

式中，L 为电感矩阵；R 为电阻矩阵；C 为电容矩阵；B 为输入矩阵；P 为功率矩阵。

令

$$X = \begin{bmatrix} i \\ u \end{bmatrix}, \quad A = \begin{bmatrix} -L^{-1}R & L^{-1}B \\ C^{-1}P & 0 \end{bmatrix} \tag{2-5}$$

将式(2-5)转化为标准齐次状态方程，得到

$$\begin{cases} \dot{X}(t) = AX(t) \\ X(0) = X_0 \end{cases} \tag{2-6}$$

式中，X_0 为故障瞬间电流电压组成的状态向量，由于电容两端电压与流过电感的电流不能发生突变，因此故障发生瞬间状态向量不变，即将正常运行的潮流解作为初始状态。

由自动控制理论可解得

$$X(t) = \mathrm{e}^{At}X_0 \tag{2-7}$$

由哈密顿-凯莱定理可得

$$\mathrm{e}^{At} = a_0(t) \cdot I + a_1(t) \cdot A + \cdots + a_{n-1}(t) \cdot A^{n-1} \tag{2-8}$$

$$\begin{bmatrix} a_0(t) \\ a_1(t) \\ \vdots \\ a_{n-1}(t) \end{bmatrix} = \begin{bmatrix} 1 & \lambda_0 & \lambda_0^2 & \cdots & \lambda_0^{n-1} \\ 1 & \lambda_1 & \lambda_1^2 & \cdots & \lambda_1^{n-1} \\ \vdots & \vdots & \vdots & & \vdots \\ 1 & \lambda_{n-1} & \lambda_{n-1}^2 & \cdots & \lambda_{n-1}^{n-1} \end{bmatrix}^{-1} \begin{bmatrix} \mathrm{e}^{\lambda_0 t} \\ \mathrm{e}^{\lambda_1 t} \\ \vdots \\ \mathrm{e}^{\lambda_{n-1}t} \end{bmatrix} \tag{2-9}$$

式中，n 为特征矩阵 A 的阶数；$\lambda_0,\lambda_1,\cdots,\lambda_{n-1}$ 为矩阵 A 的特征值；I 为单位矩阵；$a_k(t)\ (k=0,1,\cdots,n-1)$ 为时间的标量函数。

由于仅求解 10ms 内的数值解，可将式(2-8)中关于时间 t 的高阶项省略。通过计算发现，保留四阶能与数值解法的结果高度吻合(也可根据情况保留至较高的阶数)。通过这种计算方法，可以避免微分方程直接求解，在简化计算的同时得到故障电流关于时间 t 的函数关系式，便于分析参数对故障电流的影响。

2.2.2　线路初始潮流对直流电网故障电流的影响

2.2.2.1　小功率换流站线路潮流对故障电流的影响原理分析

依据拓扑解耦理论，可将任意环网解耦为辐射网。针对辐射网，从故障点看进去，由于该系统属于小功率换流站系统，忽略远端线路潮流，将电路进行简化，

利用戴维南定理，进行图 2-9 所示的等效，从而将多个换流站放电等效为单个电源的放电。

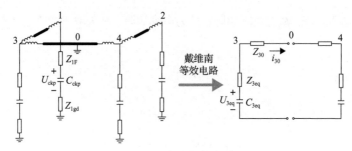

图 2-9　完全解耦电路

Z_{30}-线路等效阻抗；i_{30}-故障电流；Z_{3eq}-换流站 3 等效阻抗；C_{3eq}-换流站 3 等效电容；U_{3eq}-换流站 3 等效电源电压；Z_{1gd}-换流站 1 对地阻抗；Z_{1F}-换流站 1 阻抗；U_{ckp}-换流站 1 电容电压

$$R_{3eq} = \left(R_{1F} + R_{1g} + R_{13}\right) // \left(R_{3F} + R_{3g}\right) \tag{2-10}$$

$$L_{3eq} = \left(L_{1F} + L_{1g} + L_{13}\right) // \left(L_{3F} + L_{3g}\right) \tag{2-11}$$

$$C_{3eq} = C_{ckp} + C_{czp} \tag{2-12}$$

式中，R_{3eq} 和 L_{3eq} 为换流站 3 等效电阻、电感；R_{1F} 和 L_{1F} 为换流站 1 电阻、电感；R_{1g} 和 L_{1g} 为换流站 1 对地电阻、电感；R_{3F}、L_{3F} 为换流站 3 电阻、电感；R_{3g} 和 L_{3g} 为换流站 3 对地电阻、电感；C_{ckp} 为换流站 1 电容；C_{czp} 为换流站 3 电容。

通过逐步解耦，最终将多端系统简化为单端口近似等效电路。对图 2-9 给出的单端口电路，如果给定初值，得到

$$i_{30} = \frac{U_0}{\omega L} e^{-\delta t} \sin(\omega t) - \frac{\omega_0 I_0}{\omega} e^{-\delta t} \sin(\omega t - \alpha) \tag{2-13}$$

$$\begin{cases} R = R_{30} + R_{3eq} \\ L = L_{30} + L_{3eq} \\ \delta = \dfrac{R}{2L} \\ \omega = \sqrt{\dfrac{1}{LC_{3eq}} - \delta^2} \\ \omega_0 = \sqrt{\delta^2 + \omega^2} \\ \alpha = \arctan \dfrac{\omega}{\delta} \end{cases} \tag{2-14}$$

式 (2-13) 即为短路电流的近似计算表达式。

由于直流电网的弱阻尼特性，$\delta \ll 1/(LC_{3eq})$，因此可以近似认为 $\omega = \omega_0$，则式 (2-13) 可简化为

$$i_{30} = \mathrm{e}^{-\delta t} U_0 \sqrt{\frac{C_{3eq}}{L}} \sin(\omega t) + \mathrm{e}^{-\delta t} I_0 \cos(\omega t) = i_c + i_w \tag{2-15}$$

式中，i_c 和 i_w 分别为电容放电电流分量和工作电流分量。针对故障电流而言，i_c 决定故障电流图像的形状，i_w 决定起始故障电流水平。

分析式 (2-15) 可知，针对故障线路而言，系统拓扑及电压等级一旦确定，i_c 就确定了，故障电流表达式近似符合叠加原理，即在系统采用小功率换流站时，故障线路潮流增加，故障电流等量增加，而非故障线路潮流对故障电流几乎无影响。

2.2.2.2　大功率换流站线路潮流对故障电流的影响原理分析

大功率换流站的故障电流可由 2.1.1 节介绍的矩阵指数方法计算。分析实际系统的故障电流时，式 (2-9) 中的 $\lambda_0, \lambda_1, \cdots, \lambda_{n-1}$ 通常为复数，复数矩阵 λ 的逆矩阵为

$$\lambda^{-1} = (E + \mathrm{i}F)^{-1} = \left(E + FE^{-1}F\right)^{-1} - \mathrm{i}E^{-1}F\left(E + FE^{-1}F\right)^{-1} \tag{2-16}$$

$\mathrm{e}^{\lambda t}$ 可用欧拉公式进行展开，得到

$$\mathrm{e}^{\lambda t} = \mathrm{e}^{(a+\mathrm{i}b)t} = \mathrm{e}^{at}(\sin bt + \mathrm{i} \cdot \cos bt) \tag{2-17}$$

代入式 (2-9) 求得线路故障电流的时域解。

由上述分析可知，e^{At} 与潮流无关，仅取决于网络拓扑参数与故障持续时间，故基于主元法思想，探究初始潮流与故障电流之间的关系，即探求 $X(t)$ 与 X_0 之间的关系，则变量为 X_0，参数为 t。故取 $t=t_1$，则 e^{At_1} 为常实数矩阵。

令

$$\mathrm{e}^{At_1} = B_1; \quad X(t_1) = X_1 \tag{2-18}$$

则

$$X_1 = B_1 \cdot X_0 \tag{2-19}$$

等式两边同时取模，则有

$$|X_1| = |B_1| \cdot |X_0| \tag{2-20}$$

式中，$|B_1|$ 为常数；初始潮流越大，则 $|X_0|$ 越大，所以 $|X_1|$ 越大。由工程实际可知，$|X_1|$ 取决于故障线路故障电流值。故初始潮流越大，故障电流越大。

故换流站容量较大时，故障线路潮流增大，故障电流总值变大。非故障线路潮流增加对故障电流的增大有促进作用。

2.2.2.3　小功率换流站线路潮流对故障电流的影响仿真验证

以张北柔性直流电网工程拓扑为例，其存在金属回线单端接地(图 2-10)、大地回线全端接地(图 2-11)两种接地方式。张北柔性直流电网工程换流站主要参数如表 2-1 所示，线路参数如表 2-2 所示，接地电阻为 1Ω，接地电感为 0.1H。

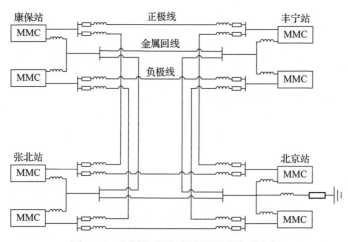

图 2-10　金属回线单端接地四端直流电网

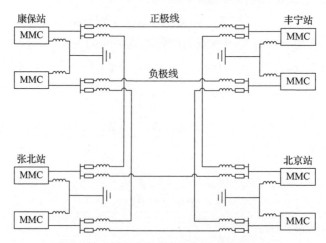

图 2-11　大地回线全端接地四端直流电网

表 2-1　换流站主要参数

换流站	子模块电容/mF	桥臂电感/mH	控制指令
北京站	15	100	V_{dc}=500kV，Q=0
张北站	15	50	P=750MW，Q=0
康保站	15	50	P=750MW，Q=0
丰宁站	10	100	P=−20MW，Q=0

表 2-2　线路参数

线路	长度/km	电阻/Ω	电感/H
康保—张北	49.9	0.5	0.05
张北—北京	217.6	2.18	0.218
北京—丰宁	192.7	1.92	0.192
丰宁—康保	207.9	2.08	0.208

由计算结果可知，故障电流可以根据叠加定理在正常等效电路和故障等效电路中分别计算。而故障等效电路与潮流无关，取决于网络拓扑参数，即 $I_0=I+\Delta I$，其中 ΔI 不变，I 为线路潮流(即初始电流)。因此，线路潮流增加，故障电流等量增加。

由图 2-12(b)和图 2-13(b)可知，10ms 时，在研究小功率近端与次近端线路潮流对故障电流的影响时，线路潮流在 0~2kA 波动时，故障电流在 4.089~4.158kA 波动，误差在 1.68%以内，故近端与次近端线路潮流对故障电流几乎无影响。

由图 2-12(c)和图 2-13(c)可知，10ms 时，在研究小功率次近端与远端线路潮流对故障电流的影响时，线路潮流在 0~2kA 波动时，故障电流在 4.098~4.140kA 波动，误差约为 1%，故次近端与远端线路潮流对故障电流几乎无影响。

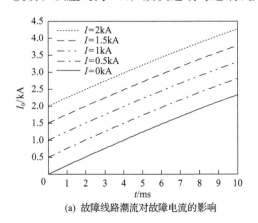

(a) 故障线路潮流对故障电流的影响

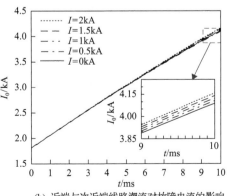

(b) 近端与次近端线路潮流对故障电流的影响

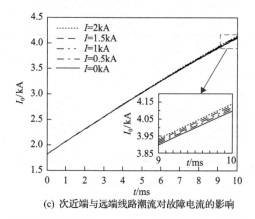

(c) 次近端与远端线路潮流对故障电流的影响

图 2-12　金属回线单端接地方式小功率线路潮流对故障电流的影响

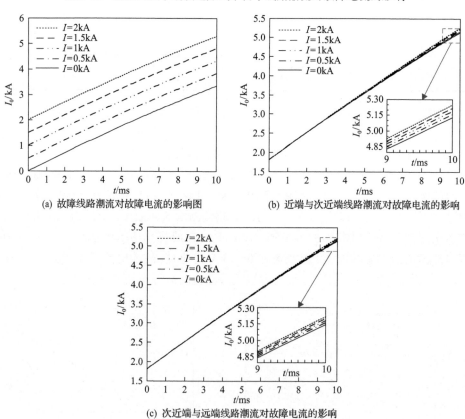

(a) 故障线路潮流对故障电流的影响图

(b) 近端与次近端线路潮流对故障电流的影响

(c) 次近端与远端线路潮流对故障电流的影响

图 2-13　大地回线全端接地方式小功率线路潮流对故障电流的影响

2.2.2.4　大功率换流站线路潮流对故障电流的影响仿真验证

目前大容量直流电网几乎都为双极系统，因此本节仅讨论双极大容量系统各线路潮流对故障电流的影响。

1) 金属回线单端接地

在研究金属回线单端接地方式大功率故障线路潮流对故障电流的影响时，由图 2-14(a)可知，10ms 时，线路潮流在 0kA、4kA、8kA 波动时，故障电流增量为 2.32kA、2.19kA、2.06kA，全系统状态空间与线性叠加原理计算误差为 11.2%，不可忽略，故误差过大不符合线性叠加原理。故故障线路潮流越大，故障电流增量越小，但故障电流总值越大。

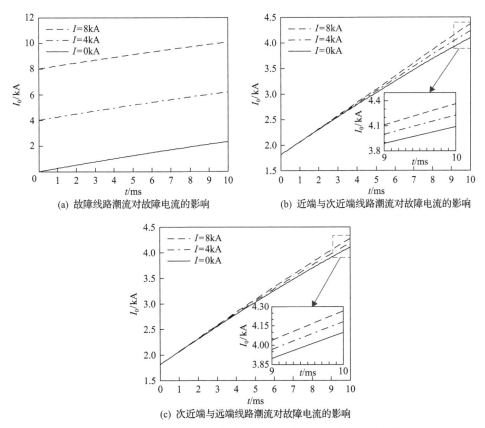

(a) 故障线路潮流对故障电流的影响

(b) 近端与次近端线路潮流对故障电流的影响

(c) 次近端与远端线路潮流对故障电流的影响

图 2-14　金属回线单端接地方式大功率线路潮流对故障电流的影响

由图 2-14(b)可知，10ms 时，线路潮流在 0kA、4kA、8kA 波动时，故障电流为 4.09~4.36kA，对故障电流的影响为 6.6%，不可忽略。故近端与次近端线路潮流增大对故障电流的增大有促进作用。

由图 2-14(c)可知，10ms 时，线路潮流在 0kA、4kA、8kA 波动时，故障电流为 4.10~4.27kA，对故障电流的影响为 4.1%，不可忽略。故次近端与远端线路潮流增大对故障电流的增大有促进作用。

2）大地回线全端接地

在研究大地回线全端接地方式大功率故障线路潮流对故障电流的影响时，如图 2-15（a）所示，10ms 时，线路潮流在 0kA、4kA、8kA 波动时，故障电流增量分别为 3.34kA、3.35kA、3.24kA，全系统状态空间与线性叠加原理计算误差为 3%，可近似用线性叠加原理。因此，故障线路潮流增加，故障电流等量增加。

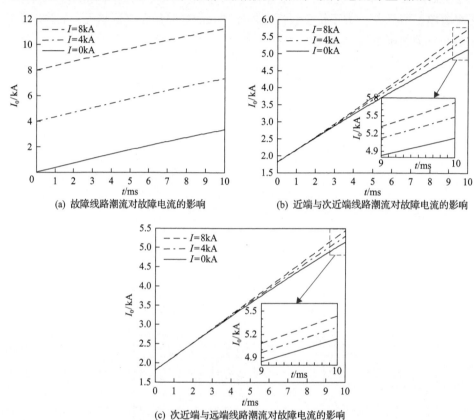

(a) 故障线路潮流对故障电流的影响　　　　(b) 近端与次近端线路潮流对故障电流的影响

(c) 次近端与远端线路潮流对故障电流的影响

图 2-15　大地回线全端接地方式大功率线路潮流对故障电流的影响

由图 2-15（b）可知，10ms 时，线路潮流在 0kA、4kA、8kA 波动时，故障电流增量为 5.13～5.72kA，对故障电流影响为 11.5%，不可忽略。故近端与次近端线路潮流增大对故障电流的增大有促进作用。

由图 2-15（c）可知，10ms 时，线路潮流在 0kA、4kA、8kA 波动时，故障电流增量为 5.14～5.44kA，对故障电流影响为 5.8%，不可忽略。故次近端与远端线路潮流增大对故障电流的增大有促进作用。

根据上述分析可得出如下结论。

（1）换流站容量较小时，故障线路潮流增加，故障电流等量增加。非故障线路潮流对故障电流几乎无影响。

（2）换流站容量较大时，故障线路潮流增加，故障电流总值增大。非故障线路潮流增加对故障电流的增大有促进作用。

2.2.3　控制方式对直流电网故障电流的影响

换流器实现交直流能量的相互转化，当直流线路发生故障后，换流器向直流线路释放能量，从交流线路吸收能量。

$t_0 \sim t$ 时间段内，若只考虑直流放电，则换流器向直流电网输出的能量为

$$\Delta W_{\mathrm{dc}}(t_0 \sim t) = \frac{C_{\mathrm{eq}}}{2}\left(u_{\mathrm{dc}}^2(t_0) - u_{\mathrm{dc}}'^2(t)\right) \tag{2-21}$$

式中，u_{dc} 为实际的直流电压瞬时值；$u_{\mathrm{dc}}(t_0)$ 由上一次迭代算出，$u_{\mathrm{dc}}(t)$ 将由式 (2-25) 算出，是未知量；"$'$" 表示求导；$\Delta W_{\mathrm{dc}}(t_0 \sim t)$ 为未考虑交流影响的换流器释放能量。

在 $\Delta t(t_0 \sim t)$ 时间段内，交流系统注入换流器的能量 $\Delta W_{\mathrm{ac}}(t_0 \sim t)$ 为

$$\Delta W_{\mathrm{ac}}(t_0 \sim t) = \int_{t_0}^{t} P_{\mathrm{con}} \mathrm{d}t \tag{2-22}$$

式中，P_{con} 为换流器功率。

使用梯形积分法对式 (2-22) 求解得到

$$\Delta W_{\mathrm{ac}}(t_0 \sim t) = \frac{\Delta t}{2}\left(P_{\mathrm{con}}(t_0) + P_{\mathrm{con}}(t)\right) \tag{2-23}$$

此时换流器储存的能量 $W_{\mathrm{con}}(t)$ 为

$$W_{\mathrm{con}}(t) = \Delta W_{\mathrm{ac}}(t_0 \sim t) - \Delta W_{\mathrm{dc}}(t_0 \sim t) + W_{\mathrm{con}}(t_0) \tag{2-24}$$

进而求得考虑交流支撑的 t 时刻直流电压实际值：

$$u_{\mathrm{dc}}(t) = \sqrt{\frac{2W_{\mathrm{con}}(t)}{C_{\mathrm{eq}}}} \tag{2-25}$$

直流电流为

$$i_{\mathrm{dc}}(t) = -C_{\mathrm{eq}} \frac{u_{\mathrm{dc}}(t) - u_{\mathrm{dc}}(t_0)}{\Delta t} \tag{2-26}$$

求得的直流电流 i_{dc} 充分考虑了交流电网的影响，可视为实际电流。

以四端 MMC 直流输电模型仿真对比的方式来验证所述的计算方法，其中

MMC1、MMC3 和 MMC4 为整流站，MMC2 为逆变站。目前断路器动作延迟时间约为 6ms，仿真实验仅对比故障前及故障后 6ms 的数据及波形。四端直流电网 MMC 参数如表 2-3 所示。

表 2-3　四端直流电网 MMC 参数

换流站	控制策略	桥臂电抗/mH	单桥臂子模块数量	子模块电容/μF
MMC1	U_{dc}=400kV，Q=0Mvar	115	200	10000
MMC2	P=−1200MW，Q=0Mvar	115	200	10000
MMC3	P=400MW，Q=0Mvar	20	200	15000
MMC4	P=400MW，Q=0Mvar	30	200	15000

（1）整流站采用定有功、无功功率控制方式。在 PSCAD/EMTDC 搭建的柔直输电模型中进行故障仿真，假定系统在 4s 时发生直流故障，分别进行纯直流放电和考虑交流支撑的直流放电仿真，两种仿真得到的整流侧直流电流如图 2-16 所示。

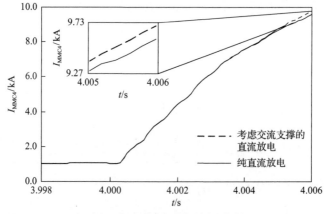

图 2-16　整流侧直流电流

观察图 2-16 可知，4.006s 时刻考虑交流支撑的直流放电比纯直流放电的故障电流高 225A，可以得到，整流侧交流系统对故障电流有促进作用。

（2）逆变站采用定有功、无功功率控制方式。在 PSCAD/EMTDC 所搭建的柔直输电模型中进行故障仿真，仍假定系统在 4s 发生直流故障，分别进行纯直流放电和考虑交流支撑的直流放电仿真，两种仿真得到的逆变侧直流电流如图 2-17 所示。

观察图 2-17 可知，纯直流放电的故障电流比考虑交流支撑的直流放电的故障电流高 75A，可以得到，逆变侧交流系统对故障电流有抑制作用。逆变站故障发生时刻直流为流入换流站方向，由于平波电抗器的续流作用，该电流不会马上反

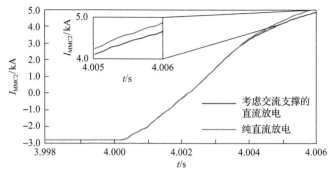

图 2-17　逆变侧直流电流

向，会向换流器充电一段时间，在该暂态过程中，若不考虑交流放电作用，直流电压必然会抬升。所以对于逆变站，将交流系统纳入计算后，流入换流器的直流电流被交流系统消纳，直流电流翻转后，交流侧和直流侧共同释放换流器能量。因为交流侧为放电作用，全面考虑交流系统的直流短路电流要低于只考虑直流放电的直流短路电流。可见，整流侧交流系统对故障电流有促进作用，逆变侧交流系统对故障电流有抑制作用。

2.2.4　交流主网强度对直流电网故障电流的影响

将连接交流系统的换流器的直流功率容量和交流系统的短路容量进行比较可以得知交流系统的强度，一般用短路比(short circuit ratio，SCR)指标评价交直流电网的相对强度，短路比的定义为

$$\mathrm{SCR} = \frac{S}{|P_{\mathrm{dcN}}|} = \frac{U_{\mathrm{pcc}}^2}{Z|P_{\mathrm{dcN}}|} \tag{2-27}$$

式中，S 为换流站所连接的交流系统的短路容量；P_{dcN} 为直流换流器的功率容量；U_{pcc} 为公共耦合点(point of common coupling，PCC)额定电压；Z 为实际运行中换流站所连接的交流系统的等值阻抗。

SCR 越小，系统越弱，按照 SCR 的大小，可将交流系统分为 3 类。

(1) SCR 大于 3 的强交流系统。

(2) SCR 在 2 和 3 之间的弱交流系统。

(3) SCR 小于 2 的极弱交流系统。

为了得到交流主网强度对直流电网故障电流的影响，需要不断减小交流系统 SCR，MMC 运行时 SCR 将随 Z 和 P_{dcN} 的变化而变化，因此有两种方式减小 SCR。第一种：保持 Z 不变，增大 P_{dcN}；第二种：保持 P_{dcN} 不变，增大 Z。第一种方式的意义是：交流系统网架结构保持不变，MMC-HVDC 系统提升输送的功率。第

二种方式的意义是：MMC-HVDC 系统输送功率保持不变，交流系统网架结构由于线路故障断开或运行方式调整等原因发生变化。

假定上述四端直流输电系统线路 l_{24}（MMC2 与 MMC4 间的线路）在 3s 时发生双极短路故障，当 SCR 分别为 5、2.5 和 1.5 时，3 种故障仿真得到的直流电流如图 2-18 所示，断路器动作延迟时间约为 6ms，仿真实验仅对比故障前和故障后 6ms 内的数据及波形。

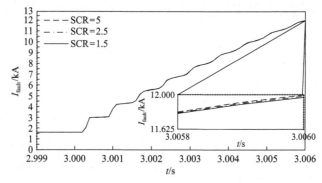

图 2-18　交流系统强度对故障电流的影响

从图 2-18 可以看出，当换流站所接交流系统的 SCR 分别为 5、2.5 和 1.5 时，交流馈入故障电流大小如表 2-4 所示。从表 2-5 可以得出结论：不同强度的交流系统对 6ms 故障电流初始状态影响不超过 0.4%。其中故障电流降低比表征某时刻不同短路比下故障电流差值与故障电流的比值。可见，交流系统不同短路比对故障电流初始态的影响不明显。

表 2-4　不同短路比情况下 6ms 故障电流

短路比	6ms 故障电流/kA
SCR=5	$I_{fault1}=12.017$
SCR=2.5	$I_{fault2}=11.984$
SCR=1.5	$I_{fault3}=11.969$

表 2-5　不同短路比情况对故障电流的影响

不同短路比情况对比	$\Delta I_{fault}/A$	6ms 故障电流降低比/%
SCR=5 与 SCR=2.5	33	0.275
SCR=2.5 与 SCR=1.5	15	0.125
SCR=5 与 SCR=1.5	48	0.399

2.3　多电压等级直流电网故障电流影响因素

直流电网的运行方式主要包括双极运行和单极运行两种，考虑到实际工程情况，基于模块化多电平换流器的直流固态变压器(MMC-DCT)直流端采用双极对称传输方式。常见的直流线路故障类型包括双极短路故障、单极接地故障，其中双极短路故障的后果较严重，因此以双极短路故障为例进行直流故障特性分析。采用的 MMC-DCT 拓扑为：交流侧面对面连接，中频交流变压器连接两端 MMC 输出的不同交流电压，可满足大变比的要求，同时为两侧直流电网提供电气隔离，阻断直流故障的传播。

在多电压等级直流电网中为了具备一定的阻断直流故障能力，用于高压大功率直流电网的 DC/DC 变换器往往采用如图 2-19 所示的 MMC 两端口隔离型拓扑结构。

为保证功率的有效传输，这种 MMC 隔离型直流变压器必须有一侧采用电压-频率(vf)控制方式，以建立稳定的交流电压；另一侧的 d 轴控制可采用定直流电压控制、定有功功率控制或下垂控制等。因此该类型直流变压器一般有 3 种控制模式。

(1)vf 控制/定直流电压控制。

(2)vf 控制/定有功功率控制。

(3)vf 控制/下垂控制。

由于该变压器与换流站相似，故直流变压器的损耗与输送功率之间的函数关系也可近似为二次函数形式，其中二次项损耗主要由交流侧等效电阻产生，一次项损耗主要由 IGBT 通态损耗产生，常数项损耗主要由变压器励磁损耗以及滤波器、交流侧等效电感等产生。采用拟合方法可给出直流变压器损耗与输送功率的函数关系式。

一定程度上可以认为换流站的损耗 P_{loss} 与输入 MMC 的有功功率 P 之间存在二次函数关系，因此可以将换流站损耗 P_{loss} 表达为

$$P_{\text{loss}} = a \cdot P^2 + b \cdot P + c \tag{2-28}$$

式中，a、b、c 为损耗系数。

输入 MMC 的有功功率 P 等于直流侧功率和换流站损耗 P_{loss} 之和。

$$P = P_{\text{dc}} + P_{\text{loss}} \tag{2-29}$$

将式(2-28)代入式(2-29)可以得到直流侧有功功率 P_{dc} 与输入 MMC 的有功功率 P 的关系：

$$P_{\text{dc}} = -a \cdot P^2 + (1-b) \cdot P - c \tag{2-30}$$

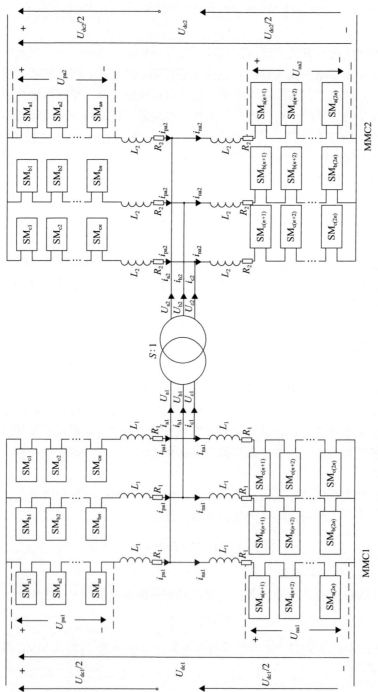

图2-19　MMC两端口隔离型DC/DC变换器拓扑结构

直流变压器简化为两个换流站面对面通过一个交流变压器连接，如图 2-20 所示。

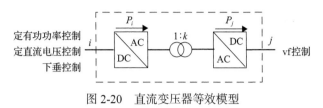

图 2-20　直流变压器等效模型

其中假定直流变压器 j 侧为 vf 控制，i 侧为定有功功率控制、定直流电压控制或下垂控制中的一种。由于 vf 控制方式以交流侧频率、交流电压为控制对象，对直流侧有功功率或直流电压无控制能力，考虑直流变压器内部损耗，两侧的功率 P_i、P_j 为

$$P_i = P_j + P_{\text{loss}} \tag{2-31}$$

将式(2-28)代入式(2-31)得

$$P_j = -aP_i^2 + (1-b)P_i - c \tag{2-32}$$

直流变压器可以从换流站母线节点、独立母线节点两个位置接入直流电网。其中与独立母线节点相连时，直流变压器一侧等效为与其控制方式相同的换流站 k，如图 2-21 所示。

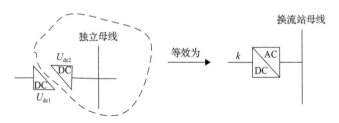

图 2-21　直流变压器接入独立母线节点

当与换流站母线节点相连时，直流变压器一侧与换流站捆绑起来等效为一个控制方式待定的换流站 j，如图 2-22 所示。

可以按电压等级将多电压等级直流电网分区考虑，如图 2-23 所示。

可将区域 1 的潮流计算结果代入区域 2、3 进行相关的潮流计算，如图 2-24 所示。

目前多电压等级电网多采用背靠背式直流变压器，该变压器具有故障隔离能力，即 10ms 内，本电压等级故障不会向其他电压等级传递。故多电压等级直流电网与单电压等级直流电网故障电流计算方法相同，此处不再赘述。

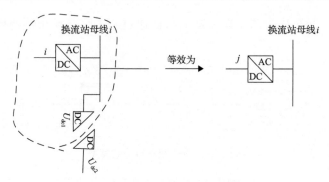

图 2-22　直流变压器接入换流站母线节点

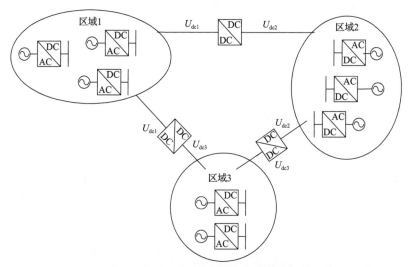

图 2-23　多电压等级直流电网分区

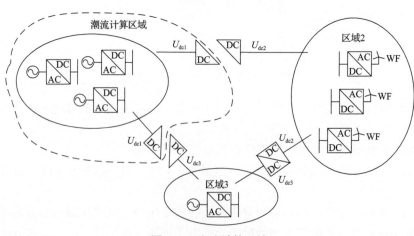

图 2-24　潮流计算区域

WF 指风电场

2.4　本 章 小 结

本章基于高频等效模型及状态空间等故障电流简化计算方法，揭示了双端、单电压等级多端系统、多电压等级直流电网的极间短路、单极接地故障特征及影响因素。首先从网架结构的角度分析了不同类型直流电网的故障电流特征，得到了一般性结论。然后针对双端系统展开研究，明确了极间短路故障电流峰值受桥臂电感 L_{arm}、子模块电容 C_0、串联的子模块数 N 等多项参数的影响；单极短路故障电流受桥臂电感 L_{arm}、子模块电容 C_0、串联的子模块数 N、故障点接地电阻 R_f、交流侧系统的接地电阻 R_g 等多项参数的影响；断线故障无故障电流，故障电压受直流母线等值电容 C_L、正极直流母线电流 I_{dc_P}、系统电压等级 U_{dc} 等多项参数的影响。对于单电压等级直流电网而言，故障电流受双极和对称单极系统类型、接地方式、拓扑类型及拓扑参数影响。对多电压等级直流电网来说，背靠背式直流变压器具有故障隔离能力，短时间内（如 10ms 内）本电压等级故障不会向其他电压等级传递。因此，多电压等级直流电网故障电流影响因素与单电压等级直流电网故障电流影响因素相同。此外，本章还通过研究得到在误差允许范围内，交流系统、换流站控制方式对故障电流影响微弱的结论。

参 考 文 献

[1] 辛业春, 罗鑫, 王拓, 等. 计及过渡电阻影响的直流电网不同拓扑结构故障电流简化计算方法[J]. 电网技术, 2023, 47(2): 804-817.

第3章 限制故障电流水平的网架结构优化方法及原则

3.1 系统级网架结构形式及特性

随着直流电网规模的扩大，电网的拓扑结构更加复杂。国内和国外出现的重大电网事故充分地证明了电力系统稳定运行的基础是具有合理的电网网架结构，因此研究网架结构对故障电流的影响，从而实现对网架结构优化具有重要意义。目前对于网架结构的研究主要从安全性、可靠性以及经济性等多方面实现网架结构协调规划，而国内外基于影响故障电流的角度研究直流电网网架结构特征的成果较少。部分文献针对特定的应用场景或实际工程设计的直流电网结构展开了研究，但都未能深入挖掘网架结构和系统运行特性之间的内在联系。为此，需要深入研究直流电网网架结构与故障电流的关系。

直流电网网架结构设计是关系直流电网规划、运行和发展的基础性问题。科学合理地设计和建设电网网架是直流电网安全稳定运行的基础，并贯穿电源、负荷和直流电网规划、设计、建设、运行的各个环节。直流电网网架结构设计需要满足以下几个要求。

(1)建设发展过程中，适应电力技术经济要求，适应电源建设和负荷增长的不确定因素。

(2)正常运行时，实现电源和负荷间可靠充足的功率传输。

(3)系统故障时，便于采取灵活有效的事故应对及支援手段，协同保障电网安全稳定运行。

直流电网网架规划和设计方案受到技术、经济和应用场合等多方面的影响。换流器、直流断路器等关键设备升级将助力突破直流电网尤其是输电网发展的技术瓶颈，主要设备造价大幅降低将推动直流电网在输电、配电和用电等不同领域的快速普及和互通互联，输、配、用电功能和需求差异等客观上要求因网制宜、科学设计层次化和差异化的直流电网网架。

直流电网的网架结构可分为四种基本类型，包括环型、辐射型、复杂网孔、混合型，其对直流电网的冗余度和可靠性有着较大影响。

3.1.1　环型网架结构

环型网架结构是由直流线路将各交流系统的换流站以环状连接起来形成的直流电网结构，如图 3-1 所示。环型网架结构是最简单的直流电网网架结构。环状并联型多端直流输电系统的环状结构使其直流线路存在冗余，因此，环状并联型多端直流输电系统可视作最简单的环型直流电网。在该网架结构中，换流站或换流站所在线路出现故障时，与故障相连的两处直流断路器首先跳闸，直流环网开环运行，待故障电流降为零后利用隔离开关将故障区域隔离，然后直流断路器重合闸即可。若环网中的直流线路故障，则直接通过两侧断路器将直流线路进行隔离，直流环网开环运行。开环运行将导致部分线路潮流加重，因此该部分线路设计容量需考虑开环运行潮流的变化。考虑到负荷端的供电可靠性要求较高，传输功率较大，一般要求满足 N–1 准则；但如果系统规模较小，可采用环型网架结构。

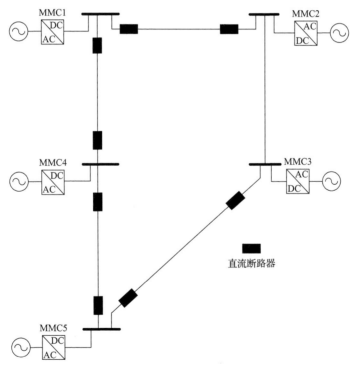

图 3-1　直流电网环型网架结构

3.1.2　辐射型网架结构

辐射型网架结构的典型示例参考浙江舟山五端柔性直流输电工程，如图 3-2 所示。虽然辐射型网架结构系统冗余度及可靠性较低，但在某些特定的应用场景下，辐射型网架结构依旧存在研究价值。无线路 N–1 准则要求时，可采用辐射型网架结构。辐射型网架结构也可能应用于传输功率较小的海岛等特殊场景，以及风电、光伏等新能源并网。

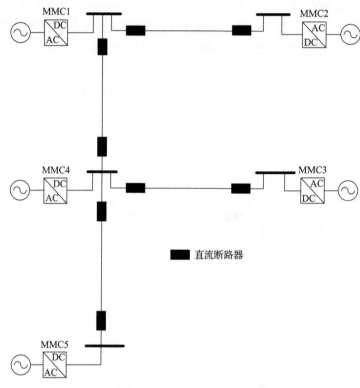

图 3-2　直流电网辐射型网架结构

3.1.3　复杂网孔网架结构

在环型网架结构的基础上，在换流站直流母线间增加直流线路使直流电网形成网格，即复杂网孔网架结构，如图 3-3 所示。换流站及其出口线路故障情况时，故障隔离与环型网架结构相同。复杂网孔网架结构进一步增加了系统的冗余度，因此供电可靠性可进一步提升，亦降低了部分直流线路设计容量。大功率风电的并网；传输功率较大，潮流分布均衡性要求较高，线路 N–1 准则要求较高；系统规模较大时，可考虑采用复杂网孔网架结构。

3.1.4　混合型网架结构

在复杂网孔网架结构的基础上，部分换流站形成辐射式的网架结构，即称为混合型网架结构，如图 3-4 所示。混合型网架结构电网的潮流控制更为灵活，故

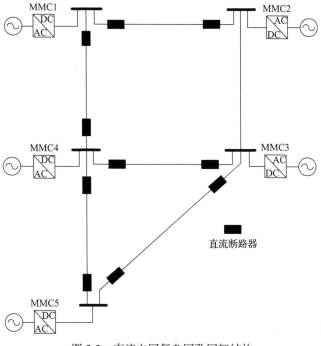

图 3-3　直流电网复杂网孔网架结构

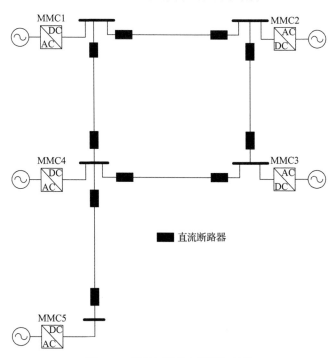

图 3-4　直流电网混合型网架结构

障隔离措施也更为复杂。在重要负荷及电源部分采用含有网孔的网架结构能保证线路的 $N{-}1$ 准则，一定程度上也能满足经济性的要求，混合型网架结构是直流电网发展的后期形态。在该网架结构下，直流电网的控制及保护将显得更为复杂。

综上所述，对于辐射型网架结构，由于输电路径单一，其冗余度最低，但经济性更高；环型网架结构与前者相比可靠性有所提升；而复杂网孔网架结构与辐射型、环型等网架结构相比，由于输电路径的增加，其线路冗余度更高，同时其建造成本也更高；混合型网架结构针对重要节点提升线路冗余度，兼顾了经济性与可靠性。

3.1.5　构成直流电网的条件

将直流电网中的每个换流站视为一个端子，直流电网的网架结构也就是各个端子之间的连接关系，如上所述，有环型、辐射型、复杂网孔以及混合型等网架结构形式。对于两个端子之间的连接形式只有连接与不连接这两种形式，那么对于具有 n 个端子的系统，其数学上的连接形式总共就有 $2^{C_n^2}$ 种，可以看出，随着端子数的增加，网架数目呈指数型爆炸式增长，而其中并不是每一种都能构成直流电网，直流电网必须符合连通性的要求，即任意两个节点间应至少有一条通路。

符合连通性的四端、五端和六端直流电网的网架结构结果如表 3-1 所示，可以看到，经过连通性的筛选，网架结构数量明显减低。

表 3-1　满足连通性的直流电网网架结构结果

换流站端数	无筛选	满足连通性
四端	64 种	38 种
五端	1024 种	728 种
六端	32786 种	26704 种

以四端直流电网为例，满足连通性的网架结构结果如图 3-5 所示，一共有 38 种网架结构。按照前面分类方式，将这 38 种网架结构分为环型、辐射型、复杂网孔以及混合型网架结构。

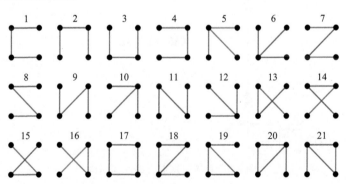

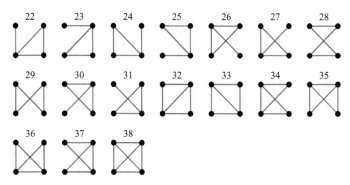

图 3-5　满足连通性的四端直流电网网架结构

第一类网架结构——环型，其 3 种网架结构如图 3-6 所示。

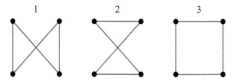

图 3-6　四端直流电网环型网架结构

第二类网架结构——辐射型，其 16 种网架结构如图 3-7 所示。

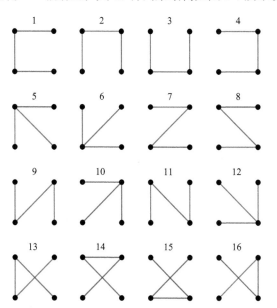

图 3-7　四端直流电网辐射型网架结构

第三类网架结构——复杂网孔，其 7 种网架结构如图 3-8 所示。

第四类网架结构——混合型，其 12 种网架结构如图 3-9 所示。

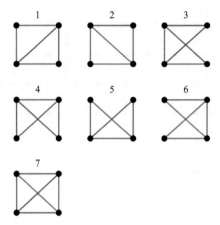

图 3-8　四端直流电网复杂网孔网架结构

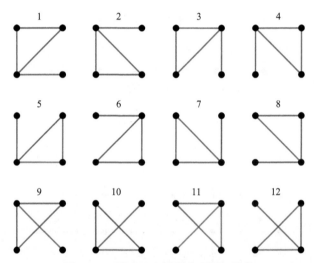

图 3-9　四端直流电网混合型网架结构

　　针对实际的工程，也可根据实际情况对网架结构进行筛选。例如，可要求直流电网满足 N–1 准则，即切断任意一条线路或退出任意一个换流站后剩余的系统仍具有连通性；此外，在实际项目中设计大量的连接线是不经济的，因此可以设定系统中的线路数目不超过 n+2 条（n 为系统中的端子数），同时可以限制每个换流站的出线不超过 3 条，如果某站出线太多说明系统对其依赖性高，系统的可靠性相对较弱。

　　将以上条件一起简称为综合筛选条件，则四端、五端和六端直流电网经筛选的网架结构结果如表 3-2 所示。

　　四端直流电网的综合筛选结果如图 3-10 所示。

　　五端直流电网的部分综合筛选结果如图 3-11 所示。

表 3-2 直流电网网架结构综合筛选结果

换流站端数	无筛选	综合筛选后
四端	64 种	10 种
五端	1024 种	112 种
六端	32786 种	1590 种

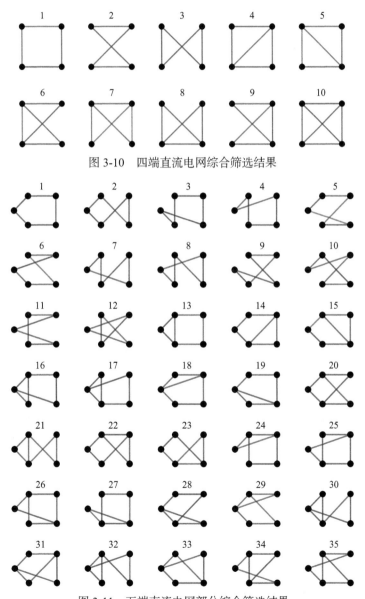

图 3-10 四端直流电网综合筛选结果

图 3-11 五端直流电网部分综合筛选结果

六端直流电网的部分综合筛选结果如图 3-12 所示。

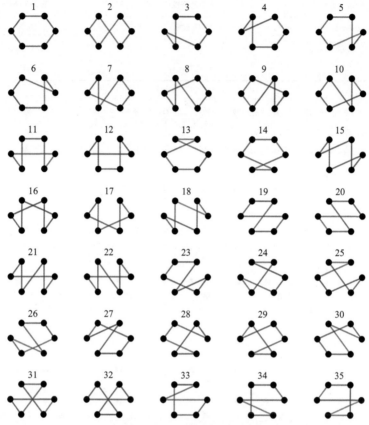

图 3-12　六端直流电网部分综合筛选结果

由表 3-2 中的筛选结果可以看出，添加一些合理的筛选条件可以明显减少网架结构的数目。而这里设置的综合筛选条件只是举个例子，针对实际的工程也可根据实际情况对筛选条件进行调整，如对特定换流站的出线数目进行限制，或是已确定某些站之间必须有一条直接相连的线路，抑或是对整个系统的线路总长度进行限制等，通过设置相关的条件进行筛选可以得到符合要求的网架，便于进行进一步的网架结构优化。

3.2　对称单极直流电网故障电流水平限制方法

不同接线方式的直流电网发生不同故障时的故障通路在 2.1 节有详细介绍。从故障后的放电通路可以看出，对称单极的极间短路和双极的单极接地、极间短路放电通路相似，可类比分析。

对于对称单极直流电网的单极接地故障，需针对不同的接地方式分析讨论。对称单极直流电网的接地方式主要包括换流变中性点经电阻接地、阀侧星型电抗经电阻接地和直流侧钳位电阻接地。采用直流侧钳位电阻接地方式时，单极接地故障后换流器子模块电容无法形成放电回路，不会产生故障电流，而采用阀侧星型电抗经电阻接地方式时，单极接地故障后交流侧与直流侧共同形成放电回路，与极间短路故障情形区别较大，如图 2-6 所示。

本章对极间短路和采用阀侧星型电抗经电阻接地的对称单极电网的单极接地进行讨论。

3.2.1 网架结构对对称单极直流电网故障电流水平的影响规律

3.2.1.1 网架结构对对称单极直流电网极间短路故障电流的影响

1）辐射型 MMC-MTDC 系统故障电流分析

基于 2.1.2 节提出的 MMC 等效模型，以四端 MMC-MTDC 系统为例，分析辐射型 MMC-MTDC 系统的网架结构对对称单极直流电网极间短路故障电流的影响。其简化电路图如图 3-13 所示，R_{10}、R_{40} 和 L_{10}、L_{40} 为端口 1 和 4 与直流线路之间的电阻和电感，R_{24}、R_{34} 和 L_{24}、L_{34} 为线路 24、34 的电阻和电感。

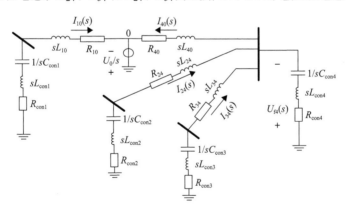

图 3-13 四端辐射型 MMC-MTDC 系统简化等效电路图

下标 1、2、3、4 表示 4 个换流站

将换流站简化为一个 RLC 串联电路后，整个系统将变为一个线性系统，可以通过叠加原理来对系统进行分析。直流线路发生故障时，故障点的电压可以看作故障前的电压 U_0 与一个附加电源 $-U_0$ 的叠加，进而可以根据叠加原理将整个系统看作没有故障附加源的正常运行网络与只有故障附加源作用的故障附加网络的叠加，故障电流的分析可以只在故障附加网络中进行，求得的电压、电流量均为故障分量，它们与各自对应的正常运行分量相加，即得到故障后的全量。

图 3-13 中电网阻抗参数为

$$Z_i(s) = R_{\mathrm{con}i} + sL_{\mathrm{con}i} + 1/sC_{\mathrm{con}i}, \quad Y_i(s) = \frac{1}{Z_i(s)}, \quad i = 1, 2, 3, 4 \tag{3-1}$$

$$Y_{i4}(s) = \frac{1}{R_{i4} + sL_{i4} + Z_i(s)}, \quad i = 2, 3 \tag{3-2}$$

由图 3-13 可以直接得出 $I_{10}(s)$ 和 $I_{40}(s)$ 的表达式为

$$I_{10}(s) = \frac{U_0/s}{R_{10} + sL_{10} + Z_1(s)}, \quad I_{40}(s) = \frac{U_0/s}{R_{40} + sL_{40} + 1/(Y_{24}(s) + Y_{34}(s) + Y_4(s))} \tag{3-3}$$

一个信号 $f(t)$ 的初始阶段可以近似等于这个信号拉普拉斯变换高频段的反变换，即

$$f(t) \approx L^{-1}\left(L^{\mathrm{H}}(f(t))\right) \tag{3-4}$$

在多端直流电网中，对直流故障电流的计算通常不超过故障后 10ms，在频域对应于 100Hz，因此，可以利用高频段的信息来对 $I_{40}(s)$ 作简化计算。

展开 $1/(Y_{24}(s) + Y_{34}(s) + Y_4(s))$ 得

$$\frac{1}{Y_{24}(s) + Y_{34}(s) + Y_4(s)} = \frac{1}{\dfrac{1}{R_{24} + sL_{24} + Z_2(s)} + \dfrac{1}{R_{34} + sL_{34} + Z_3(s)} + \dfrac{1}{Z_4(s)}} \tag{3-5}$$

分别分析线路 24 和线路 34 长度（Length24 和 Length34）不同时，$R_{24} + sL_{24}$、$R_{34} + sL_{34}$ 在不同频率下的阻抗幅值，以及 $Z_2(s)$、$Z_3(s)$、$Z_4(s)$ 在不同频率下的阻抗幅值，如图 3-14 所示。

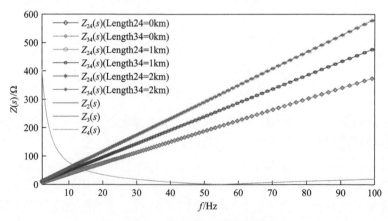

图 3-14　不同频率下的阻抗图

由图 3-14 可知,在高频段 $R_{24} + sL_{24}$(即 $Z_{24}(s)$)$\gg Z_2(s)$、$R_{34} + sL_{34}$(即 $Z_{34}(s)$)$\gg$ $Z_3(s)$,并且 $R_{24} + sL_{24} \gg Z_4(s)$、$R_{34} + sL_{34} \gg Z_4(s)$,因此 $I_{40}(s)$ 的表达式可以简化为

$$I_{40}(s) \approx \frac{U_0/s}{R_{40} + sL_{40} + Z_4(s)} \tag{3-6}$$

同理,对于辐射型 MMC-MTDC 系统,有多条出线的换流站侧故障电流 $I_{i0}(s)$ 的通式为

$$I_{i0}(s) \approx \frac{U_0/s}{R_{i0} + sL_{i0} + Z_i(s)} \tag{3-7}$$

式(3-7)与式(3-3)有相似的表达式,故障电流主要与故障点电压、故障线路阻抗以及相连换流站的等效 RLC 参数有关,与其他换流站通过非故障线路馈入的电流无关。在 RLC 电路中,高频段主要与电感参数有关。其他换流站向故障点馈入放电电流的路径中,至少包含 3 个直流电抗器,直流电网中直流电抗器一般是百毫亨的数量级。因此,在故障初期,直流电抗器抑制了其他换流站向故障点放电,计算故障初期的故障电流时仅需保留故障线路以及相连换流站,而可将其他线路开路。

在四端辐射型 MMC-MTDC 系统中仿真验证以上结论,仿真模型的拓扑结构如图 3-15 所示。在 $t=1$s 时,在线路 14 中点发生极间短路故障,分别仿真原拓扑结构下的故障电流(I_{10} 和 I_{40})和将线路 24 和线路 34 断开情况下的故障电流,对比结果如图 3-16 所示。由图 3-16 可见,I_{10} 在两种情况下的电流曲线重合,表明其

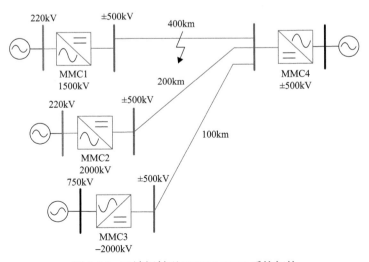

图 3-15 四端辐射型 MMC-MTDC 系统拓扑

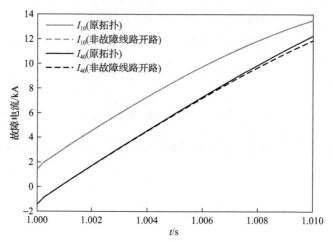

图 3-16　四端辐射型 MMC-MTDC 系统故障电流对比

只与相连换流站有关，其他出线的开断与否对其无影响。而对于 I_{40}，在故障后的几毫秒内，两种情况下的电流误差很小，随着故障的发展，断开线路的馈入电流开始增长，导致简化拓扑后的故障电流略微偏小。

2) 环型直流电网故障电流分析

一个 n 端直流电网的模型可由 n 个 RLC 简化电路与线路阻抗根据拓扑连接而成。以三端直流电网为例，合并正负极，得到其简化电路图，如图 3-17(a) 所示。针对环型的直流电网，为简化分析，需将环网解开。由于在故障后，换流站 2 出线的电流方向均为流出换流站的方向，类似于功率分点，因此在换流站 2 处解环，将换流站 2 的等值支路分解成两条等值支路，如图 3-17(b) 所示。对于更加复杂的拓扑，除故障支路两端外，任意解环点的分析结果是相同的。

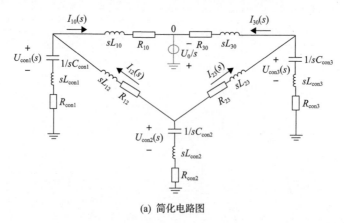

(a) 简化电路图

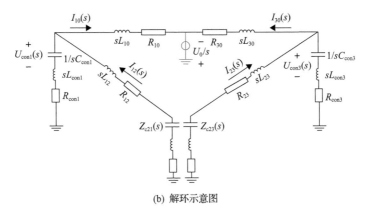

(b) 解环示意图

图 3-17　三端 MMC-MTDC 系统电路图

令 $k = I_{23}(s)/I_{12}(s)$，解环后换流站的等值支路可以表示为

$$Z_{c23}(s) = \left(1 + \frac{1}{k}\right)\left(R_{con2} + sL_{con2} + \frac{1}{sC_{con2}}\right), \quad Z_{c21}(s) = (1 + k)\left(R_{con2} + sL_{con2} + \frac{1}{sC_{con2}}\right) \tag{3-8}$$

令

$$Z_1(s) = R_{con1} + sL_{con1} + 1/sC_{con1}, \quad Z_3(s) = R_{con3} + sL_{con3} + 1/sC_{con3} \tag{3-9}$$

$$Z_{12}(s) = Z_{c21}(s) + R_{12} + sL_{12}, \quad Z_{23}(s) = Z_{c23}(s) + R_{23} + sL_{23} \tag{3-10}$$

故障电流 $I_{10}(s)$ 和 $I_{30}(s)$ 可以表示为

$$I_{10}(s) = \frac{U_0/s}{R_{10} + sL_{10} + Z_{f12}(s)}, \quad I_{30}(s) = \frac{U_0/s}{R_{30} + sL_{30} + Z_{f23}(s)} \tag{3-11}$$

式中

$$Z_{f12}(s) = \frac{Z_1(s)Z_{12}(s)}{Z_1(s) + Z_{12}(s)}, \quad Z_{f23}(s) = \frac{Z_3(s)Z_{23}(s)}{Z_3(s) + Z_{23}(s)} \tag{3-12}$$

分别分析 $Z_1(s)$、$Z_3(s)$、$Z_{12}(s)$、$Z_{23}(s)$ 在不同频率下的阻抗，如图 3-18 所示。

在高频段 $Z_{12}(s) \gg Z_1(s)$、$Z_{23}(s) \gg Z_3(s)$，故障电流 $I_{10}(s)$ 和 $I_{30}(s)$ 的简化表达式为

$$I_{10}(s) = \frac{U_0/s}{R_{10} + sL_{10} + Z_1(s)}, \quad I_{30}(s) = \frac{U_0/s}{R_{30} + sL_{30} + Z_3(s)} \tag{3-13}$$

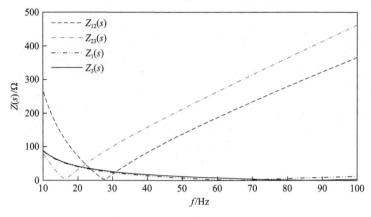

图 3-18　不同频率下的阻抗图

由故障电流的简化表达式可知,与辐射型直流电网相同,环型直流电网中的故障电流与其他换流站通过非故障线路馈入的电流无关。

在如图 3-19 所示的六端直流电网中仿真验证以上结论,当换流站 4 和换流站 6 间直流线路发生极间短路故障时,故障电流仿真结果如图 3-20 所示。可以发现,原网架结构下和断开线路 14、线路 16 和线路 45 情况下的故障电流相差很小。

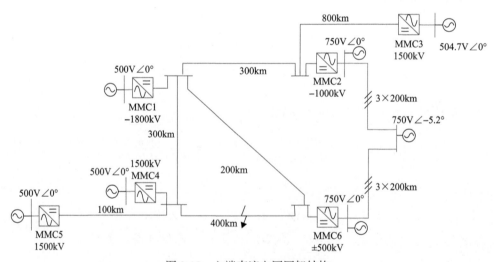

图 3-19　六端直流电网网架结构

由以上分析可以得出,辐射型和环型的直流电网中直流线路发生极间短路故障时,线路上的直流电抗器在高频段表现为高阻抗,抑制了其他换流站在故障初期(10ms 内)向故障点馈入电流,故障后几毫秒内的故障电流主要由故障线路两端换流站向故障点放电形成,换流站其他出线的馈流作用均可以忽略不计。因此,网架结构对极间短路故障初期的故障电流几乎无影响。

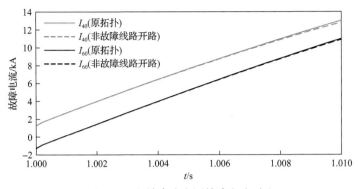

图 3-20　六端直流电网故障电流对比

3.2.1.2　网架结构对对称单极直流电网单极接地故障电流的影响

以如图 3-21 所示的三端环型直流电网为例,分析对称单极直流电网单极接地故障特性。由于单极接地故障电流主要由故障极子模块电容放电形成,因此,在简化电路时忽略健全极,仅保留故障极以及各换流站的接地极,并将换流站 2 分解为两条等值支路,如图 3-22 所示,C_{c1}、L_{c1}、R_{c1} 为换流站 1 等效电容、电感、电阻,u_{c1} 为换流站 1 等效电容电压,i_1 为换流站 1 电流。

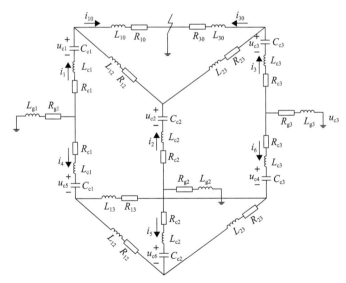

图 3-21　三端环型直流电网电路图

令

$$Z_i(s) = R_{ci} + sL_{ci} + 1/sC_{ci}, \quad i = 1,2,3 \tag{3-14}$$

$$Z_{gi}(s) = R_{gi} + sL_{gi}, \quad i = 1,2,3 \tag{3-15}$$

$$Z_{12} = R_{12} + sL_{12} \tag{3-16}$$

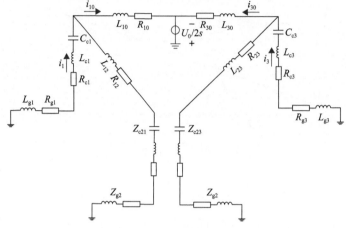

图 3-22　三端直流电网简化电路图

换流站 2 的两条等值支路可表示为

$$Z_{c21}(s) = \frac{I_{12}(s) + I_{23}(s)}{I_{12}(s)} \left(R_{c2} + sL_{c2} + \frac{1}{sC_{c2}} \right) \tag{3-17}$$

$$Z_{c23}(s) = \frac{I_{12}(s) + I_{23}(s)}{I_{23}(s)} \left(R_{c2} + sL_{c2} + \frac{1}{sC_{c2}} \right) \tag{3-18}$$

令

$$k = \frac{I_{23}(s)}{I_{12}(s)} \tag{3-19}$$

则可得到

$$Z_{c21}(s) = (1 + k)Z_2 \tag{3-20}$$

$$Z_{c23}(s) = \left(1 + \frac{1}{k} \right) Z_2 \tag{3-21}$$

由于接地极在故障前与换流站不构成通路,仅在故障期间存在于故障通路中,因此,其等值与稳态运行无关,简单地表示为并联关系即可。

$$Z_{g2}' = 2Z_{g2} \tag{3-22}$$

式中,Z_{g2} 为第二端口的对地阻抗。

由图 3-22 可以直接得出 $I_{10}(s)$ 的表达式为

$$I_{10}(s) = \cfrac{U_0/s}{R_{10} + sL_{10} + \cfrac{1}{\cfrac{1}{Z_1(s) + Z_{g1}(s)} + \cfrac{1}{Z_{12}(s) + Z_{c21}(s) + Z'_{g2}(s)}}} \tag{3-23}$$

以下分别分析 $Z_1(s)$、$Z_{g1}(s)$、$Z_{12}(s)$、$Z_{c21}(s)$、$Z'_{g2}(s)$ 在不同频率下的阻抗，如图 3-23 所示。由图中阻抗大小关系的对比可知，式(3-23)中仅有 $Z_1(s)$ 一项可忽略。由于阻抗高频段主要受电感大小影响，而接地极电感在通路电感中占主要部分，线路电感(包含平波电抗)小于接地极电感且远大于换流器等值电感，因此在高频段仅能将换流器的等值阻抗忽略，线路阻抗和接地极阻抗在高频段均有较大值，无法忽略。

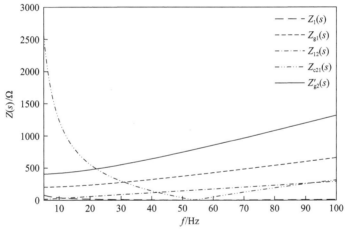

图 3-23　不同频率下的阻抗图

综上，与极间短路故障不同，对称单极直流电网单极接地的故障电流不仅受故障线路所连换流站放电影响，也会受到其他换流站通过健全线路馈入故障点的电流的影响。

进一步分析对称单极直流电网中关键网架参数对单极接地故障的影响。以如图 3-24 所示四端对称单极直流电网为例，假设线路 14 的中点发生正极接地故障，研究影响单极接地故障电流的因素。

1)线路参数对故障电流的影响

由图 3-25 可见，故障支路的电感(L_{10} 和 L_{40})对故障电流影响最大，故障支路的相邻出线电感(L_{12})也有一定影响，而不与故障支路相邻的线路电感(L_{23})对故障电流影响很小，线路电阻的影响规律相同。因此可以得出结论，其余换流站对单极接地故障电流会产生影响，且该影响大小随着换流站到该故障点电气距离的增大而不断减小。

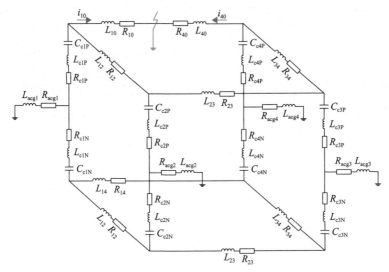

图 3-24 四端对称单极直流电网网架结构

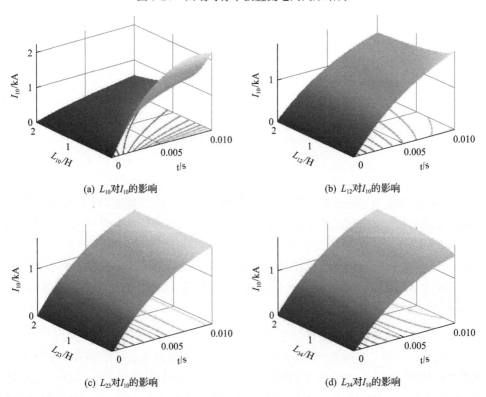

(a) L_{10}对I_{10}的影响

(b) L_{12}对I_{10}的影响

(c) L_{23}对I_{10}的影响

(d) L_{34}对I_{10}的影响

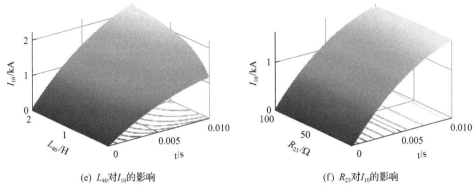

(e) L_{40}对I_{10}的影响　　　　　　　(f) R_{23}对I_{10}的影响

图 3-25　线路电感和电阻对故障电流的影响

2）接地极参数对故障电流的影响

由图 3-26 和图 3-27 可见，故障支路所连换流站的接地极参数（R_{acg1}、L_{acg1}）对故障电流影响最大，相邻换流站的接地极参数（R_{acg2}、L_{acg2}）也有明显影响。

3）换流器参数对故障电流的影响

由图 3-28～图 3-30 可见，换流器的桥臂电阻值对故障电流的影响可以忽略不计。同样地，接地极电感和直流电抗的电感值之和远大于桥臂电感，桥臂电感对

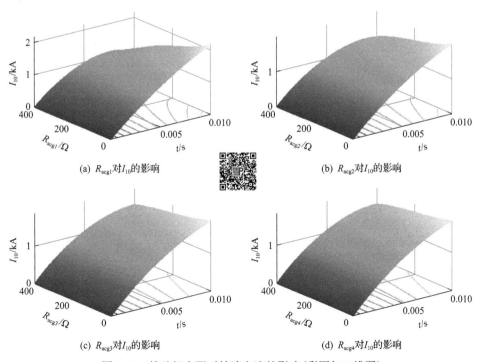

(a) R_{acg1}对I_{10}的影响　　　　　　　(b) R_{acg2}对I_{10}的影响

(c) R_{acg3}对I_{10}的影响　　　　　　　(d) R_{acg4}对I_{10}的影响

图 3-26　接地极电阻对故障电流的影响（彩图扫二维码）

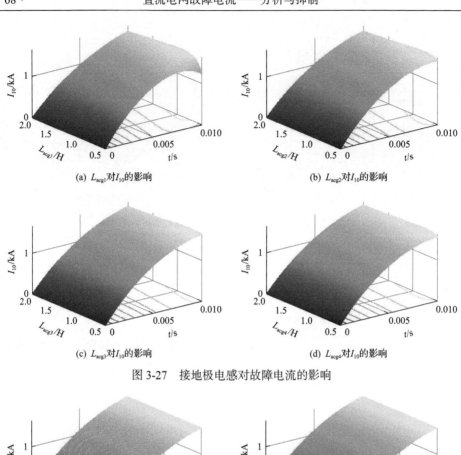

(a) L_{acg1}对I_{10}的影响　　　　　　　　　　(b) L_{acg2}对I_{10}的影响

(c) L_{acg3}对I_{10}的影响　　　　　　　　　　(d) L_{acg4}对I_{10}的影响

图 3-27　　接地极电感对故障电流的影响

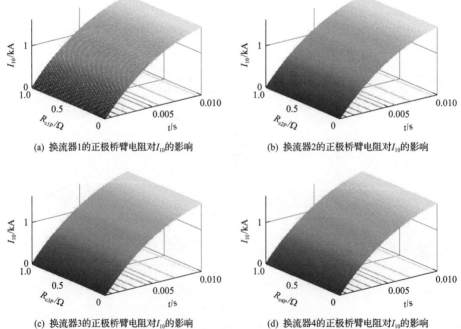

(a) 换流器1的正极桥臂电阻对I_{10}的影响　　　　(b) 换流器2的正极桥臂电阻对I_{10}的影响

(c) 换流器3的正极桥臂电阻对I_{10}的影响　　　　(d) 换流器4的正极桥臂电阻对I_{10}的影响

图 3-28　　故障极桥臂电阻对故障电流的影响

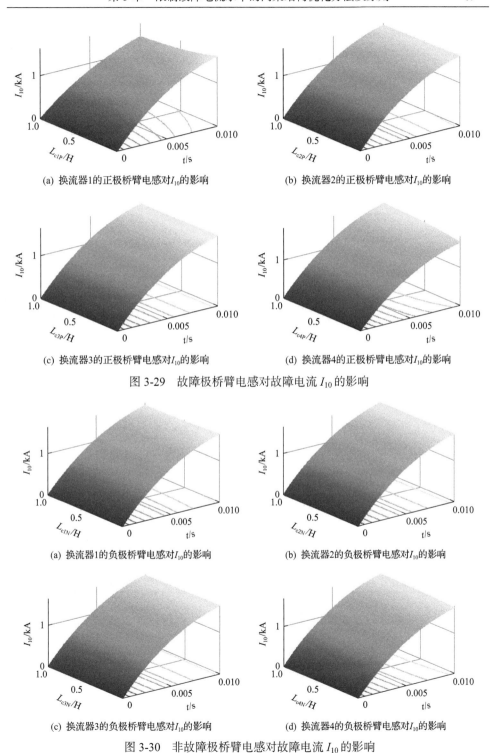

(a) 换流器1的正极桥臂电感对I_{10}的影响　　　　(b) 换流器2的正极桥臂电感对I_{10}的影响

(c) 换流器3的正极桥臂电感对I_{10}的影响　　　　(d) 换流器4的正极桥臂电感对I_{10}的影响

图 3-29　故障极桥臂电感对故障电流 I_{10} 的影响

(a) 换流器1的负极桥臂电感对I_{10}的影响　　　　(b) 换流器2的负极桥臂电感对I_{10}的影响

(c) 换流器3的负极桥臂电感对I_{10}的影响　　　　(d) 换流器4的负极桥臂电感对I_{10}的影响

图 3-30　非故障极桥臂电感对故障电流 I_{10} 的影响

故障电流的影响主要和故障线路直接相连换流站的故障极桥臂电感的取值有关。

4) 换流站馈入个数对故障电流的影响

以图 3-19 所示模型分析换流站馈入个数(线路电抗越大，代表换流站馈入个数越多)对单极接地故障电流的影响。设定线路 46 发生单极接地故障，并通过改变线路 23 与 45 的电抗,分析换流站 3 与换流站 5 对故障电流 I_{40} 的影响,如图 3-31 所示。可以看出两个换流站的接入会增大故障电流，断开时会减小故障电流。换流站作为电源，其馈入故障点的个数越多，故障电流的值将会越大，且直接与故障线路相连的非故障换流站影响显著。

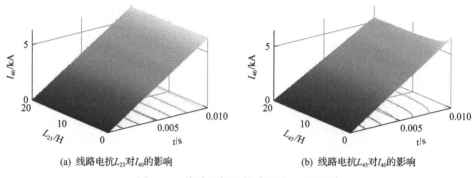

(a) 线路电抗 L_{23} 对 I_{40} 的影响　　　　　　　(b) 线路电抗 L_{45} 对 I_{40} 的影响

图 3-31　线路电抗对故障电流 I_{40} 的影响

3.2.1.3　网架结构对对称单极直流电网故障电流影响总结

基于上述研究, 可得到网架结构对对称单极直流电网故障电流的影响, 如表 3-3 所示。

表 3-3　网架结构对对称单极直流电网故障电流的影响

网架类型	故障类型	网架结构对故障电流的影响
对称单极直流电网	极间短路	仅受近端换流站影响，与拓扑无关
	单极接地	近端、次近端、远端换流站均有影响，影响的程度有所不同

3.2.2　限制对称单极直流电网单极接地故障电流的网架结构优化方法

3.2.2.1　对称单极直流电网网架结构优化原则

故障电流水平应取该网架结构所有线路单独故障时的最大故障电流。对称单极直流电网中网架结构优化原则如下。

(1)不同线路故障时,尽量保证在该网架结构下各换流站馈入故障点的电气距离较大。

(2)尽量保证在该网架结构下馈入故障点的换流站个数较少。

(3)尽量保证在该网架结构下通过近电气距离馈入故障点的换流站个数较少。

(4)避免网架结构中出现链式的单独支路。

3.2.2.2　故障电流水平简化评估指标

考虑利用不同位置换流站的故障电流馈入特性，制定可反映故障电流大小的简化指标评估故障电流水平，并与相关寻优算法结合，实现网架结构自动寻优。

1)单个换流站的简化评估指标

由于各换流站馈入故障点的电流与电气距离成反比，因此指标可考虑使用等价电气距离的倒数进行衡量。此处等价电气距离为考虑相关线路电抗与极线电抗之和后计算出的距离，通过计算后的距离进行直观衡量。

因此，简化后的评估指标可以采用线路长度的倒数的形式。定义评估换流站 n 对接地点贡献故障电流的简化指标为

$$\text{Index}_{\text{PTG}n} = \frac{1000}{\text{Dist}_{\text{equivalent}}} \tag{3-24}$$

式中，$\text{Dist}_{\text{equivalent}}$ 为换流站到故障点的等效距离。直流线路两端安装的平波电抗需要换算成与实际直流线路单位长度电感相对应的等效长度。由于等效长度的值通常在几百甚至数千千米，为了防止计算的指标因数值太小而引起误差，在分子上乘以常数 1000，使得指标的数量级与实际故障电流保持一致。

2)直流电网的简化评估指标

图 3-32(a)表示的直流电网的故障电流路径如图 3-33 所示。显然，在故障电流流经的路径中，健全极路径上的阻抗比故障极路径上的阻抗大得多，与故障电

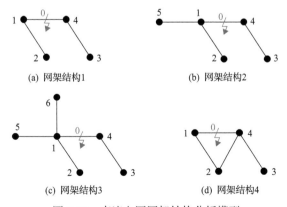

(a) 网架结构1　　　　　　　　　　(b) 网架结构2

(c) 网架结构3　　　　　　　　　　(d) 网架结构4

图 3-32　直流电网网架结构分析模型

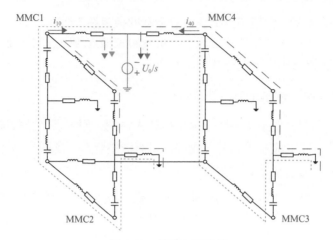

图 3-33　故障电流路径

流相距越远的换流站，其健全极路径上的阻抗越大。因此，在计算中可以将与故障线路非直接相连换流站的健全极开路，忽略这些换流站通过健全极线路流向故障点的电流分量。

根据叠加原理，故障网络由回路阻抗和故障点附加的阶跃电压 U_0/s 组成。换流站 i 对故障点的贡献电流可近似表示为

$$I_{\text{con}i}(s) = \frac{U_0}{sZ_{i0}(s)} \tag{3-25}$$

式中，Z_{i0} 为从换流站 i 到故障点的故障极路径阻抗。故障线路上的电流可以由所有换流站经该线路向故障点馈入的电流相加得到。

通过改变图 3-32(a)中直流电网网架结构，可以验证上述规律。在原网架结构上依次增加出线 15 和 16，其网架结构分别如图 3-32(b)和(c)所示。3 种网架结构下故障电流 I_{10} 的仿真曲线如图 3-34 所示。每增加一个新的换流站，增加的故障

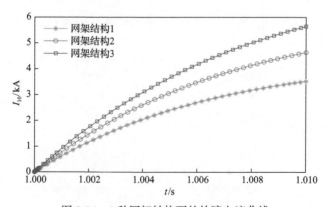

图 3-34　3 种网架结构下的故障电流曲线

电流数值相同，进一步证明换流站对故障点贡献的电流遵循加法规律。因此，整个直流电网的简化评估指标只需将所有相关换流站的指标相加即可。

直流线路 ij 故障时，该线路的故障电流简化评估指标为相关换流站指标之和，其表达式为

$$\text{Index}_{\text{PTG\_line}ij} = \text{Index}_{\text{PTG1}} + \text{Index}_{\text{PTG2}} + \cdots + \text{Index}_{\text{PTG}n} + \cdots \quad (3\text{-}26)$$

式中，$\text{Index}_{\text{PTG}n}$ 为第 n 个换流站通过换流站 i 到换流站 j 的方向向故障点注入电流的简化指标。对于某个已知的直流电网网架结构，当其中某一条线路 ij 发生单极接地故障时，评估该线路故障电流大小的指标 $\text{Index}_{\text{PTG\_line}ij}$ 越大，该线路的故障电流值越大。

3）评估指标的另外两个简化规则

除了上述的加法规则，还需考虑两个其他的计算规则。

（1）考虑到故障点将故障线路解开成两条独立的线路，在故障极与故障线路不相连的换流站对该侧故障线路电流的贡献可忽略不计。以图 3-32（a）为例，故障后换流站 2 与故障线路 40 在正极不相连，换流站 2 的电容放电电流将通过线路 12 的负极、线路 14 的负极、换流站 4 的正负极和线路 40 的正极流入故障点，该电流路径的阻抗远大于换流站 2 的正极路径阻抗，因此，换流站 2 对故障线路电流 I_{40} 的贡献可忽略不计。同理，换流站 3 对故障线路电流 I_{10} 的贡献也可忽略不计。因此计算 I_{10} 的评估指标时只需考虑换流站 1 和换流站 2 的等效距离。

（2）有部分换流站同时由故障线路两侧向故障点馈入电流，以图 3-32（d）所示网架结构为例，换流站 2 将同时通过线路 210 和 240 向故障点注入电流。在这种情况下，换流站 2 馈入电流的计算应考虑线路的分流作用。

$$\text{Index}_{\text{PTG2}} = \frac{1000}{\dfrac{\text{Dist}_{\text{equivalent2-1}} + \text{Dist}_{\text{equivalent2-4}}}{\text{Dist}_{\text{equivalent2-4}}} \text{Dist}_{\text{equivalent2-1}}} \quad (3\text{-}27)$$

式（3-27）给出了图 3-32（d）所示网架结构中换流站 2 的简化指标计算方法，其中 $\text{Dist}_{\text{equivalent2-1}}$ 表示换流站 2 与换流站 1 之间的等效距离；$\text{Dist}_{\text{equivalent2-4}}$ 表示换流站 2 与换流站 4 之间的等效距离。需要注意的是，在实际计算时，要对故障线路两侧计算出的指标进行比较后取最大值作为该网架结构故障线路的故障电流水平指标。进一步，需要计算该网架结构其他所有线路的故障电流水平指标，取所有指标中最大的指标作为该网架结构的故障电流水平指标。

根据上述计算方法，对适合实际工程的如图 3-35 所示的网架结构进行计算，其指标值如图 3-36 所示。可以看出故障电流水平指标最大值出现在网架结构 2 的

线路 34 故障时，与前述结论相符，其余指标计算情况也与仿真结果一致，说明了该指标在衡量网架结构故障电流水平时具有有效性。

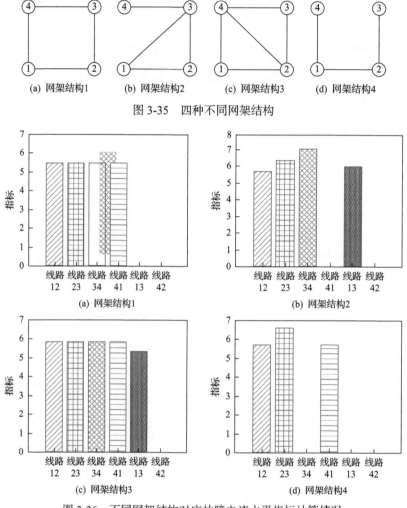

图 3-35　四种不同网架结构

图 3-36　不同网架结构对应故障电流水平指标计算情况

3.2.2.3　基于遗传算法的对称单极直流电网网架优化方法

在得出分析的简化指标后，可以考虑利用相关优化算法进行网架结构寻优。作为一种成熟的智能算法，遗传算法被广泛应用于网架结构优化，其基本原理是效仿"物竞天择、适者生存"的生物演化原则，图 3-37 给出了遗传算法应用在直流电网网架结构优化的具体流程，优化过程与经典遗传算法基本相同，除了部分步骤被调整为与网架结构优化相关的内容，这些步骤在图中以双线方框表示。

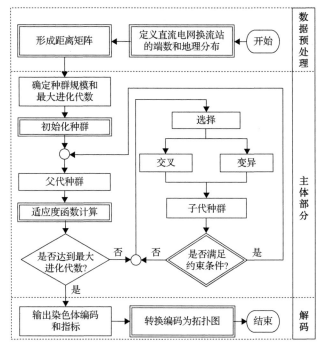

图 3-37 遗传算法在直流电网网架结构优化中的应用流程图

为验证所提简化评估指标和网架结构优化方法的正确性和有效性，以五端对称单极直流电网为例进行网架结构优化和仿真验证。将各换流站的输出功率设为 0，排除潮流稳态分量的影响，以便更清晰地分析故障分量的优化效果。图 3-38 给出了每个换流站的坐标。

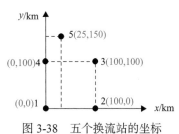

图 3-38 五个换流站的坐标

在简化指标的基础上，利用遗传算法对直流电网的网架结构进行优化。设置初始种群数量为 200，最大进化代数为 50。经过程序优化，输出的最优染色体编码和网架结构如图 3-39 所示，该网架结构为一个五端环状网络。

图 3-39 网架结构优化结果

　　图 3-40 中网架结构②～网架结构⑥是随机选择的网架结构以便进行进一步比较，图中箭头表示该网架结构中最大故障电流的位置和方向，旁边标注了最大故障电流的数值，$f_{fitness}$ 表示该网架结构的适应度函数值，即故障电流水平简化指标。结果表明，适应度函数值的排序与最大故障电流的排序相对应，进一步验证了简化指标能准确反映故障电流水平；与网架结构⑥相比，最优网架结构（网架结构①）的最大故障电流降低了 1.13kA，约为原值的 20%，证明了通过网架结构优化可以有效限制直流电网的故障电流。

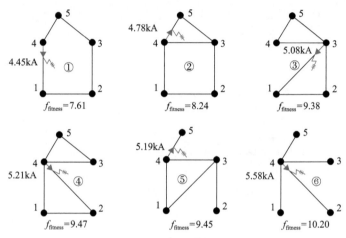

图 3-40　不同网架结构的比较

　　从优化结果可以得出以下结论：①与故障电流水平最高的网架结构相比，最优网架结构的故障电流可降低约 20%，表明网架结构优化的限流效果显著；②最优网架结构都是环型网架结构，而最差网架结构都属于同一类型，即辐射型网架结构。

　　因此，对于对称单极直流电网，环型网架结构在大多数情况下是最优的。直流电网中的冗余线路有助于故障电流的均衡分布，并显著提高供电可靠性，因此以限制故障电流为目标的优化网架结构也符合直流电网的发展方向。

3.3　双极直流电网故障电流水平限制方法

3.3.1　网架结构对双极直流电网故障电流水平的影响规律

3.3.1.1　网架结构对双极直流电网极间短路故障电流的影响

　　图 3-41 为双极直流电网换流站结构与等效模型，其中直流电抗（L_{dc}）和中性线

电抗(L_n)的电感都在百毫亨级，使得线路综合阻抗失去了在高频段的主导作用。因此在简化计算阻抗时，应该使简化的故障网络包含更多的线路和换流器。选取直流电网中与故障线路直接或间接相连的一部分，如图 3-42(a)所示。

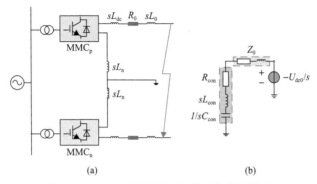

图 3-41　双极接线的换流站结构与等效模型

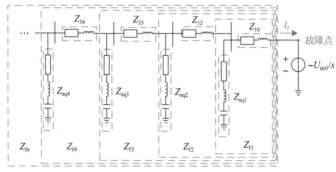

(a) 故障电路

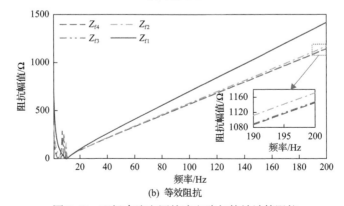

图 3-42　双极直流电网故障电路与等效计算阻抗

由近及远依次保留与故障点直接或间接相连的换流站等效阻抗以及线路等效阻抗，得到一系列等效计算阻抗：

$$Z_{fn} = \left(\cdots\left(\left(Z_{eqn} + Z_{n-1,n}\right)/\!/Z_{eq(n-1)} + Z_{n-2,n-1}\right)/\!/Z_{eq(n-2)} + \cdots\right) \tag{3-28}$$

式中，Z_{eqn} 为换流站 n 的等效阻抗；$Z_{n-1,n}$ 为线路 $n-1$ 和 n 之间的等效阻抗。

　　分别画出 $Z_{f1} \sim Z_{f4}$ 在频域的阻抗幅值图，如图 3-42(b)所示，参考张北柔性直流电网工程的参数，直流电抗取 0.15H，中性线电抗取 0.3H，由图可知，在简化故障电路的时候，不仅需要考虑与故障线路直接相连的换流站，并且与近端换流站直接相连的线路和换流站也不能忽略。

　　对于图 3-43 的故障电路，故障电流的故障分量的频域表达式为

$$I_{fi} = \frac{U_{dc0}}{sZ_{fi}} \tag{3-29}$$

$$Z_{fi} = \cfrac{1}{\cfrac{1}{Z_{im} + Z_{eqm}} + \cfrac{1}{Z_{ip} + Z_{eqp}} + \cfrac{1}{Z_{ix} + Z_{eqx}} + \cdots + \cfrac{1}{Z_{eqi}}} + Z_{i0}$$
$$= Z_{gi} + Z_{i0} \tag{3-30}$$

式中，Z_{eqx}、Z_{eqp}、Z_{eqi}、Z_{eqm} 分别为换流站 x、p、i、m 的等效阻抗；Z_{ix}、Z_{ip}、Z_{im}、Z_{i0} 分别为换流站 x、p、m 以及故障 0 的线路阻抗；U_{dc0} 为换流站 i 的等值电压源幅值。

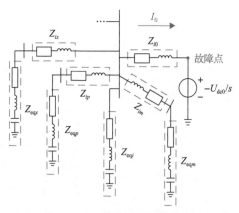

图 3-43　直流电网简化故障电路

　　不管是换流站的等效阻抗还是线路的等效阻抗都包含数值很大的电感，在高频段感抗的值将会远大于容抗，以及数值恒定的电阻。因此在高频等效模型中可将电阻和电容忽略，仅保留电感参数。忽略换流站之间等效桥臂电感的细微差别，架空线电感与直流电抗的电感相比可忽略，并且中性线电抗和直流电抗取的参数

统一，Z_{gi} 可以简化为

$$Z_{gi} = \frac{sL_{coni}}{1 + \dfrac{nL_{coni}}{L_{\Sigma}}} \tag{3-31}$$

式中，n 为次近端换流站的个数。很显然，次近端换流站的增多会导致并联电抗减小，使得馈入故障点的电流增大，也就是增大了该条线路的故障电流水平。也就是说，故障支路所连换流站的出线越多，该故障支路的电流会越大。

3.3.1.2 网架结构对双极直流电网单极接地故障电流的影响

与对称单极直流电网不同，双极直流电网的单极接地故障特性受直流电网接地方式的影响较大，双极金属回线接地和双极大地回线接地下的单极接地故障特性显著不同。下面将针对两种接地方式分别进行分析。

1）双极金属回线接地系统

在双极金属回线接地系统中，发生单极接地后的故障电流与对称单极系统单极接地故障电流类似，馈入电气距离与馈入换流站个数均会对故障电流产生影响。

以类似图 3-44 所示双极金属回线接地系统为例，在两端直流中的一侧持续增加远端换流站，其等效电路如图 3-45 所示。由图 3-46 可知，在高频部分，当考虑更多转换站时，Z_{f2} 到 Z_{fn} 的阻抗特性将持续变化。因此，对于双极金属回线接地方式电网中的单极接地故障，既需要考虑 Z_{f2} 保留次近端换流站，也需要考虑远端换流站的放电对故障电流的影响。

由图 3-47 的仿真结果可知，随着换流站数量的持续增加，双极金属回线接地系统中的单极接地故障电流将持续受到影响，进一步验证了该结论的正确性。

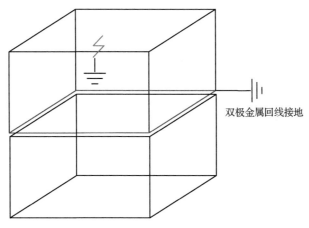

图 3-44 双极金属回线接地系统

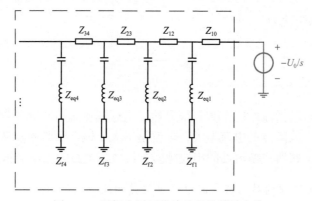

图 3-45 双极金属回线接地系统等效电路

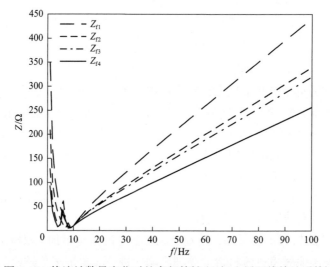

图 3-46 换流站数量变化时的高频特性(双极金属回线接地系统)

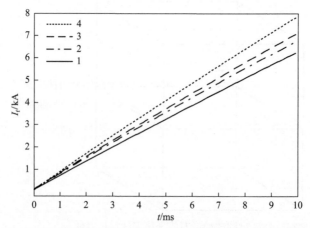

图 3-47 换流站数量变化时故障电流仿真结果(双极金属回线接地系统)

2) 大地回线接地系统

在双极大地回线接地系统中，发生单极接地后的故障电流与双极系统极间短路故障电流类似，主要由近端与次近端换流站对故障电流产生影响。

以图 3-48 所示双极大地回线接地系统为例，在两端直流中的一侧持续增加远端换流站，其等效电路如图 3-49 所示。由图 3-50 可知，在高频部分，Z_{f1} 对故障电流的影响占主导。当考虑更多换流站时，Z_{f2} 到 Z_{fn} 之间等效阻抗值基本相同。因此，对于双极大地回线接地方式电网中的单极接地故障，需要考虑 Z_{f2}，即保留次近端换流站，而对于远端换流站则可忽略其放电对故障电流的影响。

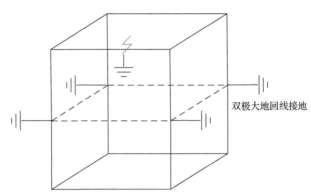

图 3-48　双极大地回线接地系统

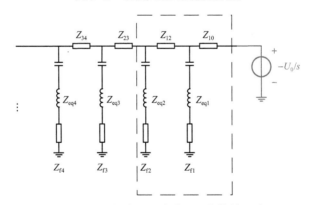

图 3-49　双极大地回线接地系统等效电路

由图 3-51 的仿真结果可知，随着换流站数量的持续增加，双极大地回线接地系统中的单极接地故障电流仅受到近端与次近端换流站的影响，验证了该结论的正确性。

3.3.1.3　网架结构对双极直流电网故障电流的影响总结

基于上述分析，得到网架结构对双极直流电网故障电流的影响如表 3-4 所示。

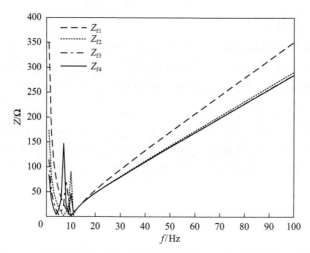

图 3-50　换流站数量变化时的高频特性(双极大地回线接地系统)

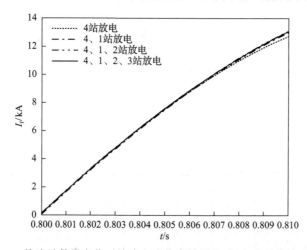

图 3-51　换流站数量变化时故障电流仿真结果(双极大地回线接地系统)

表 3-4　网架结构对双极直流电网故障电流的影响

网架类型	故障类型	网架结构对故障电流的影响
双极直流电网	极间短路	受近端和次近端换流站的影响
	双极金属回线接地系统单极接地	近端、次近端、远端换流站均有影响，影响的程度有所不同
	双极大地回线接地系统单极接地	受近端和次近端换流站的影响

3.3.2　限制双极直流电网故障电流的网架结构优化方法

由于双极直流电网极间短路故障电流受网架结构影响规律不同，因此双极直流电网中限制极间短路故障电流的网架结构优化原则为：按照减少各站近区所连换流站(或换流站出线)数量的优化原则,对网架结构进行优化。对于限制双极直流电网单极接地故障电流的网架结构优化原则可根据其接地方式的不同选择优化原则。

结合前述章节中得到的故障电流影响规律,可提出基于等效阻抗的双极直流电网极间短路水平的衡量指标对网架结构进行优化:

$$\text{index}_{ij} = \frac{U_0}{\dfrac{1}{\dfrac{1}{L_{\Sigma m}} + \dfrac{1}{L_{\Sigma p}} + \dfrac{1}{L_{\Sigma x}} + \cdots + \dfrac{1}{L_{\text{con}i}}} + 2L_{\text{dc}}} \tag{3-32}$$

式中,相关电感均为近端与次近端换流站的参数, $L_{\Sigma m}$ 、 $L_{\Sigma p}$ 、 $L_{\Sigma x}$ 分别为换流站 m 、 p 、 x 总等值电感。

对于如图 3-52 所示的六端网络,利用相关算法计算后,对其网架结构进行优化,在各线路故障点为线路中点的前提下,最终结果是图 3-52(a)中故障的最大电流水平较低,优化后最大极间短路故障电流可降低 25%以上。若干其余拓扑对比及其最大故障电流水平(取 t = 10ms 值)如图 3-52 所示。

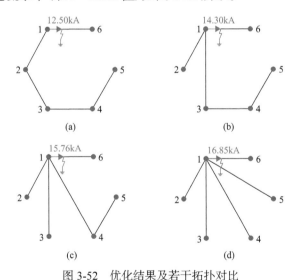

图 3-52　优化结果及若干拓扑对比

3.3.3　限制故障电流水平的接地点优化方法

除了网架结构,直流电网接地方式对故障电流水平影响也很大,针对不同主接线方式和不同类型的换流站合理选择接地点,可以在不影响直流电网正常运行的前提下限制故障电流水平。

1) 对称单极接线系统接地点优化

(1) 直流侧钳位电阻接地设置在容量最大的换流站。

(2) 阀侧星型电抗经电阻接地设置在交流网络较强、容量较大的换流站。

(3) 剩余容量不大且不处于关键节点的换流站可以不接地。

2) 双极接线系统接地点优化

双极直流电网可使用双极大地回线接地和双极金属回线接地，当采用双极大地回线接地时，各换流站各自独立接地，不存在接地点优化问题。考虑工程造价，优化适用于短距离传输的双极金属回线单端接地点更具现实意义。在明确优化方法之前，需要对直流电网线路分类进行定义。

按所连端口的性质，直流电网的输电线路大致可分为四类：送端和受端之间的输电线路，其往往承担大功率的电能输送任务；送/受端和调节端之间的输电线路，其承担调峰调频，确保电网稳定、经济运行的任务；送端和送端之间的联络线路；受端和受端之间的联络线路。一旦相关线路发生故障，对应功能即刻丧失，显然，送受端间输电线路的故障穿越能力是应首先考虑的。为此，应设法降低这类线路的故障电流水平。

针对单极接地故障的故障电流水平抑制，接地点的选择应遵循以下两条原则：

(1) 避开送受端之间输电线路的近端换流站，并离送受端之间输电线路尽量远；

(2) 避开送端换流站。

以张北柔性直流电网工程为例，其包含张北站、康宝站两个送端，丰宁站调节端和北京站受端。按原则(1)，则接地点应避开张北站和北京站；按原则(2)，则应避开康保站和张北站。因此，将接地点选在丰宁站是最优的。

在 PSCAD 上搭建了如图 2-10 所示的张北柔性直流电网验证所提直流电网接地策略，仿真设定单极接地故障于张北站—北京站正极线路中点。将接地点依次设置在四个换流站，分别进行仿真。不同接地点对应的故障电流如图 3-53 所示。

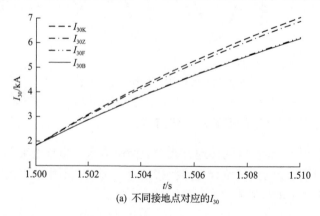

(a) 不同接地点对应的 I_{30}

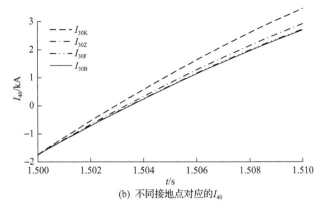

(b) 不同接地点对应的 I_{40}

图 3-53　不同接地点下张北站—北京站正极线路中点发生单极接地故障时的故障电流

下标 K 代表康宝站，下标 F 代表丰宁站，下标 Z 代表张北站，下标 B 代表北京站

其中，I_{30} 为张北站到故障点之间的故障电流，I_{40} 为北京站到故障点之间的电流。由图 3-53 可以看出，接地点设置在不同位置，故障电流水平有较明显的差异。具体地，由图 3-53（a）可知，当康保站和张北站接地时 I_{30} 较大，10ms 故障电流约为 7kA；当丰宁站和北京站接地时 I_{30} 较小，10ms 故障电流约为 6.2kA。因此，对于 I_{30}，接地点设置在受端比设置在送端时故障电流降低约 11.43%。由图 3-53（b）可知，北京站接地时 I_{40} 较大，10ms 故障电流约为 3.5kA；其余三站接地时 I_{40} 较小，10ms 故障电流为 2.7～2.9kA。因此，对 I_{40}，接地点设置在远端比设置在近端时故障电流降低约 20%。

总体来看，接地点设置在丰宁站时，两个方向的故障电流水平均较低，仿真验证了所提接地点优化方法的有效性。

3.4　本章小结

本章总结分析了直流电网系统级与站级的网架结构，根据换流站之间的连接特点，将系统级网架结构分类为环型、辐射型、复杂网孔及混合型四种，并且分析了其特性与使用场景；然后基于高频等效模型及状态空间等故障电流简化计算方法，揭示了对称单极直流电网的极间短路故障电流仅受故障支路及近端换流站参数影响，与网架结构无关的机理；针对对称单极直流电网的单极接地故障，分析了换流站不同馈入电气距离与馈入换流站个数对故障电流的影响，提出了按照增大所有换流站对故障点等效电气距离的优化原则，优化后最大单极接地故障电流可降低 20% 以上；针对双极直流电网极间短路的故障电流，基于等效阻抗高频特性分析，得到了其仅受近区换流站参数的影响（近端和次近端）的基本原理，按照减少各站近区所连换流站（或换流站出线）数量的优化原则，对网架结构进行优化，优化后最大极间短路故障电流可降低 25%以上；针对双极直流电网单极接地的故障电流，明确了双极金属回线接地系统的单极接地与对称单极直流电网的单极接地故障类似、双极大地回线接地系统单极接地与对称双极极间短路类似的基本原理，相应优化原则基本相同。此外，本章还提出了限制故障电流水平的直流电网接地点优化方法，为直流电网网架结构设计提供了另一个角度的技术支持。

第4章　限制故障电流水平的运行方式优化方法

4.1　直流电网运行方式概述

相比传统高压直流输电，基于电压源型换流器的直流电网运行方式更为灵活。不同运行方式下直流电网的潮流特性和动态特性具有差异，导致故障电流特性变化。因此，直流电网运行方式对故障电流的影响很大，需要从运行方式的角度对故障电流进行分析，并探讨限制故障电流水平的运行方式优化方法。

直流电网故障电流的影响因素研究需要考虑直流电网的整个运行水平，包括运行电压等级、换流站运作模式(逆变、整流)、运行功率水平等。通常从以下几个方面对直流电网运行方式进行分析。

(1)计及电源、负荷特征的运行方式。考虑到交流系统的丰大、丰小、枯大、枯小运行方式，不同特征的电源和负荷将影响直流电网的潮流分布特性。

(2)直流电网的不对称运行。双极直流电网换流站包含两个独立的换流器，其正负极可以实现不对称运行。同时在某些具有复杂网络结构的对称单极直流电网中也可以实现部分线路的不对称运行。多电压等级直流电网包含的单电压等级直流电网越多，其将具有越多的不对称运行方式。

(3)断线运行和降端运行。直流电网需要按计划进行换流站和线路的检修工作，将导致存在某一时间段内出现断线运行和降端运行的情况。降端运行常出现在汇集海上风电的直流电网，同时参考交流电网和单电压等级电网，多电压等级电网也需要确保 $N-1$ 运行方式下的稳定性。

(4)控制变换运行方式。直流电网的换流站具有高度的可控性，常使用四种典型的控制方式：定功率控制、定电压控制、下垂控制、vf 控制，同时由 MMC 组成的直流变压器同样可以使用上述控制方式，由于直流变压器的交流部分需要有稳定的交流支撑，因此直流变压器的一个换流器总作为 vf 控制使用，另一个换流器使用另外三种控制。通过换流站和直流变压器的控制方式的组合变换可以得到多种直流电网的运行方式。

(5)改变元件状态运行方式。直流电网包含多种电力电子设备和其他元件，如平波电抗器、滤波电容器等，通过改变元件的运行状态找出其对直流电网潮流分布的影响。

(6)同步、异步运行方式。考虑直流换流站所连交流系统的运行方式对直流电网的潮流分布所产生的影响。

目前关于直流电网运行水平的研究主要在维持直流电压的稳定、保持功率平衡、换流站保护与控制等方面，而换流站的运行模式决定了系统稳定运行时功率的传输方向，且电网电压和功率水平直接影响着直流故障电流的初态及故障后电流的上升速度，运行水平与故障电流之间的关系有待深入研究。通过对不同运行方式下的故障电流特性进行分析，可对直流电网故障电流有更深刻的理解。进一步，可提出限制故障电流水平的运行方式优化方法，为直流电网故障电流限制提供新的解决方案。

4.2　不同电源特征下潮流分布对故障电流的影响因素

4.2.1　含直流电网的交直流混联系统潮流计算

4.2.1.1　直流电网的混联潮流计算方法

直流电网潮流计算目前主要采用牛顿-拉弗森(Newton-Raphson，NR)法或高斯-赛德尔(Gauss-Seidel，GS)法，随着计算机计算能力的不断提高，基于节点阻抗矩阵的高斯-塞德尔(nodal impedance matrix based Gauss-Seidel，NIGS)法以其良好的收敛性逐渐受到关注。

NIGS 法的迭代格式为

$$U_{\mathrm{dc}i}^{(k+1)} = \sum_{t=1}^{i-1} \overline{Z}_{\mathrm{dc}i,t} \cdot \frac{P_{\mathrm{dc}t}}{U_{\mathrm{dc}t}^{(k+1)}} + \sum_{t=i}^{n} \overline{Z}_{\mathrm{dc}i,t} \cdot \frac{P_{\mathrm{dc}t}}{U_{\mathrm{dc}t}^{(k)}} - \sum_{t=1}^{n} \overline{Z}_{\mathrm{dc}i,t} Y_{st} U_{s}, \quad i=1,2,\cdots,n \quad (4\text{-}1)$$

$$U_{\mathrm{dc}1}^{(k+1)} = \sum_{t=1}^{2} \overline{Z}_{\mathrm{dc}1,t} \cdot \frac{P_{\mathrm{dc}t}}{U_{\mathrm{dc}t}^{(k+1)}} - \sum_{t=1}^{2} \overline{Z}_{\mathrm{dc}1,t} Y_{st} U_{s} \quad (4\text{-}2)$$

式中，$U_{\mathrm{dc}i}^{(k+1)}$ 为第 $k+1$ 次迭代的换流站电压；$\overline{Z}_{\mathrm{dc}i,t}$ 为第 t 个节点的阻抗；$P_{\mathrm{dc}t}$ 为第 t 个节点换流器直流输出功率；Y_{st} 为第 t 个节点的导纳；U_{s} 为直流电源电压；$\sum_{t=1}^{n} \overline{Z}_{\mathrm{dc}i,t} Y_{st} U_{s}$ 可事先算得，迭代中视为常数。

考虑到 NR 法虽收敛性较好，但涉及雅可比矩阵的反复求解，内存占用量大，且对初值选取较敏感，而 NIGS 法对初值没有要求，编程简单，在目前简单的直流网络中优于 NR 法，当直流电网较复杂时，本节首先利用 NIGS 法迭代几次后再利用 NR 法继续运算，采用这种混联算法既可以避免初值选取的影响又可以改善收敛性。

4.2.1.2　交直流混联系统潮流计算方法

为了更好地继承原有纯交流程序和考虑变量的约束条件以及运行方式的合理调整，本节在进行含柔直的交直流混联系统潮流计算时采用交替迭代法。

在迭代计算过程中，交流系统潮流方程组和直流电网方程组分别求解。由控制方式可知，柔性直流电网的控制变量中除直流电压外，其他均为交流侧物理量；在初次求解交流电网各变量时，可将直流电网的换流站按照前述的控制方式处理为连接于交流节点的一个等效 PQ 节点或 PV 节点，并可由直流潮流结果进行修正。

4.2.1.3　考虑下垂控制的交直流混联系统潮流计算

直流电网的控制策略具有较高的灵活性和复杂性，主要分为主从控制、直流电压偏差控制以及下垂控制。主从控制实现简单，但对通信要求高，在主控制站退出运行后，多端系统失去正常运行的能力，适用性较差。直流电压偏差控制较主从控制有所改进，无须站间通信，但在直流电网规模增大后，存在直流电压裕度值设定、控制模式切换、后备站优先级选取的问题，而下垂控制则不存在上述缺陷。对于下垂控制方式直流电网，其换流站直流侧的有功功率与潮流计算的电压偏离参考电压的差值及下垂系数有关，假设 i 表示第 i 个下垂控制换流站，电压-功率下垂控制律为

$$P_{\mathrm{d}ci} = P_{\mathrm{dc},0i} - \frac{1}{k_i}\left(U_{\mathrm{d}ci} - U_{\mathrm{dc},0i}\right) \tag{4-3}$$

电压-电流下垂控制律为

$$P_{\mathrm{d}ci} = U_{\mathrm{d}ci}\left[I_{\mathrm{dc},0i} - \frac{1}{k_i}\left(U_{\mathrm{d}ci} - U_{\mathrm{dc},0i}\right)\right] \tag{4-4}$$

式（4-3）和式（4-4）中，$P_{\mathrm{dc},0i}$、$U_{\mathrm{dc},0i}$、$I_{\mathrm{dc},0i}$ 分别表示下垂控制功率设定初始值、电压设定初始值、电流设定初始值；$U_{\mathrm{d}ci}$ 为第 i 个换流站电压实际值。电压对功率下垂控制的下垂系数 k_i 定义为 $\Delta U_{\mathrm{dc}}/\Delta P_{\mathrm{dc}}$，电压对电流下垂控制的下垂系数 k_i 定义为 $\Delta U_{\mathrm{dc}}/\Delta I_{\mathrm{dc}}$。

$$f\left(U_{\mathrm{d}ci}\right) = 2U_{\mathrm{d}ci}\sum Y_{\mathrm{d}cij}\left(U_{\mathrm{d}ci} - U_{\mathrm{d}cj}\right) - U_{\mathrm{d}ci}I_{\mathrm{dc},0i} + U_{\mathrm{d}ci}^2/k_i - U_{\mathrm{d}ci}U_{\mathrm{dc},0i}/k_i = 0 \tag{4-5}$$

利用电压对电流下垂控制的功率与直流潮流计算的功率的差值进行迭代，最终直流潮流收敛，其差值为 0。

4.2.1.4　算例计算

将五端直流电网嵌入 IEEE-118 节点系统，如图 4-1 所示。

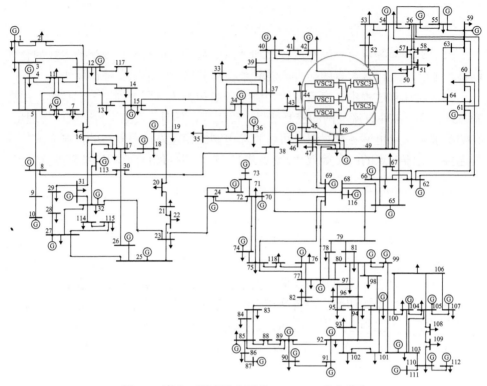

图 4-1　嵌入五端直流电网的 IEEE-118 节点系统

规定功率从换流站注入交流系统为正，换流站 1 连于系统节点 43，控制指令为 $P_{s1} = 0.4$p.u., $Q_{s1} = 0.3$p.u.；换流站 5 连接系统节点 48，$P_{s5} = -0.6$p.u., $Q_{s5} = 0.2$p.u.；换流站 3 连于系统节点 52，$P_{s3} = -0.3$p.u.；换流站 4 连于系统节点 45，$P_{s4} = 0.2$p.u.；换流站 2 连于系统节点 44，设为定直流电压和定交流电压控制，收敛精度设为 0.0001。主从控制和下垂控制下的交直流混联系统潮流计算结果如表 4-1 所示（仅列出直流电网部分及其所连交流节点计算结果）。

表 4-1　采用主从、下垂控制时交直流混联系统潮流计算结果

节点	P_s/p.u.	Q_s/p.u.	U_s/p.u.	δ_j/(°)	P_{dc}/p.u.	U_{dc}/p.u.	P_{loss}/p.u.
采用主从控制时交直流混联系统潮流计算结果							
43	0.40	0.30	1.094	21.436	0.41221	0.996	0.0118
44	0.2321	−0.1589	0.944	21.554	0.24390	1.000	0.0116
45	0.20	0	0.986	21.058	0.21146	0.998	0.0114
48	−0.60	0.2	1.070	9.302	−0.58705	1.008	0.0123
52	−0.3	0	0.936	7.390	−0.28820	1.003	0.0116

续表

节点	P_s/p.u.	Q_s/p.u.	U_s/p.u.	δ_s/(°)	P_{dc}/p.u.	U_{dc}/p.u.	P_{loss}/p.u.
采用下垂控制时交直流混联系统潮流计算结果							
43	0.4089	0.30	1.095	21.666	0.42115	0.990	0.0118
44	0.2304	−0.1619	0.943	21.554	0.24211	0.994	0.0116
45	0.2155	0	0.987	21.058	0.22702	0.992	0.0114
48	−0.5888	0.2	1.070	9.302	−0.57594	1.002	0.0123
52	−0.3342	0	0.935	7.390	−0.32232	0.998	0.0116

注：δ_s 为电压相角差。

4.2.2　含 DC/DC 变换器的多电压等级直流电网潮流分布

对于多电压等级的直流电网，需要修改潮流计算时的雅可比矩阵。假设在 p、q 节点处接入 DC/DC 变换器，变换器的 p 侧是恒功率控制，q 侧是恒电压控制，则新的雅可比矩阵 J' 需要增加 2 列，更新第 q 行 q 列的数据，另外需要增加 2 行节点 p 处功率和平衡方程与电压以及电流 I_q 和 I_p 之间的偏导关系，新的雅可比矩阵为

$$J' = \begin{bmatrix} J_{11}^{dc} & \cdots & J_{1N}^{dc} & 0 & 0 \\ \vdots & \ddots & \vdots & \ddots & \vdots & \vdots & \vdots \\ J_{q1}^{dc} & & J_{qq}^{dc}+I_q & & J_{qN}^{dc} & 0 & U_{dcq} \\ \vdots & \ddots & \vdots & \ddots & \vdots & \vdots & \vdots \\ J_{N1}^{dc} & \cdots & J_{NN}^{dc} & 0 & 0 \\ \partial P_p/\partial U_{dc1} & \cdots & 0 & \cdots & \partial P_p/\partial U_{dcN} & U_{dcp} & 0 \\ 0 & \cdots & \partial E/\partial U_{dcq} & \cdots & 0 & \partial E/\partial I_p & \partial E/\partial I_q \end{bmatrix} \tag{4-6}$$

新的雅可比矩阵中平衡方程对电压 U_{dcq}、电流 I_q 和 I_p 之间的偏导关系为

$$\partial E/\partial U_{dcq} = I_q - \partial P_{loss}/\partial U_{dcq} \tag{4-7}$$

$$\partial E/\partial I_p = U_{dcp} - \partial P_{loss}/\partial I_p \tag{4-8}$$

$$\partial E/\partial I_q = U_{dcq} - \partial P_{loss}/\partial I_q \tag{4-9}$$

本节整理了多电压等级直流电网潮流计算结果，其中 ±200kV 与 ±400kV 主设备参数来自 CIGRE 报告（该模型包含 5 个电压等级、23 个换流站）；±320kV 与 ±500kV 主设备参数是计算得到的；±800kV 主设备参数来自实际工程。潮流计算结果如表 4-2 和表 4-3 所示。

表 4-2　多电压等级直流电网电压幅值计算结果

节点号	电压幅值/kV
Bb-A1	210.1466
Bb-A2	202.5552
Bb-A2s	803.1266
Bb-A3	212.6328
Bb-A4	216.1549
Bb-A5	191.0881
Bb-B2	800.8722
Bb-B2s	400.8618
Bb-B3	802.6482
Bb-B6	187.0103
Bb-C1s	406.9046
Bb-C3	344.1643
Bb-C4	346.1687
Bb-C4s	216.2655
Bb-D3	408.3075
Bb-D4	409.2223
Bb-D5	404.2445
Bb-D5s	201.3647
Bb-D6	406.0943
Bb-D7	401.3348
Bb-D7s	403.2092
Bb-D8	401.6306
Bb-D9	389.3018
Bb-b1	800.0000
Bb-b4	799.2157
Bm-C1	330.8874
Bm-C2	338.6976
Bm-D10	201.3851
Bm-D11	199.2117
Bm-D12	197.9612
Bm-D13	198.6471

表 4-3　多电压等级直流电网潮流计算结果

支路首端节点	支路末端节点	潮流/MW
Bb-D7	Bb-D8	−58.3689
Bm-D11	Bm-D10	−489.9564
Bb-A3	Bb-A1	598.237
Bb-b1	Bb-B3	−2604.2074
Bb-A1	Bb-A2	1805.3113
Bb-A5	Bb-A1	−532.6538

支路首端节点	支路末端节点	潮流/MW
Bb-B2	Bb-b4	1630.771
Bb-b4	Bb-B3	−3372.1501
Bb-B2	Bb-A2s	−2219.3285
Bb-b1	Bb-B2	−857.7432
Bb-D6	Bb-B2s	1080.504
Bb-D7	Bb-D6	−971.321
Bb-D6	Bb-D8	584.5904
Bb-D8	Bb-D9	1596.8747
Bb-A3	Bb-A2	2424.9066
Bm-D11	Bm-D12	489.9564
Bm-D12	Bm-D13	−267.0504
Bb-A4	Bb-A3	1548.4994
Bb-C4s	Bb-A4	48.6459
Bb-C3	Bb-C4	−548.0933
Bm-C2	Bb-C3	−933.0018
Bm-C1	Bm-C2	−1302.2308
Bb-D8	Bb-C1s	−1077.122
Bb-B6	Bb-A5	−1499.8549
Bb-D6	Bb-D3	−1017.0788
Bb-D4	Bb-D5	576.2909
Bb-D5s	Bm-D10	−4.6531
Bb-D7s	Bb-D5	−472.3714
Bb-D3	Bb-D4	−422.6746
Bb-A2	Bb-A2s	2245.2344
Bb-B2s	Bb-B2	1066.5819
Bb-D5s	Bb-D5	−95.338
Bb-D7	Bb-D7s	−470.1755
Bb-C4	Bb-C4s	48.6661
Bm-C1	Bb-C1s	1109.2475

4.2.3　接入交流主网的直流电网潮流分布对故障电流的影响特性

4.2.3.1　接入交流主网的直流电网潮流分布关键影响因素

研究交流主网对换流站发生单极接地故障的影响时，直接从整个电网的潮流角度解析十分困难，所以可将整个电网经戴维南等效，将戴维南等效阻抗与戴维南等效电动势作为直接影响直流故障电流的交流参数，可以更直观地研究交流系统对单极接地故障电流的影响。换流站及所连交流系统结构如图 4-2 所示。

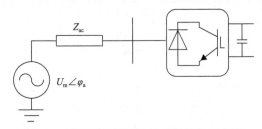

图 4-2 换流站及所连交流系统结构示意图

由于当直流电网接入交流主网时，对直流电网来说，交流主网相当于一个电压源，因此，交流主网的等效电压源外特性对直流电网的潮流分布分析非常重要。由图 4-2 可知，交流主网面向直流电网的等效外特性受几个重要因素影响，包括潮流流向、强度(与电网等效阻抗(Z_{ac})有关)、电压幅值和相角(即 U_m 和 φ_a，与馈入功率有关)等固有属性。因此，接入交流主网的直流电网潮流分布特性也受这几个关键因素的影响，这也是分析接入交流主网的直流电网故障电流特性的关键切入点。

4.2.3.2 交流主网强度对直流电网故障电流的影响

1) VSC-HVDC 系统在极弱系统中的失稳机理

为深入揭示 VSC-HVDC 系统在极弱系统中的失稳原因，本节考虑通过新的手段，明确 PLL 在极弱系统中对 VSC-HVDC 系统稳定性的影响，力图在传统特征值、根轨迹及阻抗模型理论之外探索极弱系统中 PLL 参数与系统强度共同作用下对 VSC-HVDC 系统的影响机理，以期为柔性直流输电的运行与控制提供理论支撑。

与交流系统相连的基于矢量控制的 VSC 控制系统如图 4-3 所示。

图 4-3 中，$U_t\angle\theta_t$ 为换流站网侧交流电压，$U_g\angle\theta_g$ 为交流系统电压，θ_{pll} 表示的是经 PLL 产生的相角，当 PLL 可靠运行时，$\theta_{pll}=\theta_t$。X_t 为换流变的漏抗，X_g 是交流侧系统的等值电抗。

为了建立合适的小信号分析模型，需要筛选出关键变量。因为 PLL 是引发系统不稳定的关键因素，所以本章将选取 PLL 的相关参数进行分析。基于矢量控制的 VSC-HVDC 系统中的 PLL 经典控制原理如图 4-4 所示。其中，U_{ac} 为交流电压；下标 ref 表示参考值；U_{ta}、U_{tb}、U_{tc} 分别是 U_t 的三相电压值，U_{tq}、U_{td} 分别是 U_t 在 q 轴和 d 轴的电压分量；k_p、k_i 分别是 PLL 的比例积分(PI)控制参数，$\omega_0=2\pi f_0$，其中基频 $f_0=50\text{Hz}$；θ_{pll} 为 PLL 的输出，即是 U_t 的相角；i_{dlim}、i_{qlim} 分别为有源限流器和无源限流器的限流值。正常状态下 U_t、U_g、U_{tq}、U_{td} 之间的关系如图 4-5 所示。

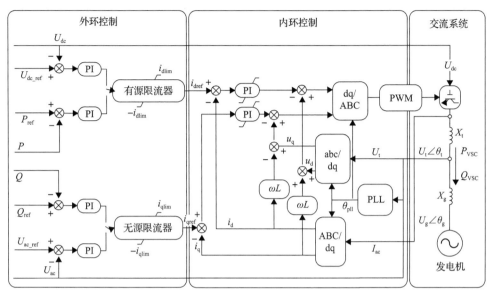

图 4-3　与交流系统相连的基于矢量控制的 VSC 控制系统

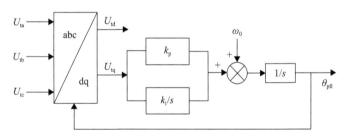

图 4-4　PLL 控制原理图

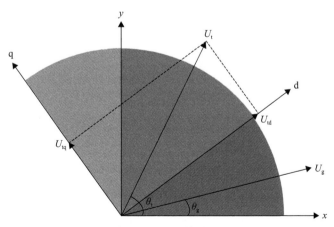

图 4-5　电压关系图

基于以上关系，PLL 的控制方程可写为

$$U_{tq} = U_t \sin\left(\theta_t - \theta_{pll}\right) \tag{4-10}$$

$$\theta_{pll} = U_{tq}\left(k_p + \frac{k_i}{s}\right)\frac{1}{s} \tag{4-11}$$

结合式 (4-10) 与式 (4-11)，并线性化相关变量：$U_{tq} = U_{tq} + \Delta U_{tq}$，$\theta_t = \theta_t + \Delta\theta_t$，$\theta_{pll} = \theta_{pll} + \Delta\theta_{pll}$，$U_t = U_t + \Delta U_t$，且假设 $\sin\Delta x = 0$、$\cos\Delta x = 1$，忽略掉高阶部分后可得

$$\begin{aligned}\Delta U_{tq} &= U_{t0}\cos\left(\theta_{t0} - \theta_{pll0}\right)\Delta\theta_t - U_{t0}\cos\left(\theta_{t0} - \theta_{pll0}\right)\Delta\theta_{pll} \\ &\quad + \sin\left(\theta_{t0} - \theta_{pll0}\right)\Delta U_t\end{aligned} \tag{4-12}$$

$$\Delta\theta_{pll} = \Delta U_{tq}\left(k_p + \frac{k_i}{s}\right)\frac{1}{s} \tag{4-13}$$

式中，新增的下标 0 表示对应的稳态变量。由于稳态时 $\theta_{t0} = \theta_{pll0}$ 且 $U_{tq} = 0$，因此式 (4-12) 与式 (4-13) 可重写为

$$\Delta U_{tq} = U_{t0}\left(\Delta\theta_t - \Delta\theta_{pll}\right) \tag{4-14}$$

$$\Delta\theta_{pll} = \Delta U_{tq}\left(k_p + \frac{k_i}{s}\right)\frac{1}{s} \tag{4-15}$$

另外，交流系统功率为

$$P_{VSC} = \frac{U_t U_g \sin\left(\theta_t - \theta_g\right)}{X_g} \tag{4-16}$$

$$Q_{VSC} = \frac{U_t^2 - U_t U_g \cos\left(\theta_t - \theta_g\right)}{X_g} \tag{4-17}$$

由于 θ_g 表示的是系统远端交流电压相角，因此可假设 θ_g 为常数，将式 (4-16)、式 (4-17) 线性化可得

$$\Delta P_{VSC} = \frac{U_{g0}\sin\left(\theta_{t0} - \theta_{g0}\right)}{X_g}\Delta U_t + \frac{U_{t0}U_{g0}\cos\left(\theta_{t0} - \theta_{g0}\right)}{X_g}\Delta\theta_t \tag{4-18}$$

$$\Delta Q_{VSC} = \frac{2U_{t0} - U_{g0}\cos\left(\theta_{t0} - \theta_{g0}\right)}{X_g}\Delta U_t + \frac{U_{t0}U_{g0}\sin\left(\theta_{t0} - \theta_{g0}\right)}{X_g}\Delta\theta_t \tag{4-19}$$

联合式(4-12)、式(4-13)、式(4-18)、式(4-19)，则筛选变量后的分析 PLL 及系统强度对 VSC 稳定性影响的小信号模型可以表示为

$$\Delta U_{tq} = k_1 \Delta \theta_t + k_2 \Delta \theta_{pll} \tag{4-20}$$

$$\Delta \theta_{pll} = k_3 \Delta U_{tq} \tag{4-21}$$

$$\Delta P_{VSC} = k_4 \Delta U_t + k_5 \Delta \theta_t \tag{4-22}$$

$$\Delta Q_{VSC} = k_6 \Delta U_t + k_7 \Delta \theta_t \tag{4-23}$$

式中

$$k_1 = U_{t0} \tag{4-24}$$

$$k_2 = -U_{t0} \tag{4-25}$$

$$k_3 = \left(k_p + \frac{k_i}{s} \right) \frac{1}{s} \tag{4-26}$$

$$k_4 = \frac{U_{g0} \sin \left(\theta_{t0} - \theta_{g0} \right)}{X_g} \tag{4-27}$$

$$k_5 = \frac{U_{t0} U_{g0} \cos \left(\theta_{t0} - \theta_{g0} \right)}{X_g} \tag{4-28}$$

$$k_6 = \frac{2U_{t0} - U_{g0} \cos \left(\theta_{t0} - \theta_{g0} \right)}{X_g} \tag{4-29}$$

$$k_7 = \frac{U_{t0} U_{g0} \sin \left(\theta_{t0} - \theta_{g0} \right)}{X_g} \tag{4-30}$$

为分析 PLL 对系统的影响及其与系统强度的关系，将式(4-21)代入式(4-20)，得

$$\Delta \theta_t = \frac{1 - k_2 k_3}{k_1 k_3} \Delta \theta_{pll} \tag{4-31}$$

同理，将式(4-31)代入式(4-22)可得

$$\Delta P_{VSC} = k_4 \Delta U_t + \frac{k_5 \left(1 - k_2 k_3 \right)}{k_1 k_3} \Delta \theta_{pll} \tag{4-32}$$

为了方便进一步分析，将 k_1、k_2、k_3、k_4、k_5 的具体表达式代入式(4-32)，式(4-32)可重写为

$$\Delta P_{\mathrm{VSC}} = \frac{U_{\mathrm{g0}}\sin\left(\theta_{\mathrm{t0}}-\theta_{\mathrm{g0}}\right)}{X_g}\Delta U_{\mathrm{t}} + \frac{U_{\mathrm{g0}}\cos\left(\theta_{\mathrm{t0}}-\theta_{\mathrm{g0}}\right)}{X_g}\frac{s^2 + U_{\mathrm{t0}}k_{\mathrm{p}}s + U_{\mathrm{t0}}k_{\mathrm{i}}}{k_{\mathrm{p}}s + k_{\mathrm{i}}}\Delta\theta_{\mathrm{pll}} \quad (4\text{-}33)$$

另外，式(4-16)的稳态表达式为

$$P_{\mathrm{VSC0}} = \frac{U_{\mathrm{t0}}U_{\mathrm{g0}}\sin\left(\theta_{\mathrm{t0}}-\theta_{\mathrm{g0}}\right)}{X_g} \quad (4\text{-}34)$$

同理，线性化后可得

$$\Delta P_{\mathrm{VSC}} = \frac{P_{\mathrm{VSC0}}}{U_{\mathrm{t0}}}\Delta U_{\mathrm{t}} + \left(\frac{U_{\mathrm{t0}}}{X_g} - \frac{Q_{\mathrm{VSC0}}}{U_{\mathrm{t0}}}\right)\frac{s^2 + U_{\mathrm{t0}}k_{\mathrm{p}}s + U_{\mathrm{t0}}k_{\mathrm{i}}}{k_{\mathrm{p}}s + k_{\mathrm{i}}}\Delta\theta_{\mathrm{pll}} \quad (4\text{-}35)$$

当系统强度不足时 VSC 换流站通常是定交流电压控制模式，因此可以假设 $U_{\mathrm{t0}} = 1$。选择直流的额定有功功率为基准值，交流系统的短路比 $\mathrm{SCR} = 1/X_g$，即 $\mathrm{SCR} = U_{\mathrm{t0}}/X_g$，所以式(4-35)可化简为

$$\Delta P_{\mathrm{VSC}} = P_{\mathrm{VSC0}}\Delta U_{\mathrm{t}} + \left(\mathrm{SCR} - Q_{\mathrm{VSC0}}\right)\frac{s^2 + k_{\mathrm{p}}s + k_{\mathrm{i}}}{k_{\mathrm{p}}s + k_{\mathrm{i}}}\Delta\theta_{\mathrm{pll}} \quad (4\text{-}36)$$

从式(4-36)可以看出，有功功率和无功功率均取决于特征量 ΔU_{t} 和 ΔU_{pll}（即 ΔU_{t}），而特征量的相关系数与系统强度指标 SCR、PLL 的 PI 参数以及稳态时有功功率和无功功率相关。

式(4-36)中，分量 $\dfrac{s^2 + k_{\mathrm{p}}s + k_{\mathrm{i}}}{k_{\mathrm{p}}s + k_{\mathrm{i}}}$ 的参数均为元件 PLL 中的相应参数，为进一步在频域分析其控制过程，令 $s = \mathrm{j}\omega$，则式(4-36)变形为

$$\Delta P_{\mathrm{VSC}} = P_{\mathrm{VSC0}}\Delta U_{\mathrm{t}} + \left(\mathrm{SCR} - Q_{\mathrm{VSC0}}\right)\frac{\left(k_{\mathrm{p}}^2 - k_{\mathrm{i}}\right)\omega^2 + k_{\mathrm{i}}^2}{k_{\mathrm{p}}^2\omega^2 + k_{\mathrm{i}}^2}\Delta\theta_{\mathrm{pll}}$$
$$+ \left(\mathrm{SCR} - Q_{\mathrm{VSC0}}\right)\frac{k_{\mathrm{p}}\omega^3}{k_{\mathrm{p}}^2\omega^2 + k_{\mathrm{i}}^2}\mathrm{j}\Delta\theta_{\mathrm{pll}} \quad (4\text{-}37)$$

即为

$$\Delta P_{\mathrm{VSC}} = P_{\mathrm{VSC0}}\Delta U_{\mathrm{t}} + \left(\mathrm{SCR} - Q_{\mathrm{VSC0}}\right)\frac{\left(k_{\mathrm{p}}^2 - k_{\mathrm{i}}\right)\omega^2 + k_{\mathrm{i}}^2}{k_{\mathrm{p}}^2\omega^2 + k_{\mathrm{i}}^2}\Delta\theta_{\mathrm{pll}}$$
$$+ \left(\mathrm{SCR} - Q_{\mathrm{VSC0}}\right)\frac{k_{\mathrm{p}}\omega^2}{k_{\mathrm{p}}^2\omega^2 + k_{\mathrm{i}}^2}s\Delta\theta_{\mathrm{pll}} \quad (4\text{-}38)$$

在式(4-38)中，后两项代表了 PLL 在 VSC 功率控制中的贡献，可见，PLL 的 PI 参数与功率的传输紧密相连。

由于在 VSC 中，决定有功功率的主要是相角差，因此式(4-38)的第二项中 $(\mathrm{SCR} - Q_{\mathrm{VSC0}})\dfrac{(k_{\mathrm{p}}^2 - k_{\mathrm{i}})\omega^2 + k_{\mathrm{i}}^2}{k_{\mathrm{p}}^2\omega^2 + k_{\mathrm{i}}^2}$ 必须为正值，因为若假设其为负，则相角 $\Delta\theta_{\mathrm{pll}}$ 的增大反而会减少 VSC 传输的有功功率，最终将导致系统失去稳定。同时，由于 Q_{VSC0} 总是小于 1，而 SCR 一般来说大于 1(根据已有文献结论，SCR 小于 1 时系统早已失去稳定)，因此决定此项正负的主要是 $\dfrac{(k_{\mathrm{p}}^2 - k_{\mathrm{i}})\omega^2 + k_{\mathrm{i}}^2}{k_{\mathrm{p}}^2\omega^2 + k_{\mathrm{i}}^2}$。其中，PLL 的 PI 参数 k_{p} 和 k_{i} 一般为正值。

同理，因为有功功率总是正比于转速 ω，所以 $(\mathrm{SCR} - Q_{\mathrm{VSC0}})\dfrac{k_{\mathrm{p}}\omega^3}{k_{\mathrm{p}}^2\omega^2 + k_{\mathrm{i}}^2}$ 也必须为正，而分量 $(\mathrm{SCR} - Q_{\mathrm{VSC0}})\dfrac{k_{\mathrm{p}}\omega^3}{k_{\mathrm{p}}^2\omega^2 + k_{\mathrm{i}}^2}$ 也总大于 0。事实上，当 $\omega = 0$ 时，第二项系数的分量 $\dfrac{(k_{\mathrm{p}}^2 - k_{\mathrm{i}})\omega^2 + k_{\mathrm{i}}^2}{k_{\mathrm{p}}^2\omega^2 + k_{\mathrm{i}}^2}$ 最大，且等于 1，当 $\omega = +\infty$ 时，其值最小，为 $\dfrac{k_{\mathrm{p}}^2 - k_{\mathrm{i}}}{k_{\mathrm{p}}^2}$；而当 $\omega = 0$ 时，第三项系数的分量 $\dfrac{k_{\mathrm{p}}\omega^3}{k_{\mathrm{p}}^2\omega^2 + k_{\mathrm{i}}^2}$ 最小，等于 0，当 $\omega = +\infty$ 时，其值最大，为无穷大。

当 $\dfrac{k_{\mathrm{p}}^2 - k_{\mathrm{i}}}{k_{\mathrm{p}}^2} > 0$ 时，进一步分析可以发现，$\dfrac{(k_{\mathrm{p}}^2 - k_{\mathrm{i}})\omega^2 + k_{\mathrm{i}}^2}{k_{\mathrm{p}}^2\omega^2 + k_{\mathrm{i}}^2}$ 的值主要集中于低频区域，分量 $\dfrac{k_{\mathrm{p}}\omega^3}{k_{\mathrm{p}}^2\omega^2 + k_{\mathrm{i}}^2}$ 的值主要集中于高频区域，即 $\dfrac{(k_{\mathrm{p}}^2 - k_{\mathrm{i}})\omega^2 + k_{\mathrm{i}}^2}{k_{\mathrm{p}}^2\omega^2 + k_{\mathrm{i}}^2}$ 主导系统的低频特性，$\dfrac{k_{\mathrm{p}}\omega^3}{k_{\mathrm{p}}^2\omega^2 + k_{\mathrm{i}}^2}$ 主导系统的高频特性，如图 4-6 所示。

基于上述分析，定义 $(\mathrm{SCR} - Q_{\mathrm{VSC0}})\dfrac{(k_{\mathrm{p}}^2 - k_{\mathrm{i}})\omega^2 + k_{\mathrm{i}}^2}{k_{\mathrm{p}}^2\omega^2 + k_{\mathrm{i}}^2}$ 为低频转矩分量，$(\mathrm{SCR} - Q_{\mathrm{VSC0}})\dfrac{k_{\mathrm{p}}\omega^3}{k_{\mathrm{p}}^2\omega^2 + k_{\mathrm{i}}^2}$ 为高频转矩分量。则可以得出结论：低频转矩分量决定了 VSC 在低频率范围内的特性，并且为 VSC 提供低频率范围内的阻尼；高频转矩

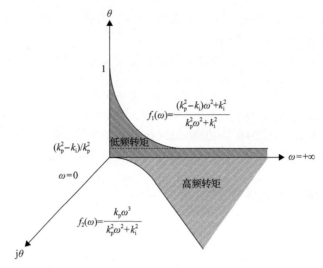

图 4-6　低频转矩和高频转矩示意图

分量决定了 VSC 在高频率范围内的特性，并且为 VSC 提供高频率范围内的阻尼。

2) 仿真验证

为了验证上述理论的正确性，先在具有一定强度的系统中进行测试，并设置其短路比为 2.5。在定交流电压和定有功功率控制模式下，若系统强度恒定，则 VSC 的无功功率传输值也不会改变，即 $SCR - Q_{VSC0}$ 为定值。因此，首先通过分析 PLL 各参数变化对低频转矩和高频转矩的影响及仿真结果对理论进行验证，系统强度对系统的影响研究将在后面进行讨论。

在 PSCAD 中建立的两端 VSC-HVDC 系统模型如图 4-7 所示，VSC 的控制模式为定交流电压和定直流电压控制，其相关参数如表 4-4 所示。

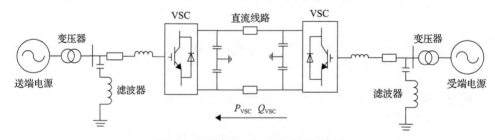

图 4-7　两端 VSC-HVDC 系统拓扑图

由前述内容可知，当系统强度不变时，PLL 中的 PI 控制的参数主要决定了低频转矩和高频转矩的数值。因此，首先假设参数 k_i 为定值，对参数 k_p 的影响进行分析，同时对所提理论进行验证。图 4-8 和图 4-9 展示了当 $k_i = 200$ 时，改变 k_p 参数而得到的不同低频转矩和高频转矩。

表 4-4　模型主要参数

参数	参数值
VSC 额定电压/kV	±200
VSC 额定功率/MW	400
电平数	200
交流电压额定值/kV	380

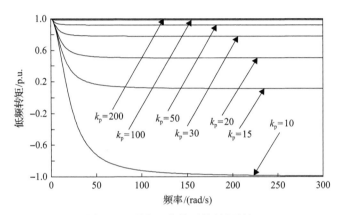

图 4-8　不同 k_p 参数下的低频转矩

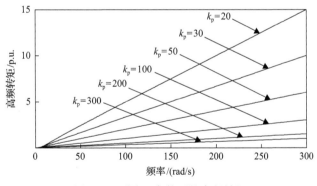

图 4-9　不同 k_p 参数下的高频转矩

从图 4-8 和图 4-9 可以看出，在高频率区域内，同样的 k_p 参数值情况下，高频转矩分量值远远大于低频转矩分量值；在低频率区域内，高频转矩分量值趋近于 0。因此，高频转矩和低频转矩的变化情况与理论分析一致，进一步可对相关转矩分量分开考察验证。

由图 4-8 可知，在低频率区域内，较高的 k_p 值能使低频转矩维持在较大的数值范围内。但是当 k_p 减小时，低频转矩会迅速降低。因此，当 k_p 过小时，低频转矩可能会突变为负值，系统可能出现低频发散性振荡。而由图 4-9 可知，k_p 越大高频转矩指标反而越小，且高频转矩指标恒定为正。当 k_p 接近无穷大时，高频转矩指标趋近于 0。这说明了 VSC-HVDC 系统可能出现高频率范围内的无阻尼甚至发散振荡。

由于 k_p 在不同范围内均对高频转矩与低频转矩有较大影响，因此，可以将 k_p 对系统稳定性的影响分为两部分进行仿真验证，即以 $k_p = 100$ 为分界线，分别对大于 100 及小于或等于 100 的情况进行仿真。

当 k_p 参数值较高时（大于 100），在 VSC-HVDC 系统设置 0.6s 解锁扰动，其仿真结果如图 4-10 及图 4-11 所示，其分别表示当 k_p 大于 100 时，不同 k_p 数值下的换流站网侧交流电压及传输的有功功率的波形图。表 4-5 显示了不同 k_p 所对应的主导振荡频率、高频转矩值和阻尼比。

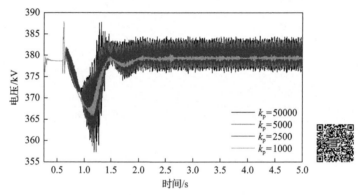

图 4-10　$k_p > 100$ 时不同值下换流站网侧交流电压波形（彩图扫二维码）

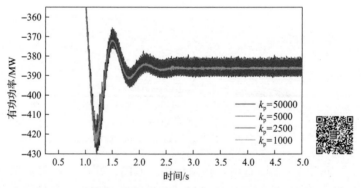

图 4-11　$k_p > 100$ 时不同值下换流站传输的有功功率（彩图扫二维码）

从图 4-10 及图 4-11 可以看出，k_p 较大时，高频率振荡更容易发生，并且振荡幅值随着 k_p 的增大而增加。但当 k_p 增加到 5000 时，振荡幅值的增加达到极限，并基本维持等幅振荡，没有发散，由表 4-5 可知这是高频转矩分量已经基本接近于 0 所致。同时由表 4-5 可以发现高频转矩指标随着 k_p 的增加而减少，与阻尼比

表 4-5 $k_p > 100$ 时相关数据

k_p	相关数据		
	主导振荡频率/Hz	阻尼比/%	高频转矩/p.u.
50000	17.4393	0.18	0.005
5000	12.1228	0.43	0.043
2500	11.4783	0.94	0.069
1000	7.0028	5.50	0.105

的变化规律相同。其中，主导振荡频率随 k_p 的增大而增加是由于 k_p 的变化引起了系统极点的改变。图 4-10、图 4-11 及表 4-5 的结果互相印证了所提理论在高频区域内的正确性。

当 k_p 参数值较低时（$\leqslant 100$），在 VSC-HVDC 系统设置 0.6s 解锁扰动，其仿真结果如图 4-12 及图 4-13 所示，其分别表示当 $k_p \leqslant 100$ 时，不同 k_p 数值下的换流站网侧交流电压、传输的有功功率的波形图。表 4-6 显示了所对应 k_p 的主导振荡频率、低频转矩值和阻尼比。

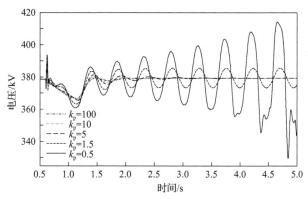

图 4-12 $k_p \leqslant 100$ 时不同值下换流站网侧交流电压波形

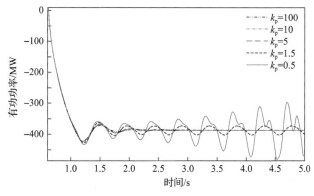

图 4-13 $k_p \leqslant 100$ 时不同值下换流站传输的有功功率

表 4-6　$k_p \leqslant 100$ 时相关数据

k_p	相关数据		
	主导振荡频率/Hz	阻尼比/%	低频转矩/p.u.
100	1.67	39.7	2.338774
10	2.03	14.72	1.003475
5	2.07	9.21	0.383295
1.5	2.20	0.63	0.130647
0.5	2.27	−3.21	−0.037795

从图 4-12 及图 4-13 可以看出，当 k_p 较小时，容易引发低频率振荡。从表 4-6 可以看出，k_p 越小，低频转矩越小，阻尼比也越小，特别是当 k_p 从 1.5 减小至 0.5 时，低频转矩从 0 附近下降至负值。因此，此时将会出现无阻尼振荡和发散性振荡，低频转矩的变化趋势与仿真结果相同。其中，主导振荡频率随 k_p 的改变而变化。值得一提的是，由低频转矩可计算出主导振荡频率 $f = \dfrac{1}{2\pi}\sqrt{\dfrac{k_i^2}{k_i - k_p^2}}$，从而当 $k_i = 200$，$0 \leqslant k_p \leqslant 6.2$ 时，得出主导振荡频率为 2.25Hz $\leqslant f \leqslant$ 2.50Hz，与表 4-6 中仿真结果基本一致。可见，图 4-12、图 4-13 及表 4-6 的结果互相印证了所提理论在低频区域内的正确性。

在分析了 PLL 比例参数 k_p 的影响后，下面将对积分参数 k_i 的影响进行讨论。图 4-14 和图 4-15 分别展示了当 $k_p = 200$ 时，不同 k_i 参数下得到的低频转矩和高频转矩。

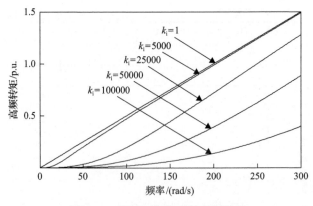

图 4-14　不同 k_i 参数下的高频转矩

由图 4-14 和图 4-15 可知，在同样的变化区间内，k_i 对两种转矩的影响远小于 k_p 对系统的影响，当 k_i 在 1～5000 内变化时，低频转矩和高频转矩在数值之间的差异很小，因此直接对其进行仿真分析。设定 $k_p = 200$，不同的 k_i 下的电压仿真结果如图 4-16 所示。

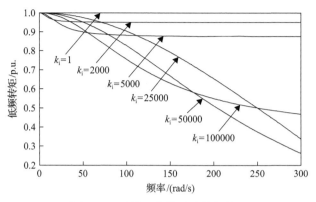

图 4-15 不同 k_i 参数下的低频转矩

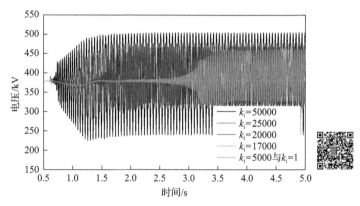

图 4-16 k_i 不同值下换流站网侧交流电压波形(彩图扫二维码)

由图 4-16 和表 4-7 可知,随着 k_i 的增大,高频转矩减小,因此系统发生高频率振荡。另外,由于当 $k_p = 200$ 时,低频转矩恒为正值,因此不存在低频率振荡问题。

表 4-7 k_i 变化时相关数据

k_i	相关数据		
	主导振荡频率/Hz	阻尼比/%	高频转矩/p.u.
50000	39.5300	0.0035	1.471
25000	29.6422	0.0085	1.531
20000	37.2468	0.0341	1.752
17000	32.7162	0.0347	2.093
1 和 5000	40.4957	5.7	3.005

值得注意的是，当振荡发生时，表 4-7 中的高频转矩指标远大于表 4-5。这是由于在计算转矩时，假设了 $U_{t0}=1$。而若没有假设 $U_{t0}=1$，则高频转矩指标 $(\mathrm{SCR}-Q_{\mathrm{VSC0}})\dfrac{k_{\mathrm{p}}\omega^3}{k_{\mathrm{p}}^2\omega^2+k_{\mathrm{i}}^2}$ 需要被修正为 $\left(U_{t0}\mathrm{SCR}-\dfrac{Q_{\mathrm{VSC0}}}{U_{t0}}\right)\dfrac{k_{\mathrm{p}}\omega^3}{k_{\mathrm{p}}^2\omega^2+k_{\mathrm{i}}^2}$。以 $k_{\mathrm{i}}=50000$ 为例，图 4-16 中其最大振荡幅值可达到 276kV，通过减去最大振荡幅值，可等效 $U_{t0}=0.27$，则高频转矩实际为 0.0396，而不是 1.471，这说明了电压的不稳会减小高频转矩，高频转矩是维持电压稳定性的重要指标，并且需要保持在较大的数值处，因此表 4-7 的高频转矩的数值远大于表 4-5。

3) 极弱交流系统中 VSC 失稳机理分析

根据上述分析，如果 PLL 能够提供足够的低频转矩和高频转矩，VSC 系统就能够保持稳定，而 PLL 的参数 k_{p} 对低频转矩和高频转矩有重要影响，因此，下面将讨论不同系统强度下 VSC 的稳定机理。

前述分析在系统强度恒定（SCR = 2.5）的情况下验证了低频转矩和高频转矩的理论结果。为了研究在不同强度系统中 PLL 引发的 VSC 失稳机理，现对不同系统强度下，能维持 VSC 稳定运行的 k_{p} 可行域进行探讨。保持 VSC 稳定运行的 k_{p} 可行域可通过仿真得到。以电压波动不得超过额定值的 ± 5% 为稳定标准，得到不同系统强度下的 k_{p} 可行域，如图 4-17 所示，其主导振荡模式下的低频转矩和高频转矩等相关数据如表 4-8 所示。

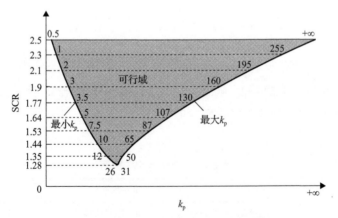

图 4-17 不同系统强度下的 k_{p} 可行域

由图 4-17 可知，当系统强度减小时，k_{p} 的可行域范围随之减小，这与前述理论分析结果一致：SCR 变小时 VSC 的低频转矩和高频转矩随之减小，从而导致系统的稳定区域变小。因此，为保持系统稳定，k_{p} 应该为主导振荡模式提供足够的转矩。而由于 k_{p} 的增加一方面会导致低频转矩的增加，另一方面会导致高频转矩

表 4-8　不同系统强度下相关参数

SCR	最小稳定 k_p	最小稳定 k_p 对应的低频转矩 /p.u.	最大稳定 k_p	最大稳定 k_p 对应的高频转矩 /p.u.
2.5	0.5	0.117	$+\infty$	0.000
2.3	1	0.311	255	1.572
2.1	2	0.330	195	1.690
1.9	3	0.386	160	1.731
1.77	3.5	0.414	130	1.816
1.64	5	0.467	107	1.901
1.53	7.5	0.550	87	1.945
1.44	10	0.609	65	2.101
1.35	12	0.601	50	2.256
1.28	26	0.705	31	3.152

减小，因此，受两方面的制约，k_p 只能在一个可行域内使系统保持稳定，如图 4-17 所示。同时由图 4-17 也可看出，当 SCR 下降到一定程度，即交流系统太弱时，k_p 的可行域将不复存在从而导致 VSC 失稳。

因为实际系统中电压并不恒定，所以所提理论中对 $U_{t0}=1$ 的假设还不够精确。若考虑电压波动的影响，此时 U_{t0} 不恒为 1，则低频转矩和高频转矩应修正为

$$\left(U_{t0}\text{SCR}-\frac{Q_{\text{VSC0}}}{U_{t0}}\right)\left(U_{t0}-\frac{k_i\omega^2}{k_p^2\omega^2+k_i^2}\right)$$ 及 $$\left(U_{t0}\text{SCR}-\frac{Q_{\text{VSC0}}}{U_{t0}}\right)\frac{k_p\omega^3}{k_p^2\omega^2+k_i^2}$$。则在考虑电

压波动条件下，低频转矩和高频转矩均会受到 U_{t0} 的影响。故当交流系统足够强时，低频转矩和高频转矩只需大于 0 即可避免系统失稳。但随着 SCR 的减小，U_{t0} 的等效值也会随着电压稳定性的降低而减小，此时，低频转矩和高频转矩会被进一步削弱。则在考虑弱系统条件中 U_{t0} 的影响时，低频转矩和高频转矩需要维持在较大的数值才能维持系统的稳定性，表 4-8 中的 k_p 随着 SCR 的变化情况也说明了此问题。

为了进一步明确 PLL 对极弱系统的影响机理，还需要分析 k_i 参数的影响。设定系统强度 SCR = 1.28，$k_p=29$（在可行域内），在原 $k_i=200$ 的稳定基础上改变 k_i 值，相关仿真结果如图 4-18 及图 4-19 所示，其相应的转矩值计算结果如表 4-9 所示。

从图 4-18、图 4-19 和表 4-9 中可知，在原 $k_i=200$ 时系统可稳定运行，随着 k_i 增加至 400，高频转矩降低，从而使得 VSC 在高频段阻尼不足，导致系统高频率振荡发散；同时其低频转矩有所增加，由图 4-15 也可看出其低频段的阻尼有小幅提升。

而当 k_i 减小至 1 时，高频转矩虽然也有所降低但幅值不大，不过从图 4-14 中

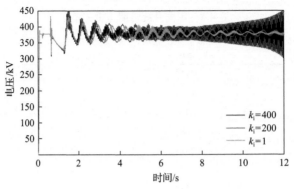

图 4-18　不同 k_i 下的 VSC 网侧交流电压

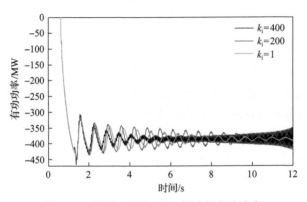

图 4-19　不同 k_i 下的 VSC 传输的有功功率

表 4-9　不同 k_i 下相关参数计算结果

k_i	k_p=29	
	低频转矩/p.u.	高频转矩/p.u.
400	0.727	3.121
200	0.724	3.476
1	0.857	3.308

也可发现高频段阻尼有些许减小，但总体稳定；而其低频转矩随着 k_i 的减小有较大增加，图 4-15 结果显示此时 VSC 低频阻尼特性大幅改善。至此，k_i 参数改变对极弱交流系统中 VSC 稳定性的影响过程得到明确，同时也印证了所提理论的正确性。

此外，针对交流主网强度对直流电网故障电流的影响还有以下结论：整流侧交流系统对故障电流有促进作用，逆变侧交流系统对故障电流有抑制作用；交流系统不同短路比对故障电流初始态的影响不明显。两条结论的推导过程及仿真验证分别详见 2.2.3 节和 2.2.4 节。

4.2.3.3　交流主网电压对直流电网故障电流的影响

如图 4-2 所示，除了潮流流向和系统强度以外，交流主网的电压幅值和相角对其等效外特性的影响也很大，其中电压相角决定了交流主网对直流电网的功率馈入。本节将分析交流主网电压幅值和相角对直流电网故障电流的影响。

考虑直流侧单相接地短路故障时交流主网电流馈入，MMC 桥臂电容放电回路如图 4-20 所示。A 相上桥臂电容放电电流除通过接地点及 A 相下桥臂形成放电回路外，还有一部分会经过交流电源接地点与 A 相交流等效线路形成放电回路，其等效电路图如图 4-21 所示。

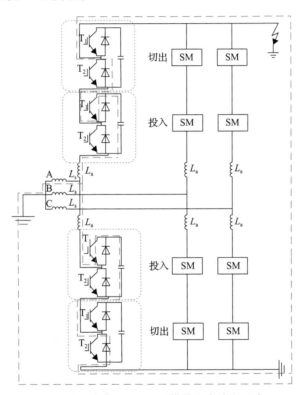

图 4-20　故障时 MMC 子模块电容放电回路

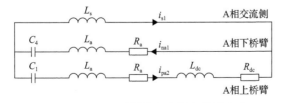

图 4-21　MMC 子模块电容放电等效电路

根据图 4-21 可列出 A 相上桥臂电容放电状态方程为

$$\begin{cases} (L_{dc} + L_a) \dfrac{di_{pa2}}{dt} + u_1 + i_{pa2}(R_{dc} + R_a) + L_s \dfrac{di_{s1}}{dt} = 0 \\[2mm] i_{na1}R_a + L_a \dfrac{di_{na1}}{dt} + L_s \dfrac{di_{s1}}{dt} = 0 \\[2mm] C_1 \dfrac{di_{u1}}{dt} = i_{pa1} \\[2mm] i_{pa1} = i_{na1} + i_{s1} \end{cases} \tag{4-39}$$

式中，i_{pa1} 为 MMC 子模块电容放电电流 1（上桥臂放电）；i_{pa2} 为 MMC 子模块电容放电电流 2（上桥臂放电）；i_{s1} 为 A 相交流侧电流（上桥臂放电）；i_{na1} 为 A 相下桥臂电流（上桥臂放电）；u_1 为 A 相上桥臂电容放电电压；L_{dc} 为平波电感；L_a 为 A 相上桥臂电感；C_1 为 A 相上桥臂等效电容。

同理，下桥臂电容放电电流一部分会通过上桥臂与接地故障点形成放电回路，另一部分会通过 A 相交流等效线路，流过交流中性接地点形成放电回路，则 A 相下桥臂电容放电状态方程为

$$\begin{cases} (L_{dc} + L_a) \dfrac{di_{na2}}{dt} + u_4 + i_{na2}(R_{dc} + R_a) + L_s \dfrac{di_{s2}}{dt} = 0 \\[2mm] i_{pa2}R_a + L_a \dfrac{di_{pa2}}{dt} + (L_{dc} + L_a) \dfrac{di_{na2}}{dt} + u_4 + i_{na2}(R_{dc} + R_a) = 0 \\[2mm] C_4 \dfrac{di_{u4}}{dt} = i_{pa2} + i_{s2} \\[2mm] i_{na2} = i_{pa2} + i_{s2} \end{cases} \tag{4-40}$$

式中，i_{s2} 为 A 相交流侧电流（下桥臂放电）；i_{na2} 为 A 相上桥臂电流（下桥臂放电）；u_4 为 A 相下桥臂电容电压；C_4 为 A 相下桥臂等效电容。

A 相上桥臂上，MMC 桥臂电容放电产生的故障电流为

$$i_{pa\_c} = i_{pa1} + i_{pa2} \tag{4-41}$$

将两个同频率不同相位的三角函数合并，得

$$i(t) = \mathrm{e}^{-\frac{t}{\tau_{\mathrm{dc}}}} \sqrt{\left(\frac{\omega_0 I_L}{\omega_{\mathrm{dc}}}\sin\theta\right)^2 + \left(\frac{U_{\mathrm{dc}}}{2\omega_{\mathrm{dc}}L_0} - \frac{\omega_0 I_L}{\omega_{\mathrm{dc}}}\cos\theta\right)^2}$$

$$\times \sin\left(\arctan\frac{\dfrac{\omega_0 I_L}{\omega_{\mathrm{dc}}}\sin\theta}{\dfrac{U_{\mathrm{dc}}}{2\omega_{\mathrm{dc}}L_0} - \dfrac{\omega_0 I_L}{\omega_{\mathrm{dc}}}\sin\theta} + \omega_{\mathrm{dc}}t\right) \qquad (4\text{-}42)$$

式中，τ_{dc} 为谐振时间常数；ω_{dc} 为谐振频率；I_L 为总等效电感电流。

由于式(4-42)为不同频率三角函数组合，在式中用解析方法直接求解最值需要用到 N 倍角公式进行替代求解，解析过程十分困难，计算结果也很复杂，不利于更加直观地研究影响关系。因此，首先要简化 ω_{dc} 与 ω 的关系。

由电路理论可得，对于 LC 串联电路，在串联谐振角频率下，电感的电抗等于电容的容抗，可得相单元串联谐振角频率 ω_{res} 的表达式为

$$\omega_{\mathrm{res}} = \frac{1}{2}\sqrt{\frac{n}{L_0 C_0}} = \omega_0 \qquad (4\text{-}43)$$

即 $\omega_{\mathrm{dc}} = \omega_{\mathrm{res}} - R/4L_0$，从安全性和经济性考虑，选择 ω_{res} 在工频角频率 1.0ω 附近是合理的，可以认为 $\omega_{\mathrm{dc}} \approx \omega$。式(4-43)中 L_0 和 C_0 为串联电路电感和电容。

由图 4-2 可知，在 MMC 接入有源交流系统时，$Z_{\mathrm{ac}} = R_{\mathrm{ac}} + \mathrm{j}X_{\mathrm{ac}}$ 为交流系统的戴维南等效阻抗，$U_{\mathrm{m}}\angle\varphi_{\mathrm{a}}$ 为交流系统戴维南等效电势。

设置 $\omega_{\mathrm{dc}} = \omega$，由于闭锁前衰减过程体现不明显，可忽略衰减，因此上桥臂电流为

$$i_{\mathrm{u}} = \sqrt{A^2 + B^2}\,\sin\left(\frac{A}{B} + \omega t\right) \qquad (4\text{-}44)$$

式中

$$\begin{cases} A = k\sin\theta_z - \dfrac{I_{\mathrm{m}}}{2}\cos\varphi_{\mathrm{a}} \\[2mm] B = k\cos\theta_z + \dfrac{I_{\mathrm{m}}}{2}\sin\varphi_{\mathrm{a}} \\[2mm] k = \sqrt{\left(\dfrac{\omega_0 I_L}{\omega}\sin\theta\right)^2 + \left(\dfrac{U_{\mathrm{dc}}}{2\omega L_0} - \dfrac{\omega_0 I_L}{\omega}\cos\theta\right)^2} \\[3mm] \theta_z = \arctan\left(\dfrac{\omega_0 I_L}{\omega}\sin\theta \bigg/ \dfrac{U_{\mathrm{dc}}}{2\omega L_0} - \dfrac{\omega_0 I_L}{\omega}\cos\theta\right) \end{cases}$$

其中，I_m 为电流幅值。

由式(4-44)可得故障时上桥臂电流幅值为

$$i_{u\_max} = \sqrt{k^2 + \frac{I_m}{4} + kI_m \sin(\varphi_a - \theta_z)} \tag{4-45}$$

式中，$\varphi_a \in [-\pi, \pi]$。$i_{u\_max}$ 关于电压相角 φ_a、幅值 U_m 的三维曲面图如图 4-22 所示。

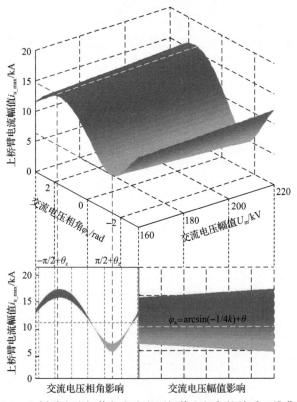

图 4-22　上桥臂电流幅值与交流电压幅值和相角的关系三维曲面图

根据式 (4-45) 分析可知，在电压幅值 U_m 一定时，i_{u_max} 在 $\varphi_a \in [-\pi, -\pi/2+\theta_z] \bigcup [\pi/2+\theta_z, \pi]$ 时单调递减，在 $\varphi_a \in (-\pi/2+\theta_z, \pi/2+\theta_z)$ 时单调递增；$\varphi_a \in [-\pi, \arcsin(-1/4k)+\theta_z-\pi] \bigcup [\arcsin(-1/4k)+\theta_z, \pi]$ 时 i_{u_max} 随着 U_m 的增加呈现单调递增趋势，$\varphi_a \in (\arcsin(-1/4k)+\theta_z-\pi, \arcsin(-1/4k)+\theta_z)$ 时 i_{u_max} 随着 U_m 的增加呈现单调递减趋势。

4.2.3.4　仿真验证

本节对前面分析结果进行直流单极接地故障仿真验证，双极 MMC 单端仿真模型主要参数见表 4-10。设置仿真开始时仿真模型已稳定运行，$t=0\text{ms}$ 时发生单极接地短路故障，$t=10\text{ms}$ 时子模块故障闭锁。

表 4-10　双极 MMC 单端仿真模型主要参数

参数	数值
MMC 额定容量/(MV·A)	400
直流电压/kV	400
交流系统额定频率/Hz	50
每个桥臂子模块数目	30
子模块电容/μF	760
桥臂电感/mH	100
桥臂电阻/Ω	0.2

单端系统 A 相上桥臂电流幅值仿真值与解析值的比较如图 4-23 所示。由仿真结果与解析结果对比可知，交流系统戴维南等效电压幅值对上桥臂电流幅值的影响与解析结果稍有偏差，这是由于在解析表达式中忽略了衰减以及交流系统对直

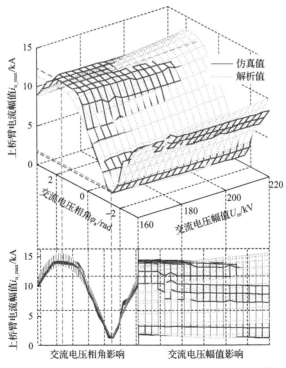

图 4-23　单端系统 A 相上桥臂电流幅值仿真值与解析值的比较

流故障电流的分流作用,且在确定的交流部分电压等级中,交流电压幅值变化幅度有限,在有限范围内很难体现出变化趋势,但等效电压相角对上桥臂电流幅值影响与解析结果基本吻合。

图 4-24 为抽取几个选定电压幅值情况下,交流电压相角与上桥臂电流幅值的关系图。数值对比如表 4-11 所示,可见在同一换流站参数设定下,达到最大桥臂

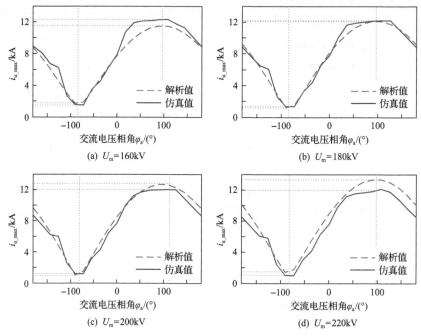

图 4-24　不同电压幅值下交流电压相角与上桥臂电流幅值关系图

表 4-11　单端系统仿真与解析相关数值对比

交流电压幅值/kV	项目	最大桥臂电流幅值/kA	最大桥臂电流幅值对应交流电压相角/rad	最小桥臂电流幅值/kA	最小桥臂电流幅值对应交流电压相角/rad
160	仿真值	12.359	1.88	1.458	−1.26
	解析值	11.520	1.85	1.533	−1.28
180	仿真值	12.233	1.88	0.938	−1.26
	解析值	12.137	1.85	0.917	−1.28
200	仿真值	12.231	1.88	0.5122	−1.26
	解析值	12.755	1.85	0.5011	−1.28
220	仿真值	11.859	1.88	1.113	−1.26
	解析值	13.391	1.85	1.137	−1.28

电流幅值时的交流电压相角不变，且仿真所得最大桥臂电流幅值和最小桥臂电流幅值与解析所得值误差不大于 13%，达到最大和最小桥臂电流幅值时的交流电压相角误差不大于 2%，基本可以通过上述解析式预测交流电压相角在何值时桥臂电流幅值达到最大，且可以大致确定最大值。

换流站 1 为送端电网，换流站 2 为受端电网，设置换流站 1 采用定功率控制，换流站 2 采用定电压控制。每个换流站由正极换流站和负极换流站构成，接地极引线从正极换流站与负极换流站在直流侧的连接点引出。MMC 仿真模型主要参数见表 4-12。

表 4-12　MMC 仿真模型主要参数

参数	数值
MMC 额定容量/(MV·A)	500
直流电压/kV	320
变压器电压比/kV	230/160
交流系统额定频率/Hz	50
每个桥臂子模块数目	50
子模块电容/μF	2600
桥臂电感/mH	50
桥臂电阻/Ω	0.1
直流线路电阻/Ω	0.05
桥臂电阻及直流线路电抗/mH	0.1100

设置仿真开始时仿真模型已稳定运行，$t = 0$ms 时在换流站 1 出口处发生单极接地故障，$t = 10$ms 时子模块故障闭锁，仿真过程持续到 $t = 60$ms。

图 4-25 所示为双端柔性直流输电系统下，A 相上桥臂电流幅值仿真值与解析值的比较。

可见在双端柔性直流输电系统中 A 相上桥臂电流幅值的仿真值与解析值存在较大差距，这是因为定功率控制下的换流站 1，在交流系统电压及相角改变时会对其直流电压产生影响，进而影响电容放电的过程与电流大小，但直流电压的改变不会对交流系统馈入短路电流产生较大影响，所以交流电压相角对 A 相上桥臂电流幅值的影响趋势在仿真与解析结果的对比中仍基本一致。详细的相关数值对比如表 4-13 所示，达到最大和最小桥臂电流幅值时的交流电压相角误差不大于 4%。

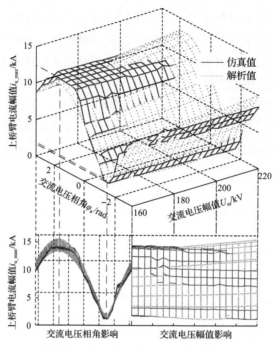

图 4-25　双端系统 A 相上桥臂电流幅值仿真值与解析值的比较

表 4-13　双端系统仿真与解析相关数值对比

交流电压幅值/kV	项目	最大桥臂电流幅值/kA	最大桥臂电流幅值对应交流电压相角/rad	最小桥臂电流幅值/kA	最小桥臂电流幅值对应交流电压相角/rad
160	仿真值	18.933	1.57	3.7704	−1.57
	解析值	17.982	1.6014	3.5606	−1.6188
180	仿真值	20.313	1.57	3.301	−1.57
	解析值	17.919	1.6014	2.724	−1.6188
200	仿真值	22.081	1.57	2.476	−1.57
	解析值	18.756	1.6014	1.887	−1.6188
220	仿真值	24.310	1.57	2.058	−1.57
	解析值	19.618	1.6014	1.425	−1.6188

4.2.4　风电、光伏接入直流电网的潮流分布对故障电流的影响特性

除了常规交流电网具备的特性以外，新能源电源还包括出力波动、渗透率和故障穿越配置等自有特征。因此，本节将研究风电、光伏的关键自有特征对直流电网故障电流的影响。

4.2.4.1　风电、光伏接入直流电网的概率潮流分布

由于研究目标为分析不同电源特征的电源接入后的潮流分布对故障初始态的影响，而新能源的最大特点是随机性和波动性，出力服从概率分布，考虑一般采用最大功率跟踪控制方式，则接入直流电网的功率也存在随机性，因此考虑引入风电、光伏概率模型，并计算概率潮流分布。

1) 风力发电系统概率模型

进行风电接入多电压等级直流电网的潮流分布特性分析时，需要考虑风电的电源特征和含 DC/DC 变换器的直流电网潮流计算模型，由于后者在 2.2.2 节中已经阐述，故本节重点研究含风电的直流电网潮流分布，进而分析其对故障电流的影响。

风力发电机输出功率表达式为

$$P_{\mathrm{w}} = \begin{cases} 0, & v < v_{\mathrm{ci}} \\ k_1 v + k_2, & v_{\mathrm{ci}} \leqslant v < v_{\mathrm{r}} \\ P_{\mathrm{r}}, & v_{\mathrm{r}} \leqslant v < v_{\mathrm{co}} \\ 0, & v \geqslant v_{\mathrm{co}} \end{cases} \tag{4-46}$$

式中，$k_1 = P_{\mathrm{r}}/(v_{\mathrm{r}} - v_{\mathrm{ci}})$；$k_2 = -k_1 v_{\mathrm{ci}}$；$P_{\mathrm{r}}$ 为风力发电机的额定功率；v_{r} 为额定风速；v_{ci} 为切入风速；v_{co} 为切出风速。

风力发电机的有功出力可由风速的概率分布和发电机的功率特性积分得到。在实际的统计中，风速在大部分时间内都介于切入风速和额定风速之间，即风速和输出功率满足线性关系。可求出风力发电机有功出力的概率潮流分布：

$$F(P_{\mathrm{w}}) = \int_{v_0}^{v_{\mathrm{ci}}} f(v) \mathrm{d}v + \int_{v_{\mathrm{ci}}}^{\frac{P_{\mathrm{w}} - k_2}{k_1}} f(v) \mathrm{d}v \tag{4-47}$$

式 (4-47) 的导数即为风力发电机有功出力的概率密度函数：

$$f(P_{\mathrm{w}}) = F'(P_{\mathrm{w}}) = \exp\left[-\left(\frac{P_{\mathrm{w}} - k_1 v_0 - k_2}{k_1 c}\right)^k\right] \frac{k}{k_1 c}\left(\frac{P_{\mathrm{w}} - k_1 v_0 - k_2}{k_1 c}\right)^{k-1} \tag{4-48}$$

式中，k、c 及 v_0 为威布尔 (Weibull) 分布的 3 个参数，其中 k 为形状参数，反映的是风速分布的特点，c 为尺度参数，反映的是该地区平均风速的大小，v_0 为位置参数，反映的是风速的最小值。

风力发电机吸收的无功功率的概率潮流分布为

$$f(Q_{\mathrm{w}}) = \exp\left[-\left(\frac{P_{\mathrm{w}} - k_1 v_0 - k_2}{k_1 c}\right)^k\right]\frac{k}{k_1 c}\cdot\left(\frac{P_{\mathrm{w}} - k_1 v_0 - k_2}{k_1 c}\right)^{k-1}\tan\alpha \qquad (4\text{-}49)$$

式中，α 为功率因数角。

2) 光伏发电系统概率模型

求取光照强度的概率分布后，已知太阳能发电系统的输出功率与光照强度之间的函数，可以求取太阳能输出有功功率的概率分布函数。假设太阳能电池方阵接入输电网中，其中电池方阵由 M 个电池板组成，每个电池板的面积和光电转换效率分别为 A_m 和 η_m，$m=1,2,\cdots,M$，可得太阳能电池方阵输出有功功率表达式为

$$P_M = r\cdot\sum_{m=1}^{M}A_m\cdot\frac{\displaystyle\sum_{m=1}^{M}A_m\cdot\eta_m}{\displaystyle\sum_{m=1}^{M}A_m} \qquad (4\text{-}50)$$

式中，r 为某一时段内某地的实际光照强度。

已知光照强度的概率密度函数，利用反函数原理和逆函数求取方法，可以得到太阳能电池方阵输出有功功率的概率密度函数，如式(4-51)所示，并且输出的有功功率服从贝塔(Beta)分布。

$$f(P_M) = \frac{\Gamma(\alpha+\beta)}{\Gamma(\alpha)\cdot\Gamma(\beta)}\cdot\left(\frac{P_M}{R_{\mathrm{M}}}\right)^{\alpha-1}\cdot\left(1-\frac{P_M}{R_{\mathrm{M}}}\right)^{\beta-1} \qquad (4\text{-}51)$$

式中，α 和 β 为 Beta 分布的形状参数；Γ 为伽马(Gamma)函数；R_{M} 为太阳能方阵最大输出有功功率，计算表达式为

$$R_{\mathrm{M}} = r_{\max}\cdot\sum_{m=1}^{M}A_m\cdot\frac{\displaystyle\sum_{m=1}^{M}A_m\cdot\eta_m}{\displaystyle\sum_{m=1}^{M}A_m} \qquad (4\text{-}52)$$

其中，$r_{\max}$ 为某一时段内某地区的最大光照强度。

3) 风电、光伏接入直流电网的概率潮流分布

基于拉丁超立方抽样(Latin hypercube sampling，LHS)和半不变量法进行概率潮流计算，需要首先建立概率潮流计算模型。纯交流节点注入功率方程和支路潮流方程用矩阵表示为

$$
\begin{cases}
\Delta P_{si} = P_{si} - U_i \displaystyle\sum_{j \in i} U_j \left(G_{ij} i_j \cos \theta_{ij} + B_{ij} \sin \theta_{ij} \right) \\
\Delta Q_{si} = Q_{si} - U_i \displaystyle\sum_{j \in i} U_j \left(G_{ij} i_j \sin \theta_{ij} - B_{ij} \cos \theta_{ij} \right)
\end{cases}
\tag{4-53}
$$

式中，U、θ 分别为节点电压幅值和相角；G、B 分别为节点导纳矩阵的实部和虚部；i 表示节点；j 表示与节点 i 直接相连的所有节点（公式中用 $j \in i$ 表示）；P_{si}、Q_{si} 为节点 i 的给定有功功率、无功功率。

直流电网的潮流计算方程为

$$
\begin{cases}
\Delta d_{i1} = P_{si} + \dfrac{\mu_i}{\sqrt{2}} M_i U_{si} U_{di} |Y_i| \cos(\delta_i + \alpha_i) - U_{si}^2 |Y_i| \cos \alpha_i \\[2mm]
\Delta d_{i2} = Q_{si} + \dfrac{\mu_i}{\sqrt{2}} M_i U_{si} U_{di} |Y_i| \sin(\delta_i + \alpha_i) - U_{si}^2 |Y_i| \sin \alpha_i - \dfrac{U_{si}^2}{X_{fi}} \\[2mm]
\Delta d_{i3} = U_{di} I_{di} - \dfrac{\mu_i}{\sqrt{2}} M_i U_{si} U_{di} |Y_i| \cos(\delta_i - \alpha_i) + \dfrac{(\mu_i M_i U_{di})^2}{\sqrt{2}} |Y_i| \cos \alpha_i \\[2mm]
\Delta d_{i4} = I_{di} - \displaystyle\sum_{j=1}^{n_c} g_{dij} U_{dj}
\end{cases}
\tag{4-54}
$$

式中，U_{si} 为交流系统连接处的电压幅值；U_{di} 为直流电压；I_{di} 为直流电流；δ_i 为相角差；$|Y_i| = 1 / \left(R_{Li}^2 + X_{Li}^2 \right)^{0.5}$，$R_{Li}$ 和 X_{Li} 分别为换流变压器的等效电阻和电抗；$\alpha_i = \arctan\left(X_{Li}^2 / R_{Li}^2 \right)$；$\mu_i$ 为 PWM 的直流电压利用率（$0 < \mu_i \leqslant 1$）；M_i 为调制度（$0 < M_i < 1$）；g_{dij} 为直流网络节点电导矩阵的元素；n_c 为直流电网节点数。

令

$$
\begin{cases}
W = g(X) \\
H = k(X)
\end{cases}
\tag{4-55}
$$

式中，W 为节点注入功率；H 为支路潮流；X 为节点状态变量。W、H、X 可表示为

$$
\begin{cases}
X = X_0 + \Delta X \\
W = W_0 + \Delta W \\
H = H_0 + \Delta H
\end{cases}
\tag{4-56}
$$

其中，X_0、W_0、H_0 分别为节点状态变量的期望值、节点注入功率的期望值和支

路潮流的期望值，且满足 $W_0 = g(X_0)$ 和 $H_0 = k(X_0)$；ΔX 为节点状态变量变化量；ΔH 为支路潮流变化量；ΔW 为节点注入功率随机扰动。

将式(4-56)应用泰勒级数展开定理展开，并在计算结果中忽略高次项，经整理得

$$\Delta X = J_0^{-1} \Delta W = S_0 \Delta W \tag{4-57}$$

$$\Delta H = G_0 S_0 \Delta W = T_0 \Delta W \tag{4-58}$$

式中，J_0 为雅可比矩阵；S_0 为 J_0 的逆矩阵；$G_0 = \partial H / \partial X|_{X=X_0}$，$G_0$ 是 $2b \times 2N$ 阶矩阵（b 为系统支路数，N 为节点数）。基于 LHS 和半不变量法的概率潮流计算的基本步骤如下。

(1)输入初始输电网数据，包括确定性潮流计算中的线路相关数据、负荷数据和随机分布式电源相关数据等。

(2)采用 NR 法，在基准点处进行潮流计算，求出 X_0、H_0 和 S_0。

(3)判断注入功率分布函数是否已知和是否服从离散分布。若注入功率分布函数已知且服从离散分布，则采用常规数值计算其半不变量；若注入功率分布函数已知且服从连续分布，则采用 LHS 计算其半不变量。

(4)运用半不变量性质，得出节点注入功率的各阶半不变量。

(5)求得 $\Delta X^{(k)}$ 和 $\Delta H^{(k)}$（取前七阶半不变量即可满足精度要求），最后根据 Gram-Charlier 级数展开，得到 ΔX、ΔH 的累积分布函数。

4.2.4.2　风电、光伏机组故障穿越控制对直流电网故障电流的影响

1)风电故障穿越控制对直流电网故障电流的影响

双馈风机并网系统结构如图 4-26 所示。在风机并网系统的直流电网发生故障时，由于原动机输入发电机的机械转矩是由风速决定的，风电场会继续带动发电机运行，向直流电网注入有功功率，从而为直流电网提供故障电流，同时风机端电压跌落。目前风机并网的要求包括：风机并网系统电网发生故障引起电压跌落

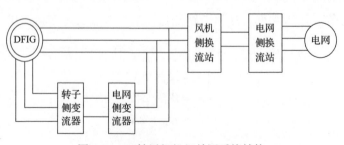

图 4-26　双馈风机机组并网系统结构

时，电压不低于额定值的 15% 时，在 625ms 内风电场必须保持并网运行，因此风机部分对直流电网故障电流会有影响。

在风机经直流电网并网系统中，直流电网风机侧换流站一般采取孤岛控制，目的是维持风电场并网母线电压以及频率的稳定，为风电场的正常运行提供条件；直流电网的网侧换流站则采取常规的定直流电压、定无功功率的控制方式，其目的是维持直流电网母线电压、输出到交流电网的无功功率稳定。

双馈感应发电机（DFIG）的磁链方程为

$$\begin{cases} \psi_s = L_s i_s + L_m e^{j\theta} i_r \\ \psi_r = L_r i_r + L_m e^{j\theta} i_s \end{cases} \tag{4-59}$$

电压方程为

$$\begin{cases} U_s = R_s i_s + \mathrm{d}\psi_s / \mathrm{d}t \\ U_r = R_r i_r + \mathrm{d}\psi_r / \mathrm{d}t \end{cases} \tag{4-60}$$

式（4-59）和式（4-60）中，U、i、ψ 分别表示电压、电流、磁链矢量，R 为电阻；下标 s、r 分别表示定子、转子；$\theta = \omega_r t$ 表示转子位置角，ω_r 为转子位置角速度。

直流电网发生故障时，会导致风电场并网点电压跌落，从而导致风机定子电压的跌落以及定子电流增大，但是由于风机定子磁链不能突变，不会随着电压跌落而发生跃变，因此会感应出直流磁链分量，此时定子的磁链将不再是近似圆形的旋转磁场，而是小幅值的旋转磁场与不断衰减的直流磁场组成的复杂合成磁场。转子在风机桨叶带动下切割不规则的定子磁场，会导致转子过电压、过电流。

在故障暂态过程中，直流电网故障电流将由换流站的子模块放电电流和风机向直流电网注入的电流叠加，风机开始显著作用的时间与子模块放电引起的直流电压下降速度相关。在 PSCAD 仿真软件中搭建风机经直流电网并网系统模型，对直流电网发生故障情形下的特性进行分析。

风机保持并网运行状态下，直流电网发生故障时，如果风机不采取任何措施，直流线路的故障电流波形如图 4-27 所示；当风机采用 Crowbar 保护或卸能电阻保护时的故障电流波形如图 4-28 所示。可见，若不采用故障穿越策略，直流线路极间短路将导致风机脱网，桥臂故障电流持续减小，但由于桥臂电抗续流，10ms 内故障电流依然在峰值附近；采用故障穿越策略后，风机在直流故障后不脱网，对 10ms 内故障电流初始态的影响较为微弱（＜1%）。

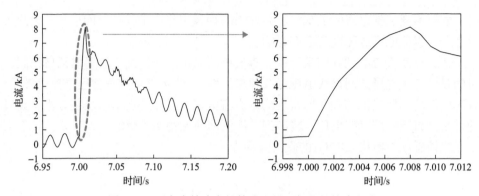

图 4-27　不考虑故障穿越策略(风机脱网)的故障电流

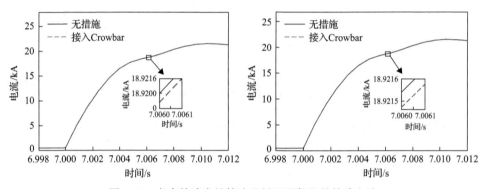

图 4-28　考虑故障穿越策略(风机不脱网)的故障电流

2) 光伏故障穿越控制对直流电网故障电流的影响

采用类似的分析方法研究光伏的故障穿越控制对直流电网故障电流的影响,如图 4-29 和图 4-30 所示。在同样的系统下仿真对比光伏采取卸能电阻前后的故障电流。与风电场景类似,若不采用故障穿越策略,直流故障将导致光伏脱

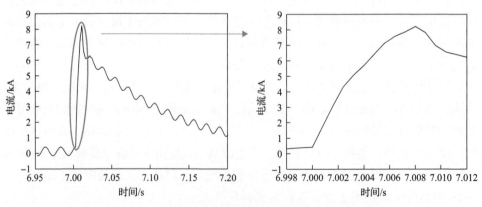

图 4-29　不考虑故障穿越策略(光伏脱网)的故障电流

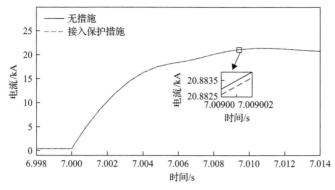

图 4-30　考虑故障穿越策略(光伏不脱网)的故障电流

网，桥臂故障电流会逐渐减小，但由于桥臂电抗的续流作用，10ms 内电流依然在峰值附近；采用故障穿越策略后，光伏系统不脱网，对 10ms 内故障电流初始态的影响微弱(<1%，略大于风电)。光伏发电功率完全依赖于光照强度，无惯性，因此对故障电流的影响略大于风电接入工况。

4.2.4.3　风电、光伏渗透率对故障电流的影响

本节对不同新能源渗透率下的交直流混合系统概率潮流进行了分析，其中并网换流站为定功率控制，结果如表 4-14 和表 4-15 所示。根据分析结果，光伏、风电的渗透率越高，PCC 电压幅值的波动越大，但其对于注入换流站的有功功率的影响并无规律可循。因此渗透率对故障电流的影响与前述电压幅值的影响相似，对故障初始态影响较小。

表 4-14　风电渗透率对并网电压和注入功率的影响

风电渗透率/%	并网电压		注入功率	
	m_u(均值)/p.u.	s_u(标准差)	m_p(均值)/p.u.	s_p(标准差)
10	0.9835	0.0106	0.0193	0.0912
20	0.9859	0.0108	0.0195	0.0921
30	0.9885	0.0106	0.0201	0.0917
40	0.9909	0.0107	0.0171	0.0928
50	0.9937	0.0106	0.0189	0.0918
60	0.9962	0.0104	0.0195	0.0921
70	0.9987	0.0106	0.0199	0.0920
80	1.0011	0.0105	0.0208	0.0914
90	1.0038	0.0105	0.0190	0.0902

表 4-15　光伏渗透率对并网电压和注入功率的影响

光伏渗透率/%	并网电压		注入功率	
	m_u(均值)/p.u.	s_u(标准差)	m_p(均值)/p.u.	s_p(标准差)
10	0.9815	0.0108	0.0186	0.0916
20	0.9821	0.0108	0.0209	0.0910
30	0.9830	0.0109	0.0194	0.0926
40	0.9837	0.0109	0.0193	0.0920
50	0.9843	0.0111	0.0192	0.0920
60	0.9852	0.0113	0.0194	0.0919
70	0.9859	0.0114	0.0187	0.0921
80	0.9865	0.0117	0.0195	0.0921
90	0.9872	0.0121	0.0195	0.0929

4.2.4.4　算例分析

下面以张北柔性直流电网工程为例,进行基于 LHS 方法和半不变量法的概率潮流计算。在张北和康保皆有大规模的风电和光伏电池方阵接入。风力发电机的切入风速为 4m/s、额定风速为 15m/s、切出风速为 25m/s,形状参数 $k = 3.97$,尺度参数 $c = 10.7$。每个光伏电池组件的面积为 $2m^2$,每个组件的光电转换效率为 13%,光照强度的最大值为 1.1333kW/m^2。下面将分别计算单独考虑风电接入康保站和光伏接入康保站的概率潮流分布。

1) 含风电的直流电网概率潮流分布

由图 4-31 可见,与蒙特卡罗模拟法的对比印证了 LHS 结合半不变量法计算含风电的直流电网概率潮流的有效性。

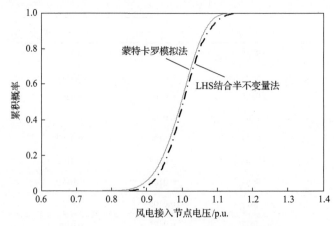

图 4-31　风电接入节点电压累积概率曲线

最终，通过基于 LHS 的半不变量方法得到含风电的直流电网北京站与张北站支路潮流分布期望值（0.956p.u.）及标准差（0.0042），进而通过前面的基于能量平衡的故障电流递推算法得到潮流分布对故障电流初始态的影响，此处得到的故障电流初始态也将是一个期望值。

2）含光伏的直流电网概率潮流分布

图 4-32 和图 4-33 所示分别为 Beta 分布的概率密度函数和累积分布函数及光伏接入节点电压累积概率曲线。

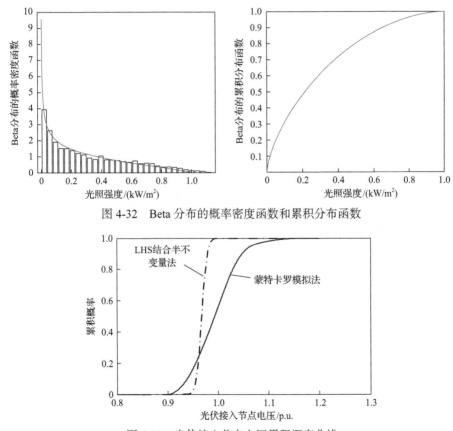

图 4-32　Beta 分布的概率密度函数和累积分布函数

图 4-33　光伏接入节点电压累积概率曲线

由图 4-33 可见，与蒙特卡罗模拟法的对比印证了 LHS 结合半不变量法计算含光伏的直流电网概率潮流的有效性。节点电压的累积概率曲线略有不同，这是由于 LHS 通过分层优化抽样策略减少了抽样数量，虽然在个别节点电压计算精度下降，但计算时间大大缩短，收敛性得到改善。

最终，通过 LHS 和半不变量法计算得到含光伏的直流电网北京站与张北站支路潮流分布期望值（0.949p.u.）及标准差（0.00621）。

3)风电和光伏接入直流电网的概率潮流分布对比

由图 4-34 可见，风电接入时的节点电压拟合度相对较好，而且风电接入时直流电网潮流的波动相对较平稳，这是由于风电机组具有一定的惯性，配合相应的控制策略，即使风速骤降，风电机组在很小的一段时间内发电功率也不会瞬间跌落，存在一个过渡过程。但光伏发电功率完全依赖于光照强度，当突然有云遮阴时，光伏发电功率跌落较快。

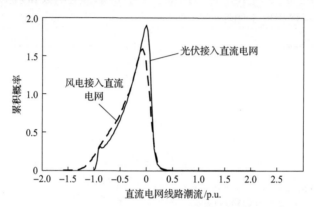

图 4-34　风电和光伏接入时的直流电网概率潮流分布对比

4.3　换流站级控制方式对故障电流的影响及优化

柔性直流输电系统的控制系统可分为三个层次，按其等级由高至低依次为系统级控制、换流站级控制和换流站阀级控制。其中，换流站级控制影响最大。

考虑到直流电网整体运行水平会影响直流电网故障电流水平，因此进行直流电网故障电流研究时需要考虑电网的整体运行水平，其包括运行电压水平、换流站运行模式(整流、逆变)、换流站运行功率水平等。

4.3.1　运行电压水平对故障电流的影响

类比于频率对于交流系统的重要性，运行电压水平决定了直流电网的电压等级、传送容量等。在发生故障时，故障点直流电压迅速降为零，换流器出口电压也随着子模块电容的迅速放电而不断降低。

故障电流由两部分组成

$$i_{\mathrm{f}} = \underbrace{\mathrm{e}^{-\delta t} U_{\mathrm{dc}} \sqrt{\frac{C}{L}} \sin(\omega t)}_{i_{\mathrm{f\_1}}} + \underbrace{\mathrm{e}^{-\delta t} I_{\mathrm{dc0}} \cos(\omega t)}_{i_{\mathrm{f\_2}}} \tag{4-61}$$

式中，i_{f_1} 由电容放电造成，与运行电压呈正相关；i_{f_2} 由线路初始电流造成，与线路电流呈正相关。

对 i_{f_1} 进行求导：

$$i'_{f\_1} = e^{-\delta t} U_{dc} \sqrt{\frac{C}{L}} [-\delta \sin(\omega t) + \omega \cos(\omega t)] \qquad (4\text{-}62)$$

可见，由于 δ 远小于 ω，所以 i_{f_1} 的导数与 U_{dc} 呈正相关，因此，运行电压水平对于由子模块放电造成的故障电流的上升速度有正相关影响。

根据 $\pi/2 - \beta \in (0, \pi)$ 可知，当 $\omega t = \pi/2 - \beta$ 时 i_f 取到第一个极值，此极值即为 i_f 的峰值，且此时子模块电容电压为 0，即 i_f 到达峰值的时刻 t_{peak} 就是子模块电容放电完毕的时刻。

$$t_{peak} = \frac{1}{\omega} \left(\frac{\pi}{2} - \beta \right) \qquad (4\text{-}63)$$

由于 $\beta = \arctan \left[(I_{dc0}/U_{dc}) \sqrt{L/C} \right]$，因此，运行电压 U_{dc} 与 β 负相关，放电结束时间 t_{peak} 随电压水平的增大而增大。综合可知，运行电压水平与故障电流的大小、故障电流上升速度、故障电流到达峰值的时间均存在正相关关系。图 4-35 给出了不同运行电压水平下的故障电流增长图，可以证明所得结论的正确性。

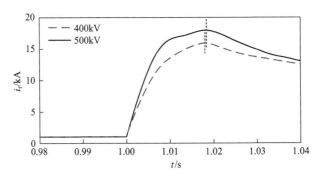

图 4-35　不同运行电压水平下的故障电流

4.3.2　换流站运行模式对故障电流的影响

对 i_{f_2} 进行求导得

$$i'_{f\_2} = -e^{-\delta t} I_{dc0} [\delta \cos(\omega t) + \omega \sin(\omega t)] \qquad (4\text{-}64)$$

可见，i_{f_2} 的导数与电流初始值 I_{dc0} 呈负相关。当换流站运行在整流状态时，由于 I_{dc0} 为正，因此 i_{f_2} 的导数为负，故障电流 i_f 的导数变小，故障电流上升速度变低。而当换流站运行在整流状态时，由于 I_{dc0} 为负，因此 β 变为负值，t_{peak} 增大。

综合可知，换流站运行在整流状态与运行在逆变状态相比，其初始故障电流更大，故障电流上升率更低，放电时间更长。图 4-36（a）给出了换流站不同状态下的故障电流，图 4-36（b）给出了换流站不同状态下的故障电流斜率，可以证明所得结论的正确性。

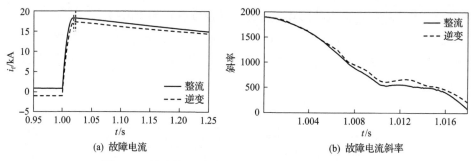

(a) 故障电流　　　　　　　　　　　(b) 故障电流斜率

图 4-36　换流站不同状态下故障电流和故障电流斜率

4.3.3　换流站运行功率水平对故障电流的影响

由前面分析可知，故障电流的大小与故障线路初始电流的大小、方向密切相关。要研究故障电流与换流站功率整定值之间的关系，需要先确定直流电网线路传输功率与换流站功率整定值之间的关系，引用功率灵敏度矩阵：

$$\lambda = Y_B A^T Y_N^{-1} \qquad (4\text{-}65)$$

式中，A 为状态矩阵；Y_N 为节点导纳矩阵；Y_B 为线路电导矩阵。

直流电网支路上的功率随功率整定值变化的关系为

$$\Delta P_B = \lambda \Delta P_N \qquad (4\text{-}66)$$

以定电压站电压 U_N 表示线路电压得支路电流变化与功率整定值变化量的关系为

$$\Delta I_B = \frac{\lambda \Delta P_N}{U_N} \qquad (4\text{-}67)$$

与原支路电流列向量相加，得到功率整定值变化后的支路电流列向量：

$$I_{B}^{*} = I_{B} + \Delta I_{B} \tag{4-68}$$

结合故障计算方程，可得到换流站功率整定值变化量与故障电流的关系。可以看出，换流站功率整定值的变化改变线路稳态电流的大小，影响故障电流的大小。

为验证上述结论，在 PSCAD/EMTDC 仿真平台搭建六端 MMC 模型。

在 1s 时，将 MMC1 功率整定值增加 100MW，根据式 (4-68) 可计算得出线路 1 稳态电流增加 0.98kA，在 3.2s 时设置线路 23 上发生双极短路故障。由图 4-37 对比可看出换流站功率整定值变化对故障电流的影响仅体现在对故障电流初值的影响上。

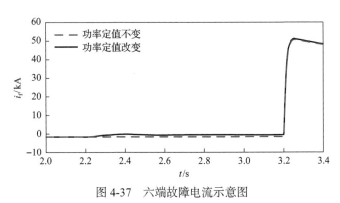

图 4-37　六端故障电流示意图

4.4　阀级控制对故障电流的影响和优化

4.4.1　阀级控制对故障电流的影响

本章以子模块的投切为研究对象，确定阀级控制对于故障电流的影响。对于采用最近电平逼近调制的 MMC 投切子模块规则为

$$\begin{cases} n_{pj} = \dfrac{N}{2} - \text{round}\left(\dfrac{u_{s}}{U_{c}}\right) \\ n_{nj} = \dfrac{N}{2} + \text{round}\left(\dfrac{u_{s}}{U_{c}}\right) \end{cases} \tag{4-69}$$

式中，n_{pj} 和 n_{nj} 分别为上下桥臂子模块投入数量；N 为每相上（下）桥臂子模块数量；round 为取整函数；U_{c} 为子模块平均直流电压。由式 (4-69) 可以看出，通过改变桥臂参考电压 (u_{s}) 的大小，就可以改变其投切子模块的数量。

当换流器发生双极短路故障时的等效电路如图 2-3 所示，考虑短路电阻后可等效为如图 4-38 所示的二阶放电回路，图中 R_L

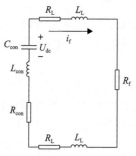

图 4-38　等效 RLC 二阶放电回路

为线路电阻，L_L 为限流电抗器电抗与线路电抗之和，R_f 为短路电阻，U_{dc} 为等效电容电压，也即图 2-3 中的等效电容电压，i_f 为短路电流。

故障发生时，直流侧电压 U_{dc} 与线路电流 i_{dc} 均不为零。用等效电感 $L = L_{con} + 2L_L$、等效电阻 $R = R_{con} + 2R_L + R_f$、等效电容 $C = C_{con}$ 表示电路中的电感、电阻和电容。根据图 4-38 所示的等效电路，可以求得短路电流表达式：

$$i_f = \frac{U_{dc}}{\omega L} e^{-\delta t} \sin(\omega t) - \frac{\omega_0 I_{dc0}}{\omega} e^{-\delta t} \sin(\omega t - \alpha) \tag{4-70}$$

式中

$$\delta = \frac{R}{2L}, \quad \omega = \sqrt{\frac{1}{LC} - \delta^2}, \quad \omega_0 = \sqrt{\delta^2 + \omega^2}, \quad \alpha = \arctan \frac{\omega}{\delta} \tag{4-71}$$

一般情况下 δ 远小于 $1/(LC)$，可近似认为 $\omega = \omega_0$。令 $\beta = \arctan\left(I_{dc0} U_{dc} \sqrt{L/C}\right)$，则

$$i_f = e^{-\delta t}\left[\sqrt{\frac{6C_0}{NL}U_{dc}^2 + I_{dc0}^2} \sin(\omega t + \beta) \right] \tag{4-72}$$

电压初值 U_{dc} 由稳态运行时投入子模块的数量 N_{sum} 和子模块平均直流电压 U_c 决定，正常运行时 $N_{sum} = N$，$U_{dc} = N_{sum}U_c$，则由式 (4-72) 可以看出，故障电流与故障时刻子模块投入数量密切相关。基于此发现，考虑子模块投入数量对于故障电流的影响。

假设故障瞬间，投入子模块数量为原数量的 k 倍，则 C_e（单个桥臂等效电容）大小变为 $2C_0/(kN)$，C_{con} 变为 $6C_0/(kN)$，电压初值变为 kU_{dc}。考虑到切除子模块对交流系统的影响，k 的取值不宜过小，因此故障电流可重新表示为

$$i_f = e^{-\delta t}\left[\sqrt{\frac{6kC_0}{NL}U_{dc}^2 + I_{dc0}^2} \sin(\omega t + \beta) \right] \tag{4-73}$$

由式 (4-73) 可以看出，当子模块投入数量发生变化时，故障电流也会随之变化。因此，影响换流器子模块投切的阀级控制可以影响直流线路的故障电流。

综上所述，换流器控制方式对于故障电流的影响为：在发生故障后 6ms 内，站级控制对于故障电流无影响，阀级控制对于故障电流有非线性影响。

4.4.2　限制故障电流水平的阀级控制优化方法

本节主要研究在尽量不影响交流系统的前提下如何控制子模块的投切数量。

以图 4-39 为例，当换流站处于稳态时，有

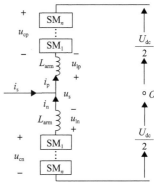

$$\begin{cases} u_s - u_{lp} + u_{cp} = \dfrac{U_{dc}}{2} \\ u_s + u_{ln} - u_{cn} = -\dfrac{U_{dc}}{2} \end{cases} \tag{4-74}$$

图 4-39 中，u_s 为换流器交流侧输出电压，i_s 为换流器交流侧输出电流，u_{cp} 为上桥臂子模块电压，u_{lp} 为上桥臂电感电压，i_p 为上桥臂电流，u_{cn} 为下桥臂子模块电压，u_{ln} 为下桥臂电感电压，i_n 为下桥臂电流，L_{arm} 为桥臂电感，U_{dc} 为直流电压。

图 4-39　单相 MMC 示意图

由式 (4-74) 得

$$u_s = \frac{1}{2}\left(u_{cn} - u_{cp} + u_{lp} - u_{ln}\right) \tag{4-75}$$

当故障发生时，设投入子模块数量变为原来的 k 部分 $(0 < k \le 1)$，此时

$$u_s' = \frac{1}{2}\left(u_{cn}' - u_{cp}' + u_{lp}' - u_{ln}'\right) \tag{4-76}$$

$$\begin{cases} u_{cp}' = k u_{cp} \\ u_{cn}' = k u_{cn} \\ u_{lp}' = u_{lp} + \Delta u_{lp} = u_{lp} + L_{arm}\dfrac{\mathrm{d}\Delta i_p}{\mathrm{d}t} \\ u_{ln}' = u_{ln} + \Delta u_{ln} = u_{ln} + L_{arm}\dfrac{\mathrm{d}\Delta i_n}{\mathrm{d}t} \end{cases} \tag{4-77}$$

为使换流站交流侧输出电压尽量保持不变，需使 $u_s = u_s'$，此时

$$\begin{aligned} u_{cn} - u_{cp} + u_{lp} - u_{ln} &= u_{cn}' - u_{cp}' + u_{lp}' - u_{ln}' \\ &= u_{cn} - u_{cp} + u_{lp} - u_{ln} - (1-k)\left(u_{cn} - u_{cp}\right) + \Delta u_{lp} - \Delta u_{ln} \end{aligned} \tag{4-78}$$

即要求

$$k = 1 - \frac{L_{\text{arm}}\left(\dfrac{\mathrm{d}\Delta i_{\text{p}}}{\mathrm{d}t} - \dfrac{\mathrm{d}\Delta i_{\text{n}}}{\mathrm{d}t}\right)}{u_{\text{cn}} - u_{\text{cp}}} \tag{4-79}$$

在 PSCAD/EMTDC 仿真平台搭建 21 电平双端 MMC 模型验证所提策略。假设 1s 时 MMC1 出口处发生双极短路故障，根据前面所推导计算公式，可以得到 MMC1 A、B、C 三相的 k 分别取值 0.7、0.8、0.8，将其应用于换流站 MMC1，得到换流站 1 所连交流系统电压与故障电流对比，如图 4-40(a) 和图 4-40(b) 所示。

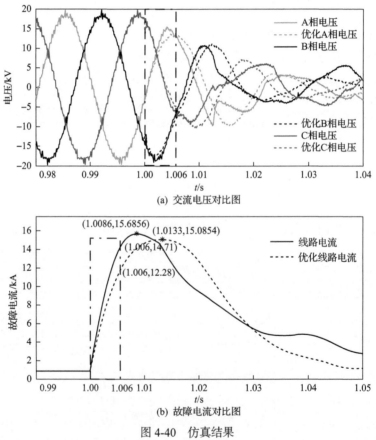

(a) 交流电压对比图

(b) 故障电流对比图

图 4-40　仿真结果

通过对比可以看出，采用了所提的阀级优化之后，故障后 6ms 内交流系统电压无大幅度变化，线路故障电流从 14.71kA 降低至 12.28kA。故障电流峰值时间从 1.0086s 推迟至 1.0133s，峰值从 15.6856kA 降低至 15.0854kA。仿真结果证明了所提策略的有效性。

4.5　本　章　小　结

本章提出了适于直流电网的混联潮流计算方法，并对多电压等级下的直流电网潮流计算模型进行修正；采用能量分析法研究了交流电网对直流故障的作用机理；建立了含风电和光伏的仿真模型和概率潮流计算模型，进而通过 LHS 和半不变量法处理不同电源特征的概率潮流分布；灵敏度分析表明，不同电源特征下潮流分布对故障初始态略有影响，影响的程度和趋势主要取决于线路参数、故障点与功率变化的换流站的相对位置。此外，研究了控制方式对故障电流的影响，结果表明定功率、定电压等外环控制模式对故障电流影响很小，而阀级控制对故障电流影响较大；提出了降低极间短路故障电流水平的阀级控制优化方法，通过故障后旁路部分子模块的方法，可使换流站出口故障电流幅值降低。

第 5 章　阻尼特性对故障电流初始态的影响

5.1　直流电网阻尼分析模型

MMC 固有的弱惯性特点将恶化直流电网的阻尼特性，引发直流电网直流侧极间短路故障电流峰值高、上升率高等动态响应恶化的问题，因此有必要分析直流电网阻尼特性与故障电流初始阶段发展规律的关系。

5.1.1　直流电网小信号模型

本节对 MMC 的小信号等效模型进行了简化，降低了单个换流站的小信号矩阵阶数，适用于大型直流电网的建模分析，并构建了适用于多种场景及任意拓扑结构的多端柔性直流输电系统通用小信号模型。

5.1.1.1　直流电网系统结构

直流电网可按照交流系统、MMC、控制系统和直流网络四部分进行划分，分别构建其线性化方程。各部分的示意图如图 5-1 所示。

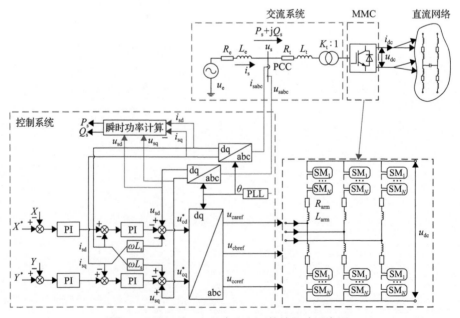

图 5-1　基于 MMC 的直流电网等效电路示意图

在小信号建模中，仅考虑交流电网电压三相对称情况，因此，将交流系统等效为戴维南电路，该部分包含交流源等效电路和换流变压器，图 5-1 中，u_e 为等效电源电压幅值；R_e 和 L_e 分别为等效电源的等效电阻和电感；R_t 和 L_t 分别为换流变压器的等效电阻和电感，K_t 为换流变压器的变比；u_s 和 i_s 分别为 PCC 的电压和电流；P_s 和 Q_s 分别为 PCC 流入换流站的有功功率和无功功率；R_{arm} 和 L_{arm} 分别为桥臂电阻和电感；i_{dc} 和 u_{dc} 分别为 MMC 的输出直流电流和端口直流电压。

从交流侧看，MMC 可以等效为受控电压源形式，从直流侧看，根据功率平衡原理可以将 MMC 等效为受控电流源形式。因此，将 MMC 进一步简化为如图 5-2 所示的等效电路。图中，u_c、u_{Ccon} 分别为 MMC 交流等效内电势、投入子模块的电容电压直流分量总和；P_c 为注入换流器的有功功率；直流线路等效模型采用集中参数的 T 型等效模型，L_{dc} 为直流线路两端的平波电抗器的电感值，R_{ij}、L_{ij} 和 C_{ij} 分别为线路 ij 的等效电阻、电感和电容；C_{con}、R_{con}、L_{con} 分别为等效直流电容、等效桥臂电阻和等效桥臂电感，其表达式见式 (2-1) ～式 (2-3)。

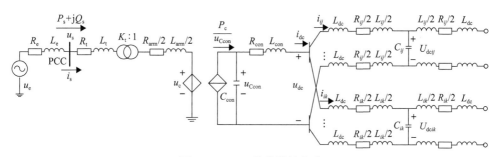

图 5-2 MMC 简化等效电路

5.1.1.2 交流系统线性方程

为简化考虑，交流源采用理想电压源及内阻抗的等效有源网络，下标中的 d、q 分别表示变量的 d、q 轴分量，其数学模型可表示为

$$\begin{cases} L_e \dfrac{di_{sd}}{dt} = u_{ed} - u_{sd} - R_e i_{sd} - \omega L_e i_{sq} \\ L_e \dfrac{di_{sq}}{dt} = u_{eq} - u_{sq} - R_e i_{sq} + \omega L_e i_{sd} \end{cases} \tag{5-1}$$

$$\begin{cases} L_s \dfrac{di_{sd}}{dt} = u_{sd} - u_{cd} - R_s i_{sd} - \omega L_s i_{sq} \\ L_s \dfrac{di_{sq}}{dt} = u_{sq} - u_{cq} - R_s i_{sq} + \omega L_s i_{sd} \end{cases} \tag{5-2}$$

式中，R_s 和 L_s 分别为阀侧等效电阻和等效电感，其表达式为

$$\begin{cases} R_s = R_t + \dfrac{K_t^2 R_{arm}}{2} \\ L_s = L_t + \dfrac{K_t^2 L_{arm}}{2} \end{cases} \tag{5-3}$$

以等效理想电压源电压相量 u_e 为参考，构建同步旋转坐标系，因此有 $u_{ed}=u_e$，$u_{eq}=0$。在稳态工作点上对式(5-2)进行泰勒级数展开并线性化，化简整理后可得换流站交流侧的线性化方程如式(5-4)所示。

$$\begin{cases} \dfrac{d\Delta i_{sd}}{dt} = -\dfrac{R_e + R_s}{L_e + L_s}\Delta i_{sd} - \dfrac{1}{L_e + L_s}\Delta u_{cd} - \omega\Delta i_{sq} \\ \dfrac{d\Delta i_{sq}}{dt} = -\dfrac{R_e + R_t}{L_e + L_s}\Delta i_{sq} - \dfrac{1}{L_e + L_s}\Delta u_{cq} + \omega\Delta i_{sd} \end{cases} \tag{5-4}$$

5.1.1.3　换流站线性方程

换流器是柔性直流输电系统的核心部件，是交流系统与直流系统连接的枢纽，一般将换流器在交流侧等效为理想电压源，在直流侧等效为功率控制电流源。由图 5-2 可得 MMC 交直流之间功率耦合关系如式(5-5)所示。

$$\begin{cases} P_c = P_{ac} = \dfrac{3}{2}\left(u_{cd}i_{sd} + u_{cq}i_{sq}\right) \\ C_{con}\dfrac{du_{Ccon}}{dt} = \dfrac{P_c}{u_{dc}} - i_{dc} \end{cases} \tag{5-5}$$

式中，P_{ac} 为换流器吸收的交流有功功率。式(5-5)的线性化方程为

$$\begin{aligned} \dfrac{d\Delta u_{Ccon}}{dt} &= \dfrac{3}{2C_{con}U_{dc0}}\left(U_{cd0}\Delta i_{sd} + I_{sd0}\Delta u_{cd} + U_{cq0}\Delta i_{sq} + I_{sq0}\Delta u_{cq}\right) \\ &\quad - \dfrac{3}{2C_{con}U_{dc0}^2}\left(U_{cd0}I_{sd0} + I_{sd0}U_{cd0}\right)\Delta u_{dc} - \dfrac{1}{C_{con}}\Delta i_{dc} \end{aligned} \tag{5-6}$$

式中，大写且下标带有 0 的变量表示物理量的稳态值；Δ 表示物理量的小干扰信号。

考虑换流器均存在一定的惯性，交流侧电压 u_{cd} 和 u_{cq} 与控制系统输出的调制

信号 u_{cd}^* 和 u_{cq}^* 之间存在如图 5-3 所示的关系，可得两者的线性化关系：

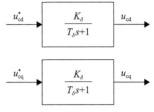

$$\begin{cases} \dfrac{\mathrm{d}\Delta u_{cd}}{\mathrm{d}t} = \dfrac{K_\delta}{T_\delta}\Delta u_{cd}^* - \dfrac{1}{T_\delta}\Delta u_{cd} \\ \dfrac{\mathrm{d}\Delta u_{cq}}{\mathrm{d}t} = \dfrac{K_\delta}{T_\delta}\Delta u_{cq}^* - \dfrac{1}{T_\delta}\Delta u_{cq} \end{cases} \quad (5\text{-}7)$$

图 5-3 调制信号与换流器交流侧电压的关系图

式中，T_δ 为换流器开关周期；K_δ 为增益系数。

5.1.1.4 控制系统线性方程

控制器是柔性直流输电系统稳定运行的基础，主要由 PLL 和电流矢量控制器两部分组成。其中 PLL 用于跟踪电网同步相位并为控制器提供相位参考，而电流矢量控制器则实现有功功率、无功功率、直流电压及交流电压等的控制。

图 5-4 所示为目前常用的 PLL 控制原理框图，u_{sd}、u_{sq} 为锁相环输入信号 u_a、u_b、u_c 按照相位角 θ 进行 Park 变换后得到的 d、q 轴坐标系下的分量，ω_0 为参考基准角速度，θ_{pll} 为锁相环的输出相位，k_{p_pll} 和 k_{i_pll} 分别为 PI 控制的比例系数和积分系数。

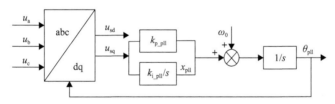

图 5-4 PLL 控制原理框图

其线性化方程可表示为

$$\begin{cases} \dfrac{\mathrm{d}\Delta x_{pll}}{\mathrm{d}t} = \Delta u_{sq} \\ \dfrac{\mathrm{d}\Delta\theta_{pll}}{\mathrm{d}t} = -k_{p\_pll}\Delta u_{sq} - k_{i\_pll}\Delta x_{pll} \end{cases} \quad (5\text{-}8)$$

式中，x_{pll} 为 u_{sq} 对时间的积分。

电压源型换流器的站级控制主要有间接电流控制和直接电流控制两类。间接电流控制根据控制目标计算出换流器输出交流电压的幅值和相位，并发送到阀级控制器，使之产生触发脉冲信号控制子模块的投切。这种控制策略的控制结构简单，但受交流系统强度的影响较大，交流电流动态响应慢，且无法限制换流阀过电流。直接电流控制由外环电压控制和内环电流控制两部分构成，采用快速电流反馈控制，交流电流响应速度快，被广泛应用到高压大容量柔性直流输电系统中，其控制框图如图 5-5 所示。

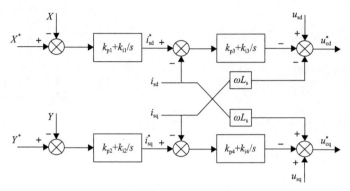

图 5-5　换流站直接电流控制框图

图 5-5 中，电气量上标有*的均为指令值，其余的均为测量值；X^*、Y^* 分别为有功功率类控制（包括定有功功率控制和定电压控制）器及无功功率类控制（包括定无功功率控制和定交流电压控制）器的指令值；X、Y 分别为有功功率类控制器及无功功率类控制器的测量值；k_{p1}、k_{i1} 分别为有功功率类控制器外环控制比例系数和积分系数；k_{p3}、k_{i3} 分别为有功功率类控制器内环控制比例系数和积分系数；k_{p2}、k_{i2} 分别为无功功率类控制器外环控制比例系数和积分系数；k_{p4}、k_{i4} 分别为无功功率类控制器内环控制比例系数和积分系数。外环控制器通过 PI 环节生成内环电流指令值 i_{sd}^*、i_{sq}^*，进而传递给内环控制器。

外环定有功功率、定电压、定无功功率、定交流电压控制的数学模型为

$$\begin{cases} \dfrac{\mathrm{d}x_P}{\mathrm{d}t} = P^* - P = P^* - \dfrac{3}{2}\left(u_{sd}i_{sd} + u_{sq}i_{sq}\right) \\ i_{sd}^* = k_{p1}\left(P^* - P\right) + k_{i1}x_P \end{cases} \tag{5-9}$$

$$\begin{cases} \dfrac{\mathrm{d}x_U}{\mathrm{d}t} = U_{dc}^* - u_{dc} \\ i_{sd}^* = k_{p1}\left(U_{dc}^* - u_{dc}\right) + k_{i1}x_U \end{cases} \tag{5-10}$$

$$\begin{cases} \dfrac{\mathrm{d}x_Q}{\mathrm{d}t} = Q^* - Q = Q^* - \dfrac{3}{2}\left(u_{sd}i_{sq} - u_{sq}i_{sd}\right) \\ i_{sq}^* = k_{p2}\left(Q^* - Q\right) + k_{i2}x_Q \end{cases} \tag{5-11}$$

$$\begin{cases} \dfrac{\mathrm{d}x_{ac}}{\mathrm{d}t} = U_s^* - u_s \\ i_{sq}^* = k_{p2}\left(U_s^* - u_s\right) + k_{i2}x_{ac} \end{cases} \tag{5-12}$$

式中，x_P、x_U、x_Q、x_{ac} 分别为有功功率、电压、无功功率和交流电压的误差信号对时间的积分。

内环控制器 d、q 轴数学模型为

$$
\begin{cases}
\dfrac{\mathrm{d}x_{Id}}{\mathrm{d}t} = i_{sd}^* - i_{sd} \\
u_{cd}^* = u_{sd} - k_{p3}\left(i_{sd}^* - i_{sd}\right) - k_{i3}x_{Id} - \omega L_s
\end{cases}
\tag{5-13}
$$

$$
\begin{cases}
\dfrac{\mathrm{d}x_{Iq}}{\mathrm{d}t} = i_{sq}^* - i_{sq} \\
u_{cq}^* = u_{sq} - k_{p4}\left(i_{sq}^* - i_{sq}\right) - k_{i4}x_{Iq} + \omega L_s
\end{cases}
\tag{5-14}
$$

式中，x_{Id} 和 x_{Iq} 分别为 d 轴电流和 q 轴电流的误差信号对时间的积分。对式 (5-13) 和式 (5-14) 线性化即可得对应的线性化方程。

5.1.1.5　直流网络线性化方程

直流网络可以被划分为网络节点和直流线路两部分，换流站出口往往连接多条出线，换流站输出直流电流可表示为该节点所连出线电流之和，端口直流电压也可由等效电容电压、线路对地电容电压和线路电流三个状态变量表示：

$$
\begin{cases}
i_{dci} = \sum_{j \in i} i_{ij} \\
u_{dci} = \dfrac{1}{1 + \sum\limits_{j \in i} \dfrac{L_{coni}}{L_{dc}}}\left(u_{Cconi} - R_{coni}\sum_{j \in i} i_{ij} + L_{coni}\sum_{j \in i}\dfrac{u_{dcij} + R_{ij}i_{ij}}{L_{dc}}\right)
\end{cases}
\tag{5-15}
$$

式中

$$
\begin{cases}
\dfrac{\mathrm{d}\Delta i_{ij}}{\mathrm{d}t} = \dfrac{\Delta u_{dci} - \Delta u_{dcij} - R_{ij}\Delta i_{ij}}{L_{dcij}} \\
\dfrac{\mathrm{d}\Delta u_{dcij}}{\mathrm{d}t} = \dfrac{\Delta i_{ij}}{C_{ij}} + \dfrac{\Delta i_{ji}}{C_{ij}}
\end{cases}
\tag{5-16}
$$

5.1.1.6　全系统小信号模型

将换流站及所连交流网络、控制系统及直流网络的线性化方程联立，可得直流电网全系统小信号模型，如式 (5-17) 所示：

$$
\Delta \dot{x} = A\Delta x + B\Delta u
\tag{5-17}
$$

式中

$$\begin{cases} \Delta x = \begin{bmatrix} \Delta x_1 & \Delta x_2 & \cdots & \Delta x_n & \Delta I & \Delta U \end{bmatrix}^{\mathrm{T}} \\ \Delta u = \begin{bmatrix} \Delta u_1 & \Delta u_2 & \cdots & \Delta u_n \end{bmatrix}^{\mathrm{T}} \end{cases} \tag{5-18}$$

式中，$\Delta x_1, \Delta x_2, \cdots, \Delta x_n$ 为各换流站、交流网络及控制系统的状态变量；$\Delta u_1, \Delta u_2, \cdots, \Delta u_n$ 为各换流站的控制变量；ΔI 为各直流线路的电流；ΔU 为各直流线路对地电容电压。

根据所建数学模型可得各换流站的状态变量和控制变量分别为

$$\Delta x_i = \begin{bmatrix} \Delta i_{sdi} & \Delta i_{sqi} & \Delta u_{cdi} & \Delta u_{cqi} & \Delta x_{plli} & \Delta \theta_{plli} & \Delta x_{Pi} / \Delta x_{Ui} & \Delta x_{Qi} / \Delta x_{aci} & \Delta x_{Idi} & \Delta x_{Iqi} & \Delta u_{Cconi} \end{bmatrix}^{\mathrm{T}} \tag{5-19}$$

$$\Delta u_i = \begin{bmatrix} \Delta P_i^* / \Delta U_{dci}^* & \Delta Q_i^* / \Delta U_{si}^* \end{bmatrix} \tag{5-20}$$

令

$$\begin{cases} \Delta \dot{x}_i = A_i \Delta x_i + B_i \Delta u_i + C_i \Delta I + D_i \Delta U, \quad i = 1, 2, \cdots, n \\ \Delta \dot{I} = A_I \begin{bmatrix} \Delta x_1 & \Delta x_2 & \cdots & \Delta x_n \end{bmatrix}^{\mathrm{T}} + C_I \Delta I + D_I \Delta U \\ \Delta \dot{U} = C_U \Delta I \end{cases} \tag{5-21}$$

式中，A_I 为电流系统矩阵；C_I 为电流输出矩阵；D_I 为电流传递矩阵；C_U 为电压输出矩阵。

得全系统小信号模型的参数矩阵为

$$A = \begin{bmatrix} A_1 & & & & C_1 & D_1 \\ & A_2 & & & C_2 & D_2 \\ & & \ddots & & \vdots & \vdots \\ & & & A_n & C_n & D_n \\ A_I & & & & C_I & D_I \\ & & & & & C_U \end{bmatrix} \tag{5-22}$$

$$B = \begin{bmatrix} B_1 & & & \\ & B_2 & & \\ & & \ddots & \\ & & & B_n \end{bmatrix} \tag{5-23}$$

5.1.1.7   直流电网小信号稳定分析

在 PSCAD/EMTDC 中建立了如图 5-6 所示的四端柔性直流输电系统模型，系统参数如表 5-1 所示。

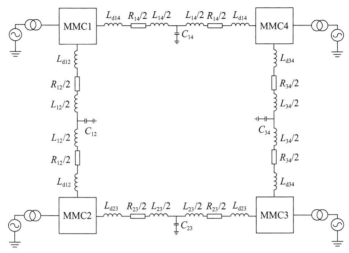

图 5-6   四端柔性直流电网拓扑

表 5-1   直流电网仿真参数

	参数	数值
换流站 1	定有功功率控制 P^*/MW	750
	定无功功率控制 Q^*/Mvar	0
换流站 2	定有功功率控制 P^*/MW	1500
	定无功功率控制 Q^*/Mvar	0
换流站 3	定有功功率控制 P^*/MW	−1500
	定无功功率控制 Q^*/Mvar	0
换流站 4	定直流电压控制 U_{dc}^*/kV	500
	定无功功率控制 Q^*/Mvar	0
外环控制器	定功率外环 k_{p1}、k_{p2}	0.2
	定功率外环 k_{i1}、k_{i2}	33
	定电压外环 k_{p1}、k_{p2}	8
	定电压外环 k_{i1}、k_{i2}	5
内环控制器	内环 k_{p3}、k_{p4}	0.48
	内环 k_{i3}、k_{i4}	15

1) 直流电抗器对直流电网稳定性的影响

直流电抗器的主要作用为抑制故障电流的上升速度，为直流断路器动作提供充足时间，因此其取值大小非常关键。为研究直流电抗器的取值对直流电网的影响，改变直流电抗器的取值，使之从 0H 到 2H 均匀变化，得出主导模式的根轨迹图，如图 5-7 所示。

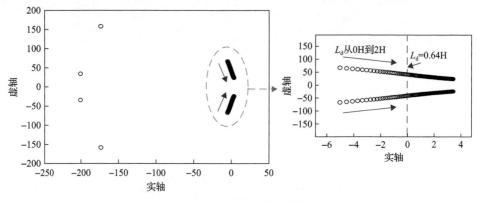

图 5-7　改变直流电抗器的根轨迹图

由根轨迹图的放大图（图 5-7 右图）可知，当直流电抗器电感值大于 0.64H 时，特征根实部由负变正，直流电网失稳。取直流电抗器 L_d=0.75H，计算得小信号矩阵特征值为 $0.5162 \pm i38.1288$，振荡周期为 π/ω=0.165s。图 5-8 从上至下依次为 L_d=0.75H 时换流站 2、1、4、3 直流功率的仿真波形，其振荡周期为 0.165s，与特征根分析完全一致。

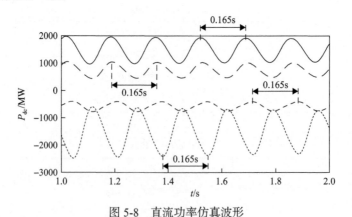

图 5-8　直流功率仿真波形

2) 交流系统强度对直流电网稳定性的影响

为研究交流系统强度对直流电网稳定性的影响，分别改变换流站 1、3、4 的交流系统短路比（SCR）的取值，使之从 5 到 1 均匀变化，得出主导模式的根轨迹图，如图 5-9～图 5-11 所示。可知，随着交流系统短路比的减小，主导模态逐渐向虚轴靠近，系统稳定裕度逐渐减小。当换流站 1、3、4 的短路比分别减小到 1.67、1.88 和 2.79 时，系统发生失稳。

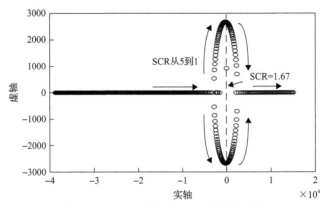

图 5-9　改变换流站 1 SCR 的根轨迹图

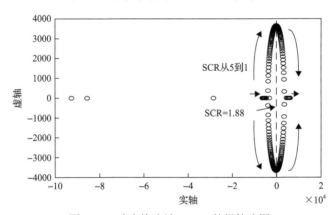

图 5-10　改变换流站 3 SCR 的根轨迹图

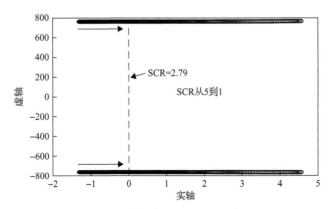

图 5-11　改变换流站 4 SCR 的根轨迹图

5.1.2　直流电网阻抗模型

5.1.2.1　MMC 的等值模型

MMC 内部换流过程复杂，难以用状态开关函数描述其内部具体的换流过程，并且以下研究关注的都是直流电网系统，不涉及换流器内部具体的换流过程，因此从直流电网外部特性角度考虑，根据功率平衡原理可以将 MMC 等效为受控电流源形式，MMC 的直流侧等效为一个包含受控电流源的 RLC 简化电路，如图 5-12 所示。忽略换流站的损耗，认为注入换流站的交流功率全部转化为直流侧的注入功率。

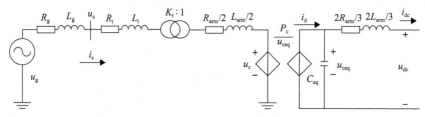

图 5-12　单个换流站简化电路

直流侧的数学模型为

$$
\begin{cases}
u_{\text{dc}} = u_{\text{ceq}} - R_{\text{eq}} i_{\text{dc}} - L_{\text{eq}} \dfrac{\mathrm{d}i_{\text{dc}}}{\mathrm{d}t} \\[2mm]
i_{\text{dc}} = \dfrac{P_{\text{c}}}{u_{\text{ceq}}} - C_{\text{eq}} \dfrac{\mathrm{d}u_{\text{ceq}}}{\mathrm{d}t}
\end{cases}
\tag{5-24}
$$

将式(5-24)在稳态运行点进行小干扰分析，得到简化后换流器的小干扰线性化模型：

$$
\Delta u_{\text{dc}} = \frac{U_{\text{ceq0}}}{P_{\text{c0}} + sC_{\text{eq}}U_{\text{ceq0}}^2}\Delta p_{\text{c}} - \left(\frac{U_{\text{ceq0}}^2}{P_{\text{c0}} + sC_{\text{eq}}U_{\text{ceq0}}^2} + R_{\text{eq}} + sL_{\text{eq}}\right)\Delta i_{\text{dc}}
\tag{5-25}
$$

5.1.2.2　交流系统与控制系统内环的建模

由图 5-12 可得 MMC 交流侧的电磁暂态方程：

$$
\begin{cases}
L_{\text{s}}\dfrac{\mathrm{d}i_{\text{sd}}}{\mathrm{d}t} = u_{\text{sd}} - u_{\text{cd}} - R_{\text{s}}i_{\text{sd}} - \omega L_{\text{s}}i_{\text{sq}} \\[2mm]
L_{\text{s}}\dfrac{\mathrm{d}i_{\text{sq}}}{\mathrm{d}t} = u_{\text{sq}} - u_{\text{cq}} - R_{\text{s}}i_{\text{sq}} + \omega L_{\text{s}}i_{\text{sd}}
\end{cases}
\tag{5-26}
$$

$$\begin{cases} L_{ac}\dfrac{di_{sd}}{dt}=u_{gd}-u_{cd}-R_{ac}i_{sd}-\omega L_{ac}i_{sq} \\[3mm] L_{ac}\dfrac{di_{sq}}{dt}=u_{gq}-u_{cq}-R_{ac}i_{sq}+\omega L_{ac}i_{sd} \end{cases} \tag{5-27}$$

$$\begin{cases} L_s=L_t+\dfrac{L_{arm}}{2}K_t^2,\ R_s=R_t+\dfrac{R_{arm}}{2}K_t^2 \\[3mm] L_{ac}=L_g+L_s,\ R_{ac}=R_g+R_s \end{cases} \tag{5-28}$$

$\Delta u_{gd}=0$ 、 $\Delta u_{gq}=0$ ，整理式(5-26)和式(5-27)得

$$\begin{cases} \Delta u_{cd}=-\left(R_{ac}+sL_{ac}\right)\Delta i_{sd}-\omega L_{ac}\Delta i_{sq} \\[2mm] \Delta u_{cq}=-\left(R_{ac}+sL_{ac}\right)\Delta i_{sq}+\omega L_{ac}\Delta i_{sd} \end{cases} \tag{5-29}$$

$$\begin{cases} \Delta u_{sd}=-\left(R_g+sL_g\right)\Delta i_{sd}-\omega L_g\Delta i_{sq} \\[2mm] \Delta u_{sq}=-\left(R_g+sL_g\right)\Delta i_{sq}+\omega L_g\Delta i_{sd} \end{cases} \tag{5-30}$$

参考电压表达式为

$$\begin{cases} u_{cd}^{*}=u_{sd}-\omega L_s i_{sq}-G_{id}\left(i_{sd}^{*}-i_{sd}\right) \\[2mm] u_{cq}^{*}=u_{sq}+\omega L_s i_{sd}-G_{iq}\left(i_{sq}^{*}-i_{sq}\right) \end{cases} \tag{5-31}$$

式中， G_{id} 、 G_{iq} 分别为内环 d、q 轴 PI 控制的传递函数。忽略延时，认为输出电压等于参考电压，将式(5-31)代入式(5-26)的小信号模型中，得

$$\begin{cases} \Delta i_{sd}=\dfrac{G_{id}}{R_s+sL_s+G_{id}}\Delta i_{sd}^{*}=A_d\Delta i_{sd}^{*} \\[3mm] \Delta i_{sq}=\dfrac{G_{iq}}{R_s+sL_s+G_{iq}}\Delta i_{sq}^{*}=A_q\Delta i_{sq}^{*} \end{cases} \tag{5-32}$$

5.1.2.3　不同控制方式下的外环模型

1)定功率控制

换流器采用定功率控制时，电流内环的参考值为

$$\begin{cases} i_{sd}^{*}=G_{od}\left(P^{*}-P\right) \\[2mm] i_{sq}^{*}=G_{oq}\left(Q^{*}-Q\right) \end{cases} \tag{5-33}$$

式中，G_{od}、G_{oq} 分别为外环 d、q 轴 PI 控制的传递函数；P^*、Q^* 分别为有功功率和无功功率的参考值。将式(5-33)线性化得

$$
\begin{cases}
\begin{aligned}
\Delta i_{sd}^* &= G_{od}\left(\Delta P^* - \Delta P\right) = G_{od}\left[\Delta P^* - \left(U_{sd0}\Delta i_{sd} + I_{sd0}\Delta u_{sd} + U_{sq0}\Delta i_{sq} + I_{sq0}\Delta u_{sq}\right)\right] \\
&= G_{od}\left\{\Delta P^* \underbrace{-\left[U_{sd0} - \left(R_g + sL_g\right)I_{sd0} + \omega L_g I_{sq0}\right]}_{B_{d1}}\Delta i_{sd}\right. \\
&\qquad\quad \left.\underbrace{-\left[U_{sq0} - \left(R_g + sL_g\right)I_{sq0} - \omega L_g I_{sd0}\right]}_{B_{d2}}\Delta i_{sq}\right\} \\
&= G_{od}\left(\Delta P^* + B_{d1}\Delta i_{sd} + B_{d2}\Delta i_{sq}\right) \\
\Delta i_{sq}^* &= G_{oq}\left(\Delta Q^* - \Delta Q\right) = G_{oq}\left[\Delta Q^* - \left(U_{sd0}\Delta i_{sq} + I_{sq0}\Delta u_{sd} - U_{sq0}\Delta i_{sd} - I_{sd0}\Delta u_{sq}\right)\right] \\
&= G_{oq}\left\{\Delta Q^* + \underbrace{\left[U_{sq0} + \left(R_g + sL_g\right)I_{sq0} + \omega L_g I_{sd0}\right]}_{B_{q1}}\Delta i_{sd}\right. \\
&\qquad\quad \left.\underbrace{-\left[U_{sd0} + \left(R_g + sL_g\right)I_{sd0} - \omega L_g I_{sq0}\right]}_{B_{q2}}\Delta i_{sq}\right\} \\
&= G_{oq}\left(\Delta Q^* + B_{q1}\Delta i_{sd} + B_{q2}\Delta i_{sq}\right)
\end{aligned}
\end{cases}
\tag{5-34}
$$

将式(5-34)代入式(5-32)，得

$$
\begin{cases}
\begin{aligned}
\Delta i_{sd} &= \frac{\left(A_d G_{od} - A_d A_q B_{q2}G_{od}G_{oq}\right)\Delta P^* + A_d A_q B_{d2}G_{od}G_{oq}\Delta Q^*}{1 - A_d B_{d1}G_{od} - A_q B_{q2}G_{oq} + A_d A_q B_{d1}B_{q2}G_{od}G_{oq} - A_d A_q B_{d2}B_{q1}G_{od}G_{oq}} \\
&= C_{d1}\Delta P^* + C_{d2}\Delta Q^* \\
\Delta i_{sq} &= \frac{A_d A_q B_{q1}G_{od}G_{oq}\Delta P^* + \left(A_q G_{oq} - A_d A_q B_{d1}G_{od}G_{oq}\right)\Delta Q^*}{1 - A_d B_{d1}G_{od} - A_q B_{q2}G_{oq} + A_d A_q B_{d1}B_{q2}G_{od}G_{oq} - A_d A_q B_{d2}B_{q1}G_{od}G_{oq}} \\
&= C_{q1}\Delta P^* + C_{q2}\Delta Q^*
\end{aligned}
\end{cases}
\tag{5-35}
$$

2)定电压控制

换流器采用定电压控制时，电流内环的参考值为

$$
\begin{cases}
i_{sd}^* = G_{od}\left(U_{dc}^* - u_{dc}\right) \\
i_{sq}^* = G_{oq}\left(Q^* - Q\right)
\end{cases}
\tag{5-36}
$$

将式(5-36)线性化得

$$
\begin{cases}
\Delta i_{sd}^{*} = G_{od}\left(\Delta U_{dc}^{*} - \Delta u_{dc}\right) \\
\Delta i_{sq}^{*} = G_{oq}\left(\Delta Q^{*} - \Delta Q\right) = G_{oq}\left(\Delta Q^{*} + B_{q1}\Delta i_{sd} + B_{q2}\Delta i_{sq}\right)
\end{cases}
\tag{5-37}
$$

将式(5-37)代入式(5-32)，得

$$
\begin{cases}
\Delta i_{sd} = A_d G_{od}\Delta U_{dc}^{*} - A_d G_{od}\Delta u_{dc} \\
\qquad = D_{d1}\Delta U_{dc}^{*} + D_{d2}\Delta u_{dc} \\
\Delta i_{sq} = \dfrac{A_d A_q B_{q1} G_{od} G_{oq}\Delta U_{dc}^{*} + A_q G_{oq}\Delta Q^{*} - A_d A_q B_{q1} G_{od} G_{oq}\Delta u_{dc}}{1 - A_q B_{q2} G_{oq}} \\
\qquad = D_{q1}\Delta U_{dc}^{*} + D_{q2}\Delta Q^{*} + D_{q3}\Delta u_{dc}
\end{cases}
\tag{5-38}
$$

3) 下垂控制

换流器采用下垂控制时，电流内环的参考值为

$$
\begin{cases}
i_{sd}^{*} = G_{od}\left[K_d\left(U_{dc}^{*} - u_{dc}\right) + \left(P^{*} - P\right)\right] \\
i_{sq}^{*} = G_{oq}\left(Q^{*} - Q\right)
\end{cases}
\tag{5-39}
$$

将式(5-39)线性化得

$$
\begin{cases}
\Delta i_{sd}^{*} = G_{od}\left[K_d\left(\Delta U_{dc}^{*} - \Delta u_{dc}\right) + \left(\Delta P^{*} - \Delta P\right)\right] \\
\qquad = G_{od}\left[K_d\Delta U_{dc}^{*} - K_d\Delta u_{dc} + \Delta P^{*} - \left(U_{sd0}\Delta i_{sd} + I_{sd0}\Delta u_{sd} + U_{sq0}\Delta i_{sq} + I_{sq0}\Delta u_{sq}\right)\right] \\
\qquad = G_{od}\left(K_d\Delta U_{dc}^{*} - K_d\Delta u_{dc} + \Delta P^{*} + B_{d1}\Delta i_{sd} + B_{d2}\Delta i_{sq}\right) \\
\Delta i_{sq}^{*} = G_{oq}\left(\Delta Q^{*} - \Delta Q\right) = G_{oq}\left[\Delta Q^{*} - \left(U_{sd0}\Delta i_{sq} + I_{sq0}\Delta u_{sd} - U_{sq0}\Delta i_{sd} - I_{sd0}\Delta u_{sq}\right)\right] \\
\qquad = G_{oq}\left(\Delta Q^{*} + B_{q1}\Delta i_{sd} + B_{q2}\Delta i_{sq}\right)
\end{cases}
$$

$$\tag{5-40}$$

将式(5-40)代入式(5-32)，得

$$
\begin{aligned}
\Delta i_{sd} &= \frac{\left(A_d G_{od} - A_d A_q B_{q2} G_{od} G_{oq}\right)\left(\Delta P^{*} + K_d\Delta U_{dc}^{*} - K_d\Delta u_{dc}\right) + A_d A_q B_{d2} G_{od} G_{oq}\Delta Q^{*}}{1 - A_d B_{d1} G_{od} - A_q B_{q2} G_{oq} + A_d A_q B_{d1} B_{q2} G_{od} G_{oq} - A_d A_q B_{d2} B_{q1} G_{od} G_{oq}} \\
&= C_{d1}\Delta P^{*} + K_d C_{d1}\Delta U_{dc}^{*} - K_d C_{d1}\Delta u_{dc} + C_{d2}\Delta Q^{*}
\end{aligned}
$$

$$\Delta i_{sq} = \frac{A_d A_q B_{q1} G_{od} G_{oq} \left(\Delta P^* + K_d \Delta U_{dc}^* - K_d \Delta u_{dc} \right) + \left(A_q G_{oq} - A_d A_q B_{d1} G_{od} G_{oq} \right) \Delta Q^*}{1 - A_d B_{d1} G_{od} - A_q B_{q2} G_{oq} + A_d A_q B_{d1} B_{q2} G_{od} G_{oq} - A_d A_q B_{d2} B_{q1} G_{od} G_{oq}}$$

$$= C_{q1} \Delta P^* + K_d C_{q1} \Delta U_{dc}^* - K_d C_{q1} \Delta u_{dc} + C_{q2} \Delta Q^*$$

$$\tag{5-41}$$

5.1.2.4　直流阻抗模型

注入换流器的有功功率线性化数学模型表示为

$$\begin{aligned}
\Delta P_c &= U_{cd0} \Delta i_{sd} + I_{sd0} \Delta u_{cd} + U_{cq0} \Delta i_{sq} + I_{sq0} \Delta u_{cq} \\
&= \left[U_{cd0} - \left(R_{ac} + sL_{ac} \right) I_{sd0} + \omega L_{ac} I_{sq0} \right] \Delta i_{sd} \\
&\quad + \left[U_{cq0} - \left(R_{ac} + sL_{ac} \right) I_{sq0} - \omega L_{ac} I_{sd0} \right] \Delta i_{sq} \\
&= E_1 \Delta i_{sd} + E_2 \Delta i_{sq}
\end{aligned}$$

$$\tag{5-42}$$

将式 (5-35)、式 (5-38) 和式 (5-41) 分别代入式 (5-42)，并化为有名值，得到三种控制方式下注入功率的表达式为

$$\Delta P_c = \left(E_1 C_{d1} + E_2 C_{q1} \right) \Delta P^* + \left(E_1 C_{d2} + E_2 C_{q2} \right) \Delta Q^* \tag{5-43}$$

$$\Delta P_c = \left(E_1 D_{d1} + E_2 D_{q1} \right) \frac{P_B}{U_{dcB}} \Delta U_{dc}^* + E_2 D_{q2} \Delta Q^*$$

$$+ \left(E_1 D_{d2} + E_2 D_{q3} \right) \frac{P_B}{U_{dcB}} \Delta u_{dc}$$

$$\tag{5-44}$$

$$\Delta P_c = \left(E_1 C_{d1} + E_2 C_{q1} \right) \Delta P^* + \left(E_1 C_{d2} + E_2 C_{q2} \right) \Delta Q^*$$

$$+ K_d \left(E_1 C_{d1} + E_2 C_{q1} \right) \frac{P_B}{U_{dcB}} \Delta U_{dc}^* - K_d \left(E_1 C_{d1} + E_2 C_{q1} \right) \frac{P_B}{U_{dcB}} \Delta u_{dc}$$

$$\tag{5-45}$$

分别将式 (5-43)、式 (5-44) 和式 (5-45) 代入式 (5-25)，得到换流器的戴维南等效模型：

$$\Delta u_{dc} = \frac{U_{ceq0} \left(E_1 C_{d1} + E_2 C_{q1} \right) \Delta P^*}{P_{c0} + s C_{eq} U_{ceq0}^2} + \frac{U_{ceq0} \left(E_1 C_{d2} + E_2 C_{q2} \right) \Delta Q^*}{P_{c0} + s C_{eq} U_{ceq0}^2}$$

$$- \left(\frac{U_{ceq0}^2}{P_{c0} + s C_{eq} U_{ceq0}^2} + R_{eq} + s L_{eq} \right) \Delta i_{dc}$$

$$\tag{5-46}$$

$$= F_{PQ\_Pref} \Delta P^* + F_{PQ\_Qref} \Delta Q^* - F_{PQ\_idc} \Delta i_{dc}$$

$$
\begin{aligned}
\Delta u_{dc} &= \frac{\dfrac{U_{ceq0}\left(E_1 D_{d1} + E_2 D_{q1}\right)}{P_{c0} + sC_{eq}U_{ceq0}^2}\dfrac{P_B}{U_{dcB}}\Delta U_{dc}^* + \dfrac{U_{ceq0}E_2 D_{q2}}{P_{c0} + sC_{eq}U_{ceq0}^2}\Delta Q^*}{1 - \dfrac{U_{ceq0}\left(E_1 D_{d2} + E_2 D_{q3}\right)}{P_{c0} + sC_{eq}U_{ceq0}^2}\dfrac{P_B}{U_{dcB}}} \\[2em]
&\quad - \frac{\left(\dfrac{U_{ceq0}^2}{P_{c0} + sC_{eq}U_{ceq0}^2} + R_{eq} + sL_{eq}\right)\Delta i_{dc}}{1 - \dfrac{U_{ceq0}\left(E_1 D_{d2} + E_2 D_{q3}\right)}{P_{c0} + sC_{eq}U_{ceq0}^2}\dfrac{P_B}{U_{dcB}}}
\end{aligned}
\tag{5-47}
$$

$$
= F_{UdcQ\_Udcref}\Delta U_{dc}^* + F_{UdcQ\_Qref}\Delta Q^* - F_{UdcQ\_idc}\Delta i_{dc}
$$

$$
\begin{aligned}
\Delta u_{dc} &= \frac{\dfrac{U_{ceq0}\left(E_1 C_{d1} + E_2 C_{q1}\right)}{P_{c0} + sC_{eq}U_{ceq0}^2}\Delta P^* + \dfrac{U_{ceq0}K_d\left(E_1 C_{d1} + E_2 C_{q1}\right)}{P_{c0} + sC_{eq}U_{ceq0}^2}\dfrac{P_B}{U_{dcB}}\Delta U_{dc}^*}{1 + \dfrac{U_{ceq0}K_d\left(E_1 C_{d1} + E_2 C_{q1}\right)}{P_{c0} + sC_{eq}U_{ceq0}^2}\dfrac{P_B}{U_{dcB}}} \\[2em]
&\quad + \frac{\dfrac{U_{ceq0}\left(E_1 C_{d2} + E_2 C_{q2}\right)}{P_{c0} + sC_{eq}U_{ceq0}^2}\Delta Q^* - \left(\dfrac{U_{ceq0}^2}{P_{c0} + sC_{eq}U_{ceq0}^2} + R_{eq} + sL_{eq}\right)\Delta i_{dc}}{1 + \dfrac{U_{ceq0}K_d\left(E_1 C_{d1} + E_2 C_{q1}\right)}{P_{c0} + sC_{eq}U_{ceq0}^2}\dfrac{P_B}{U_{dcB}}}
\end{aligned}
\tag{5-48}
$$

$$
= F_{droop\_Pref}\Delta P^* + F_{droop\_Udcref}\Delta U_{dc}^* + F_{droop\_Qref}\Delta Q^* - F_{droop\_idc}\Delta i_{dc}
$$

式中，F_{PQ_idc}、F_{UdcQ_idc} 和 F_{droop_idc} 分别为采用定功率控制、定电压控制、下垂控制的换流器的直流阻抗。

5.1.2.5　MMC 简化直流阻抗模型

5.1.2.4 小节建立的 MMC 直流阻抗表达式阶数较高，在分析较大规模直流电网的故障阻尼特性时存在计算速度慢、效率低等缺点，因此，有必要通过剔除直流阻抗中对故障初始阶段阻尼特性影响很小的变量，得到 MMC 的简化直流阻抗。

由 MMC 简化电路可得直流侧的功率、电压、电流关系为

$$
\begin{cases}
\Delta P_c = u_{ceq0} \cdot \Delta i_d + i_{d0} \cdot \Delta u_{ceq} \\
\Delta u_{ceq} = \Delta u_{dc} + \left(R_{ceq} + sL_{ceq}\right)\Delta i_{dc} \\
\Delta i_d = sC_{ceq}\Delta u_{dc} + \left[1 + sC_{ceq}\left(R_{ceq} + sL_{ceq}\right)\right]\Delta i_{dc}
\end{cases}
\tag{5-49}
$$

式中，Δi_{d} 为阀侧向换流器注入的电流。

从前述分析可知，换流器的直流阻抗与控制模型密切相关，对于采用定有功功率控制的换流器，可以认为注入换流站的交流功率与功率控制器的参考值是一致的。即使直流线路发生故障，故障后注入功率也能在短时间内保持不变。此外，MMC 的功率转换效率非常高，可以忽略有功功率损耗，从而可以得出：

$$\Delta P_{\mathrm{c}} = 0 \tag{5-50}$$

将式(5-50)代入式(5-49)，整理得 MMC 的简化直流阻抗为

$$Z_{\mathrm{dc}} = \frac{U_{\mathrm{ceq0}}\left[1 + sC_{\mathrm{ceq}}\left(R_{\mathrm{ceq}} + sL_{\mathrm{ceq}}\right)\right] + I_{\mathrm{d0}}\left(R_{\mathrm{ceq}} + sL_{\mathrm{ceq}}\right)}{I_{\mathrm{d0}} + sC_{\mathrm{ceq}}U_{\mathrm{ceq0}}} \tag{5-51}$$

对于采用定直流电压控制的换流器，交流侧注入换流器的功率 P_{c} 可以表示为

$$P_{\mathrm{c}} = 1.5 U_{\mathrm{sd0}} i_{\mathrm{sd}} - 1.5 i_{\mathrm{sd}}^2 \left(R_{\mathrm{s}} + sL_{\mathrm{s}}\right) \tag{5-52}$$

由于电流内环响应速度极快，为简化分析，将其等效为一个延时环节，交流电流的 d 轴分量 i_{sd} 可以表示为

$$i_{\mathrm{sd}} = \left(U_{\mathrm{dc}}^* - u_{\mathrm{dc}}\right)\left(k_{\mathrm{p1}} + \frac{k_{\mathrm{i1}}}{s}\right)\left(\frac{1}{1 + \tau s}\right) \tag{5-53}$$

式中，τ 为延时环节的时间常数。

将式(5-53)代入式(5-52)得

$$\Delta P_{\mathrm{c}} = -\frac{k_{\mathrm{p1}}s + k_{\mathrm{i1}}}{s(1 + \tau s)}\left[\frac{3}{2}U_{\mathrm{sd0}} - 3I_{\mathrm{sd0}}\left(R_s + sL_s\right)\right]\Delta u_{\mathrm{dc}} \tag{5-54}$$

将式(5-54)代入式(5-49)，整理得 MMC 的简化直流阻抗为

$$Z_{\mathrm{dc}} = \frac{U_{\mathrm{ceq0}}\left[1 + sC_{\mathrm{ceq}}\left(R_{\mathrm{ceq}} + sL_{\mathrm{ceq}}\right)\right] + I_{\mathrm{d0}}\left(R_{\mathrm{ceq}} + sL_{\mathrm{ceq}}\right)}{\dfrac{k_{\mathrm{p1}}s + k_{\mathrm{i1}}}{s(1 + \tau s)}\left[\dfrac{3}{2}U_{\mathrm{sd0}} - 3I_{\mathrm{sd0}}\left(R_{\mathrm{s}} + sL_{\mathrm{s}}\right)\right] + I_{\mathrm{d0}} + sC_{\mathrm{ceq}}U_{\mathrm{ceq0}}} \tag{5-55}$$

5.1.2.6　基于直流阻抗的故障电流计算

当一条直流线路出现故障时，该故障点的电压可以视为故障前电压 U_{f} 叠加上故障等效电源 $-U_{\mathrm{f}}$，按照叠加原理，该系统可视为正常工作网络和仅有故障附加电

源的故障网络的叠加，仅在故障网络内进行故障电流的分析，所获得的电压和电流量都是故障分量，并将其与相应的正常运行分量相结合，即可得到故障全量。两端 MMC-HVDC 系统直流线路极间短路故障后的等效网络如图 5-13 所示。

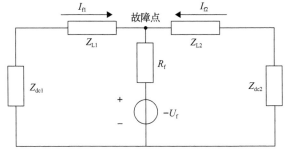

图 5-13　两端 MMC-HVDC 系统直流线路极间短路故障等效网络

故障电流表达式为

$$I_{f1} = U_f(s) \bigg/ \left(Z_{dc1} + Z_{L1} + R_f \frac{Z_{dc1} + Z_{dc2} + Z_{L1} + Z_{L2}}{Z_{dc2} + Z_{L2}} \right) \tag{5-56}$$

$$I_{f2} = U_f(s) \bigg/ \left(Z_{dc2} + Z_{L2} + R_f \frac{Z_{dc1} + Z_{dc2} + Z_{L1} + Z_{L2}}{Z_{dc1} + Z_{L1}} \right) \tag{5-57}$$

式中，故障附加源$-U_f$具有阶跃形式，其复频域表达式为$-U_f/s$。

换流站阻抗分别采用所提简化阻抗和 RLC 等效阻抗，计算两端 MMC-HVDC 系统极间短路故障电流，参数如表 5-2 所示，对比结果如图 5-14 所示。

表 5-2　换流站与直流线路参数

参数	数值
额定容量/(MV·A)	3000
额定直流电压/kV	±500
换流变压器变比	750/570
换流变压器电感/p.u.	0.16
换流变压器电阻/p.u.	0.0022
桥臂电感/mH	66
桥臂电阻/Ω	3.71
子模块电容/mF	16.3

续表

参数	数值
桥臂子模块数	495
平波电抗/mH	200
定电压外环 PI 控制比例系数	8
定电压外环 PI 控制积分系数/s^{-1}	27.27
线路电阻/Ω	1
线路电感/H	0.0082

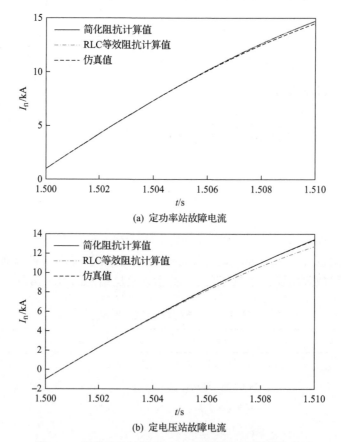

(a) 定功率站故障电流

(b) 定电压站故障电流

图 5-14　简化阻抗计算与 RLC 等效阻抗计算结果对比

　　由于前 10ms 内的故障电流计算主要与阻抗的高频段有关，而定功率站的简化阻抗与 RLC 等效阻抗相比，仅仅修正了低频段的稳态特性，因此两者的计算结果相差不大。定电压站的简化阻抗不仅考虑了低频的稳态特性，而且计及了外环的 PI 控制，修正了中高频段的阻抗，简化阻抗计算精确度与 RLC 等效阻抗相比，随着故障时间的增长逐渐显现。

基于式(5-56)和式(5-57)的拉普拉斯逆变换很难得到 $I_f(t)$ 的数学表达式。因此，提出高频等效模型，可得到故障后初始短周期内 $I_f(t)$ 的近似表达式。考虑故障线路直流电流的离散傅里叶变换(DFT)，如下：

$$X(k) = \sum_{n=0}^{N-1} I_f(n) \cdot e^{-j\frac{2\pi}{N}kn} \tag{5-58}$$

式中，$X(k)$ 为故障线路电流的 DFT；N 为 T 周期内的样本数。以连续形式重写式(5-58)得

$$X'(k) = \frac{X(k)}{N} = \frac{1}{N}\sum_{n=0}^{N-1} I_f(n) \cdot e^{-j\frac{2\pi}{N}kn} \approx \frac{1}{T}\int_0^T I_f(t) \cdot e^{-j\frac{2\pi}{N}kn} \cdot dt \tag{5-59}$$

式中，$X'(k)$ 为式(5-56)和式(5-57)的离散傅里叶级数。为了推导出高频等效模型，需要引入两个引理。

引理 5.1 在采样时间足够短的情况下，连续非周期信号 $f(t)$ 的 DFT 等于 $f(t)$ 的傅里叶变换的 $-j\omega N$ 倍。

证明 连续傅里叶级数的一般形式如下：

$$G(\omega,T) = \frac{1}{T}\int_0^T f(t) \cdot e^{-j\omega t} \cdot dt \tag{5-60}$$

考虑到小采样时间 T 和 $f(0) = 0$，$f(t)$ 可以用泰勒级数在零附近表示如下：

$$f(t) = f(0) + f'(0) \cdot t + f''(0)/2 \cdot t^2 + \cdots \approx f'(0) \cdot t \tag{5-61}$$

结合式(5-60)和式(5-61)，可得

$$G(\omega,T) \approx \frac{1}{T} \cdot \int_0^T f'(0) \cdot t \cdot e^{-j\omega t} \cdot dt = -\frac{f'(0)}{j\omega} \tag{5-62}$$

考虑到 $f(t)$ 的经典傅里叶变换：

$$F(\omega) = \int_0^\infty f(t) \cdot e^{-j\omega t} \cdot dt \approx \int_0^\infty f'(0) \cdot t \cdot e^{-j\omega t} \cdot dt = \frac{f'(0)}{(j\omega)^2} \tag{5-63}$$

基于式(5-62)和式(5-63)，可得

$$\left|G(\omega,T)\right| \approx \left|-\mathrm{j}\omega \cdot F(\omega)\right| = \frac{f'(0)}{\omega} \tag{5-64}$$

以拉普拉斯形式并基于式(5-59)重写式(5-64)：

$$\left|\mathrm{DFT}(f(t))\right| = N \cdot \left|s \cdot L(f(t))\right|_{s=k \cdot \frac{2\pi}{N} f_{\mathrm{s}} \cdot \mathrm{j}} \tag{5-65}$$

式中，f_{s} 为采样频率。

引理 5.2　连续非周期信号 $f(t)$ 等于信号初始短周期的拉普拉斯变换的高频部分的拉普拉斯逆变换。

证明　假设 $X(k)$ 是非周期信号 $f(t)$ 的 DFT，则有

$$\left|X(k)\right| = \left|\mathrm{DFT}(f(t))\right| \approx N \cdot \left|s \cdot L(f(t))\right|_{s=k \cdot \frac{2\pi}{N} f_{\mathrm{s}} \cdot \mathrm{j}} \tag{5-66}$$

$X(k)$ 的 DFT 频率间隔可以表示为

$$\Delta f = \frac{1}{N} f_{\mathrm{s}} = \frac{1}{T} \tag{5-67}$$

当采样周期 T 较小时，DFT 频率间隔足够大，非周期信号 $f(t)$ 的 DFT 近似为

$$\left|X(k)\right| = N \cdot \left|s \cdot L(f(t))\right|_{s=k \cdot \frac{2\pi}{N} f_{\mathrm{s}} \cdot \mathrm{j}} \approx N \cdot \left|s \cdot L^{\mathrm{H}}(f(t))\right|_{s=k \cdot \frac{2\pi}{N} f_{\mathrm{s}} \cdot \mathrm{j}} \tag{5-68}$$

式中，$L^{\mathrm{H}}(f(t))$ 为信号 $f(t)$ 的拉普拉斯变换的高频分量。定义另外一个连续的非周期信号 $g(t)$，可以表示如下：

$$g(t) = L^{-1}\left(L^{\mathrm{H}}(s)\right) \tag{5-69}$$

非周期信号 $g(t)$ 的 DFT 应满足以下条件：

$$\left|\mathrm{DFT}(g(t))\right| = N \cdot \left|s \cdot L^{\mathrm{H}}(f(t))\right|_{s=k \cdot \frac{2\pi}{N} f_{\mathrm{s}} \cdot \mathrm{j}} \approx \mathrm{DFT}(f(t)) \tag{5-70}$$

基于式(5-69)和式(5-70)，式(5-71)成立：

$$f(t) \approx g(t) = L^{-1}\left(L^{\mathrm{H}}(s)\right) \tag{5-71}$$

根据引理 5.2 可知，在分析信号的初始周期时，$f(t)$ 的初始表达式等于 $f(t)$ 的拉普拉斯变换的高频部分的拉普拉斯逆变换。如果更关心信号的初始阶段，则该引理为模型简化提供了重要指导。

5.2　直流电网阻尼特性的关键影响因素

直流电网的故障阻尼与传统阻尼的研究目的不同，因此首先需要对直流电网的阻尼特性进行定义。由前面理论可知，信号的高频部分决定了该信号在时域中的初始阶段特性，直流故障中电容放电阶段通常考虑故障后的第一个 10ms，其在频域中对应的高频段为 100Hz 以上区域。因此，定义频域范围内的阻尼特性对应于系统直流侧等值阻抗的高频幅值大小。在时域中，故障初始阶段的上升情况是学者重点关注的部分。因此，时域范围内的阻尼特性定义为故障电流上升率指标。

频域阻尼特性分析可以通过建立直流阻抗模型，并画出阻抗的伯德图来观察阻抗幅值-频率特性的高频段，得到阻尼特性的相关结论。

时域阻尼特性则可以通过计算不同场景下的故障电流上升率来定量评估故障阻尼特性。忽略故障电阻，故障电流的频域表达式可以简化为

$$I_f(s) = \frac{U_f}{s} \cdot \frac{1}{Z_{MMC} + Z_L} \tag{5-72}$$

式中，Z_{MMC} 为换流站的直流阻抗；Z_L 为线路阻抗。

利用拉普拉斯变换的微分定理可以推导得出故障瞬间电流上升的斜率：

$$k_{fault} = \lim_{t \to 0^+} \frac{di_f}{dt} = \lim_{s \to \infty} sL\frac{di_f}{dt} = \lim_{s \to \infty} s^2 I_f(s) \tag{5-73}$$

分别将定功率站和定电压站的故障电流表达式代入式(5-73)，得到的上升率表达式一致，均为

$$k_{fault} = \frac{U_f}{L_{con} + L_{Line}} \tag{5-74}$$

由式(5-74)可以看出，故障电流的初始上升率仅与故障点的电压和故障回路中的电感有关，且成反比，回路电感包含换流站的等效桥臂电感、直流线路上的平波电抗和输电线路电感。因此，故障电流上升率指标的关键影响因素可以总结为桥臂电感、平波电抗和输电线路电感。

接下来将重点关注频域范围内的故障阻尼特性，讨论设备参数和控制方式对阻尼特性的影响规律。

5.2.1　设备参数对直流电网阻尼特性的影响分析

由直流阻抗表达式和故障电流计算公式整理出影响阻尼特性的设备参数，包

含桥臂电感、桥臂电阻、子模块电容、桥臂子模块数、平波电抗器、线路电感、线路电阻。

接下来以图 5-15 所示的两端 MMC-HVDC 系统为例,分别分析这 7 个设备参数对阻尼特性的影响。假设故障发生在直流线路中点,分别绘制出各设备参数取不同数值时的故障阻抗频域幅值图,故障阻抗包含换流站的直流阻抗、平波电抗和线路电抗,即

$$\begin{cases} Z_{f1} = Z_{dc1} + R_{L1} + s\left(L_{dc} + L_{L1}\right) \\ Z_{f2} = Z_{dc2} + R_{L2} + s\left(L_{dc} + L_{L2}\right) \end{cases} \tag{5-75}$$

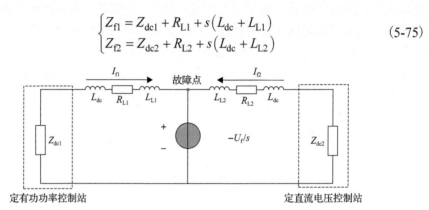

图 5-15　极间短路故障等效电路

1) 桥臂电感

桥臂电感分别取 20mH、40mH、60mH、80mH 和 100mH,绘制 Z_{f1} 和 Z_{f2} 的频域幅值图,如图 5-16 所示。

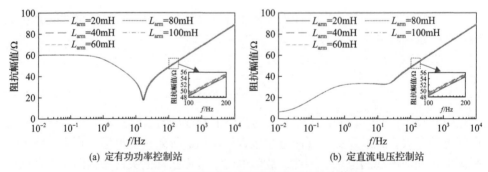

图 5-16　不同桥臂电感的故障阻抗频域幅值图

左侧换流站采用定有功功率控制,在时域中表现为传输功率恒定,在频域中则表现为低频段阻抗幅值恒定。而右侧采用定直流电压控制换流站的阻抗随传输功率的改变而变化,因此低频段阻抗幅值非恒定。桥臂电感的改变几乎不会引起低频段阻抗幅值的变化,而在中高频段,桥臂电感越大,故障阻抗的幅值越大,且呈现均匀增长的趋势。由式 (5-74) 列写的故障电流上升率计算公式可知,故障

时刻的电流状态由回路中的电感决定，电感值越大，故障电流上升率越小，对应到频域中为阻抗幅值的高频段越大，图 5-16 所示的故障阻抗特性与此结论一致。

2）桥臂电阻

桥臂电阻分别取 1Ω、3Ω、5Ω、7Ω 和 9Ω，绘制 Z_{f1} 和 Z_{f2} 的频域幅值图，如图 5-17 所示。

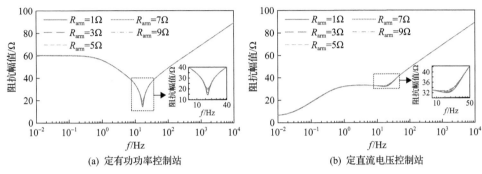

(a) 定有功率控制站　　　　　　　(b) 定直流电压控制站

图 5-17　不同桥臂电阻的故障阻抗频域幅值图

由图 5-17 可以看出，无论采用何种控制模式，桥臂电阻的改变都不会影响故障阻抗的低频段和高频段幅值，从故障阻抗幅值的细节图可以看出，桥臂电阻值越大，中频段的阻抗幅值越大。

3）子模块电容

子模块电容分别取 7.5mF、10mF、12.5mF、15mF 和 17.5mF，绘制 Z_{f1} 和 Z_{f2} 的频域幅值图，如图 5-18 所示。

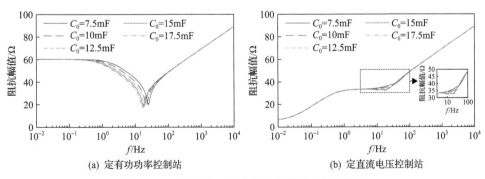

(a) 定有功率控制站　　　　　　　(b) 定直流电压控制站

图 5-18　不同子模块电容的故障阻抗频域幅值图

由图 5-18 可知，子模块电容主要影响阻抗的中频段幅值，随着电容值的增大，中频段的阻抗幅值减小。从能量的角度来看，子模块电容越大，故障后释放的能量越大，故障电流越大，对应阻抗的幅值越小。

4）桥臂子模块数

桥臂子模块数分别取 300、350、400、450 和 500，绘制 Z_{f1} 和 Z_{f2} 的频域幅值图，如图 5-19 所示。

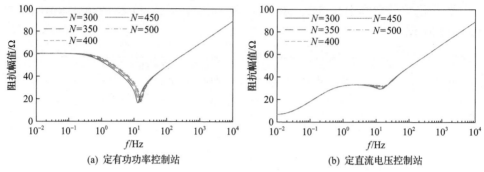

(a) 定有功功率控制站　　　　　　(b) 定直流电压控制站

图 5-19　不同桥臂子模块数的故障阻抗频域幅值图

桥臂子模块数主要影响等效直流电容的值，增大桥臂子模块数，相当于减小子模块电容的值，与图 5-18 的阻抗幅值变化趋势一致，桥臂子模块数主要对故障阻抗幅值的中频段产生影响，桥臂中包含的子模块数越多，中频段阻抗幅值越大。

5）平波电抗器

平波电抗器的电感值分别取 50mH、100mH、150mH、200mH 和 250mH，绘制 Z_{f1} 和 Z_{f2} 的频域幅值图，如图 5-20 所示。与桥臂电感相似，平波电抗器对故障阻抗的影响主要在中高频段，且对高频段的影响较为显著，这是因为平波电抗器的电感值比桥臂电感大得多，因此，平波电抗器除了具有平滑直流电流的作用，还可用于限制直流故障电流。

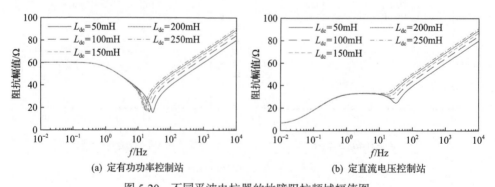

(a) 定有功功率控制站　　　　　　(b) 定直流电压控制站

图 5-20　不同平波电抗器的故障阻抗频域幅值图

6）线路电感

线路电感分别取 0mH、5mH、15mH、20mH 和 25mH，绘制 Z_{f1} 和 Z_{f2} 的频域

幅值图，如图 5-21 所示。线路电感对故障阻抗的影响也主要体现在中高频段，线路电感越大，故障阻抗的中高频幅值越大，但由于线路电感的值较小，因此其对阻抗的影响也较不明显。

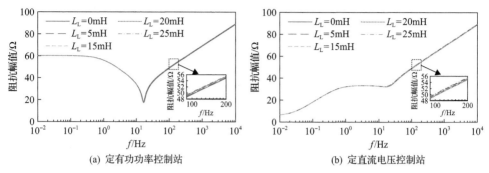

(a) 定有功功率控制站　　　　　　　(b) 定直流电压控制站

图 5-21　不同线路电感的故障阻抗频域幅值图

7) 线路电阻

线路电阻分别取 0Ω、0.5Ω、1Ω、1.5Ω 和 2Ω，绘制 Z_{f1} 和 Z_{f2} 的频域幅值图，如图 5-22 所示。线路电阻对故障阻抗的影响与换流站的控制方式有关，对于采用定有功功率控制的换流站，线路电阻主要影响中频段，且阻抗幅值随着线路电阻的增大而增大；对于采用定直流电压控制的换流站，线路电阻除了影响中频段，对低频段的影响也较为明显，然而故障初始阶段只需关注频率较高的阻抗区域，低频段主要对应稳态运行特性，因此可认为线路电阻对定直流电压控制站故障阻抗的影响也集中在中频段。

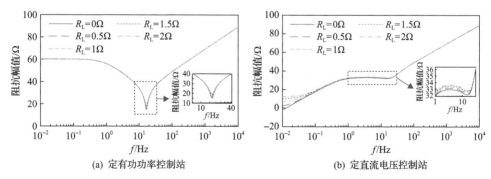

(a) 定有功功率控制站　　　　　　　(b) 定直流电压控制站

图 5-22　不同线路电阻的故障阻抗频域幅值图

5.2.2　控制方式对直流电网阻尼特性的影响分析

由前面推导的简化直流阻抗表达式可知，除了设备参数，直流阻抗的影响因素还包括直流电压和直流电流的初值，正常运行时直流电压一般处于 95%～105% 的额定电压范围内，而直流电流则由传输功率决定，因此可用换流站的传输功率水平来综合直流电压和直流电流的特性，分析不同功率水平下的故障阻尼特性。

此外，对于采用定有功功率控制的换流站，内外环控制对直流阻抗均无影响，而定直流电压控制的外环 PI 控制系数对直流阻抗可能存在较大影响。因此，对于控制方式对故障阻尼的影响，还需从控制参数的角度分析故障阻抗频域幅值。以两端 MMC-HVDC 系统为例，分别绘制定直流电压控制外环 PI 控制比例系数和积分系数取不同数值时的故障阻抗频域幅值图。

另外，阀级控制中的子模块投切数量直接影响放电电容的数量，从而影响故障电流的上升情况，因此有必要将子模块的投切比例考虑到直流阻抗的建模中，进一步定量分析其对故障阻尼的影响规律。

5.2.2.1 站级控制方式的影响

站级控制方式的影响从换流站控制的功率水平和定直流电压控制的外环 PI 控制参数两方面展开分析。

1)定有功功率控制的功率水平

定有功功率控制换流站的功率参考值分别取 200MW、400MW、600MW、800MW 和 1000MW，绘制 Z_{dc1} 的频域幅值图，如图 5-23 所示。

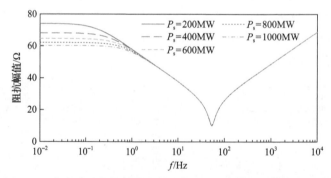

图 5-23 定有功功率控制下不同功率水平的故障阻抗频域幅值图

从图 5-23 可以看出，定有功功率控制换流站的功率水平主要影响换流站直流阻抗的低频段，随着传输功率的提升，低频段阻抗幅值减小，这和电压一定的情况下稳态电路的阻抗规律相符。

2)定直流电压控制的功率水平

调整定直流电压控制换流站的传输功率分别为 200MW、400MW、600MW、800MW 和 1000MW，绘制 Z_{dc2} 的频域幅值图，如图 5-24 所示。

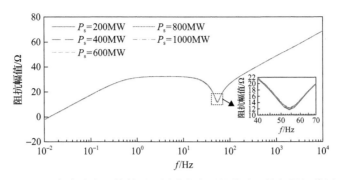

图 5-24 定直流电压控制下不同功率水平的故障阻抗频域幅值图

与定有功功率控制的情况不同，定直流电压控制换流站的功率水平对直流阻抗的影响不十分明显，通过阻抗的细节图可以发现，功率水平对中频段有一些影响，且和定有功功率控制站中的影响不同的是，在采用定直流电压控制的情况下，换流站传输的功率水平越高，中频段的阻抗幅值反而越大。

3）定直流电压控制的外环比例系数

图 5-25 所示为定直流电压控制的外环比例系数分别取 16、8、4、2、1 和 0.5 时 Z_{dc2} 的频域幅值图。

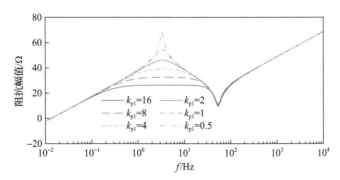

图 5-25 定直流电压控制下不同外环比例系数 k_{p1} 的故障阻抗频域幅值图

定直流电压控制外环比例系数的影响主要体现在中低频段，随着外环比例系数的增大，中低频段的直流阻抗幅值减小，且变化幅度较大，说明外环比例系数的改变对故障阻尼和故障电流的上升情况都会产生显著的影响。

4）定直流电压控制的外环积分系数

定直流电压控制的外环积分系数分别取 0.1、1、10、30、50 和 100，绘制 Z_{dc2} 的频域幅值图，如图 5-26 所示。

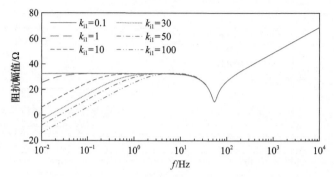

图 5-26　定直流电压控制下不同外环积分系数 k_{i1} 的故障阻抗频域幅值图

虽然定直流电压控制外环积分系数的增大能够引起阻抗幅值较大幅度的减小，但阻抗幅值的变化主要集中在低频段，因此，外环积分系数的变化对初始阶段的故障电流不会产生明显的影响。

5.2.2.2　子模块投切比例的影响

研究表明，故障后旁路部分子模块的方法可以降低故障电流。为了将子模块投切的比例考虑到直流阻抗的建模中，引入开关系数 K_c 表示子模块投入的比例。正常运行时开关系数 K_c 的值为 1，当所有子模块被旁路时，K_c 的值为 0。基于开关系数，MMC 中第 j 相上下桥臂的电压 u_{Cpj} 和 u_{Cnj} 可表示为

$$\begin{cases} u_{Cpj} = K_c \cdot N \cdot S_{pj} \cdot u_{C0} \\ u_{Cnj} = K_c \cdot N \cdot S_{nj} \cdot u_{C0} \end{cases} \tag{5-76}$$

式中，j 表示 a、b、c 三相。假定子模块电容电压 u_{C0} 已在电容电压平衡控制的作用下数值保持一致，根据上下桥臂平均开关函数 S_{pj} 和 S_{nj} 的表达式，推导得出考虑开关系数后上下桥臂投入子模块的个数为

$$\begin{cases} N_{pj} = \dfrac{u_{Cpj}}{u_{C0}} = K_c \cdot N \cdot S_{pj} = K_c \cdot N \cdot \dfrac{\dfrac{u_{dc}}{2} - u_{srefj} - u_{cirj}}{u_{dc}} \\[4mm] N_{nj} = \dfrac{u_{Cnj}}{u_{C0}} = K_c \cdot N \cdot S_{nj} = K_c \cdot N \cdot \dfrac{\dfrac{u_{dc}}{2} + u_{srefj} - u_{cirj}}{u_{dc}} \end{cases} \tag{5-77}$$

式中，u_{srefj} (j=a,b,c) 为三相交流电压的参考值；u_{cirj} 为环流抑制控制器 (circulating current suppression controller，CCSC) 产生的抑制二次谐波环流的控制信号。

MMC 等效电容电压 u_{Ccon} 为上桥臂电压 u_{Cp} 和下桥臂电压 u_{Cn} 之和：

$$u_{Ccon} = u_{Cp} + u_{Cn} = K_c U_{CN} \tag{5-78}$$

式中，U_{CN} 为额定直流电容电压。

计及开关系数影响的等效电容可以通过能量守恒原理推导得出：

$$E_c = \frac{1}{2} C'_{con} \left(K_c u_{Ccon} \right)^2 = \frac{1}{2} K_c C_{con} u_{Ccon}^2 \tag{5-79}$$

$$C'_{con} = \frac{C_{con}}{K_c} \tag{5-80}$$

式中，E_c 为电容器储存的容量。

考虑子模块投切比例的 MMC 直流侧等效电路如图 5-27 所示。重新推导 MMC 直流侧功率、电压、电流关系的小信号模型为

$$\begin{cases} \Delta P_c = K_c u_{Ccon0} \cdot \Delta i_d + i_{d0} \cdot K_c \Delta u_{Ccon} \\ \Delta u_{Ccon} = \frac{\Delta u'_{dc}}{K_c} + \frac{R_{con} + s L_{con}}{K_c} \Delta i_{dc} \\ \Delta i_d = s C_{con} \frac{\Delta u'_{dc}}{K_c} + \left(1 + s C_{con} \frac{R_{con} + s L_{con}}{K_c} \right) \Delta i_{dc} \end{cases} \tag{5-81}$$

式中，u_{Ccon0} 为等效电容电压初始值；K_c 为开关系数；i_{d0} 为电容电流初始值。

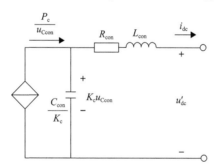

图 5-27　计及子模块投切比例的 MMC 直流侧等效电路

分别将式 (5-50) 和式 (5-54) 代入式 (5-81) 得定有功功率控制和定直流电压控制模式下的 MMC 直流阻抗为

$$Z'_{dc} = -\frac{u'_{dc}}{i_{dc}} = \frac{K_c U_{Ccon0} \left(1 + s C_{con} \dfrac{R_{con} + s L_{con}}{K_c} \right) + I_{d0} \left(R_{con} + s L_{con} \right)}{I_{d0} + s C_{con} U_{Ccon0}} \tag{5-82}$$

$$Z'_{dc} = -\frac{u'_{dc}}{i_{dc}} = \frac{K_c U_{Ccon0} \left(1 + s C_{con} \dfrac{R_{con} + s L_{con}}{K_c} \right) + I_{d0} \left(R_{con} + s L_{con} \right)}{\dfrac{k_{p1} s + k_{i1}}{s (1 + \tau s)} \left[\dfrac{3}{2} U_{sd0} - 3 I_{sd0} \left(R_s + s L_s \right) \right] + I_{d0} + s C_{con} U_{Ccon0}} \tag{5-83}$$

考虑开关系数后，直流电压改变，约为 $K_c u_{dc}$。为将开关系数的影响完全归算到直流阻抗中，假设直流电压为定值，即将开关系数的作用由电容电压转移到直流阻抗的修正上，则可以将直流阻抗改写为

$$Z_{dc}'' = \frac{Z_{dc}'}{K_c} = \frac{U_{Ccon0}\left(1 + sC_{con}\dfrac{R_{con} + sL_{con}}{K_c}\right) + \dfrac{R_{con} + sL_{con}}{K_c}I_{d0}}{I_{d0} + sC_{con}U_{Ccon0}} \tag{5-84}$$

$$Z_{dc}'' = \frac{Z_{dc}'}{K_c} = \frac{U_{Ccon0}\left(1 + sC_{con}\dfrac{R_{con} + sL_{con}}{K_c}\right) + \dfrac{R_{con} + sL_{con}}{K_c}I_{d0}}{\dfrac{k_{p1}s + k_{i1}}{s(1 + \tau s)}\left[\dfrac{3}{2}U_{sd0} - 3I_{sd0}(R_s + sL_s)\right] + I_{d0} + sC_{con}U_{Ccon0}} \tag{5-85}$$

由式(5-84)和式(5-85)可以看出，降低开关系数 K_c 最直接的影响的是增大等效桥臂电阻和等效桥臂电感的值，结合 5.2.1 节中桥臂电阻和桥臂电感对阻尼的影响可以推断，增大这两者的值可增大故障阻抗中高频段的幅值。

开关系数分别取 0.2、0.4、0.6、0.8 和 1，绘制定有功功率控制换流站和定直流电压换流站的直流阻抗频域幅值图，如图 5-28 所示。

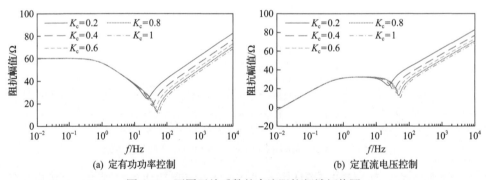

(a) 定有功功率控制　　　　　　　　(b) 定直流电压控制

图 5-28　不同开关系数的直流阻抗频域幅值图

由图 5-28 可以看出，与推论结果一致，开关系数的改变主要影响直流阻抗的中高频段，并且高频段的变化幅度远大于中频段。随着开关系数的减小，高频段阻抗幅值不断增大，且与增大平波电抗的效果相似。因此，后续可通过降低故障后的开关系数，也就是提高旁路子模块的数量来模拟增大平波电抗的故障限流效果，而避免了单纯增大平波电抗电感值的方法引起的直流电网响应速度降低、动态性能恶化的缺陷。

5.2.3 关键影响因素总结

通过建立换流站的直流阻抗模型，并绘制不同参数下故障阻抗的幅频特性曲线，5.2.1 节和 5.2.2 节从设备参数和控制方式两方面分析了这些参数对故障阻尼的影响特征，对其中的关键影响因素总结如下。

(1)桥臂电感、线路电感和平波电抗器对故障阻尼的影响主要在中高频段，电感值越大，中高频段尤其是高频段的阻抗幅值越大。

(2)桥臂电阻、线路电阻、子模块电容和桥臂子模块数对故障阻尼的影响主要在中频段，电阻值和桥臂子模块数越大，中频段的阻抗幅值越大，而子模块电容越大，中频段的阻抗幅值越小。

(3)定有功功率控制站的功率水平对故障阻尼的影响主要在低频段，功率水平越高，低频段的阻抗幅值越小，而定直流电压控制站的功率水平对故障阻尼的影响主要在中频段，功率水平越高，低频段的阻抗幅值越大，然而这种影响并不明显。

(4)定直流电压控制外环比例系数对故障阻尼的影响主要在中低频段，外环比例系数越大，中低频段的阻抗幅值越小。

(5)定直流电压控制外环积分系数对故障阻尼的影响主要在低频段，外环积分系数越大，低频段的阻抗幅值越小。

(6)子模块投切比例对故障阻尼的影响主要在中高频段，开关系数越小，中高频段的阻抗幅值越大。

5.2.4 直流电网阻尼特性对故障电流初始态的影响

5.2.1 节和 5.2.2 节通过故障阻抗的频域幅值曲线分析了各关键因素的影响规律，接下来将依次展开分析这些关键影响因素的不同取值造成的阻尼差异对故障电流初始态的影响规律。

仍然以图 5-15 所示的两端 MMC-HVDC 系统为例，参数设置和关键参数选值与 5.2.1 节和 5.2.2 节中一致，分别绘制出不同控制模式下各关键参数变化时的故障电流曲线。为避免潮流初值的影响，这里将潮流初值均设为 0，而只针对故障分量展开分析，以便观察阻尼特性对故障初始态的影响特征。

1. 桥臂电感

桥臂电感分别取 20mH、40mH、60mH、80mH 和 100mH，绘制定有功功率控制站和定直流电压控制站的线路故障电流曲线，如图 5-29 所示。

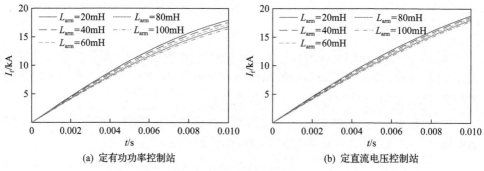

(a) 定有功功率控制站　　　　　　　　(b) 定直流电压控制站

图 5-29　不同桥臂电感的故障电流曲线

　　桥臂电感主要影响故障阻尼的中高频段，特别是高频段的幅值随电感值的增加而呈比例地增长，反映到时域上的故障电流中则表现为故障电流上升率的减小，从图 5-29 可以看出，桥臂电感越大故障电流上升率越小，验证了阻尼分析的结论。

　　2. 桥臂电阻

　　桥臂电阻分别取 1Ω、3Ω、5Ω、7Ω 和 9Ω，绘制定有功功率控制站和定直流电压控制站的线路故障电流曲线，如图 5-30 所示。

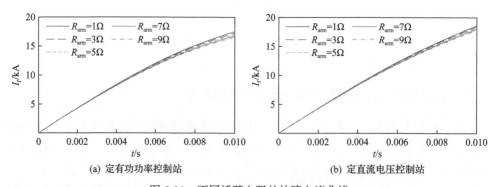

(a) 定有功功率控制站　　　　　　　　(b) 定直流电压控制站

图 5-30　不同桥臂电阻的故障电流曲线

　　桥臂电阻主要影响故障阻尼的中低频段，因此，故障时刻的电流上升率不受电阻变化的影响，随着故障的发展，中低频段的阻尼特性逐渐体现，桥臂电阻增大时的故障电流不断减小。从图 5-17 可以发现，相较于定有功电压控制站，桥臂电阻对定直流功率控制站的影响更明显，在时域图中则表现为故障电流间的差异更明显。

　　3. 子模块电容

　　子模块电容分别取 7.5mF、10mF、12.5mF、15mF 和 17.5mF，绘制定有功功

率控制站和定直流电压控制站的线路故障电流曲线，如图 5-31 所示。

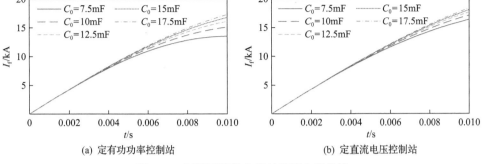

(a) 定有功功率控制站　　　　　　　　　(b) 定直流电压控制站

图 5-31　不同子模块电容的故障电流曲线

子模块电容主要影响故障阻尼的中频段，故障电流的初始上升率不受电容值变化的影响，随着故障的发展，子模块电容越大的换流站，能够释放的能量越多，故障电流也就越大。

4. 桥臂子模块数

桥臂子模块数分别取 300、350、400、450 和 500，绘制定有功功率控制站和定直流电压控制站的线路故障电流曲线，如图 5-32 所示。

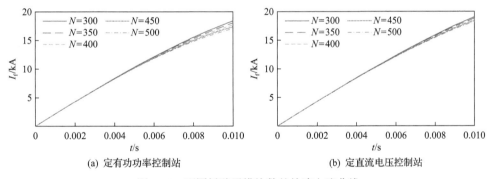

(a) 定有功功率控制站　　　　　　　　　(b) 定直流电压控制站

图 5-32　不同桥臂子模块数的故障电流曲线

桥臂子模块数主要影响故障阻尼的中频段，故障电流的初始上升率不受桥臂子模块数变化的影响，数毫秒后的故障电流才受到中频段阻抗的影响，桥臂子模块数越大，中频段阻抗幅值越大，故障电流值则越小。

5. 平波电抗器

平波电抗器的电感值分别取 50mH、100mH、150mH、200mH 和 250mH，绘制定有功功率控制站和定直流电压控制站的线路故障电流曲线，如图 5-33 所示。

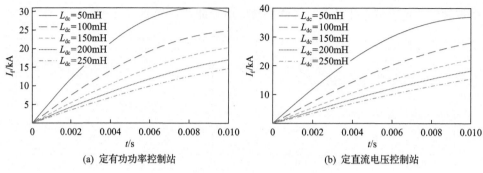

(a) 定有功功率控制站　　　　　　　(b) 定直流电压控制站

图 5-33　不同平波电抗器的故障电流曲线

平波电抗器主要影响故障阻尼的中高频段，并且其电感值远大于桥臂电感，因此对故障电流初始上升率的影响尤为显著，提高平波电抗器的电感值有利于抑制故障电流上升，大幅降低故障电流值。

6. 线路电感

图 5-34 显示了线路电感分别取 0mH、5mH、15mH、20mH 和 25mH 时，定有功功率控制站和定直流电压控制站的线路故障电流曲线。

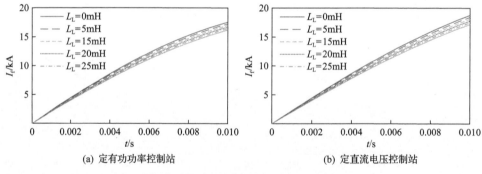

(a) 定有功功率控制站　　　　　　　(b) 定直流电压控制站

图 5-34　不同线路电感的故障电流曲线

线路电感主要影响故障阻尼的中高频段，与桥臂电感的影响规律相似，电感值越大，故障电流的初始上升率越小。

7. 线路电阻

图 5-35 显示了线路电阻分别取 0Ω、0.5Ω、1Ω、1.5Ω 和 2Ω 时，定有功功率控制站和定直流电压控制站的线路故障电流曲线。

线路电阻主要影响故障阻尼的中频段，与桥臂电阻的影响规律相似，电阻值越大，故障电流的值越小。

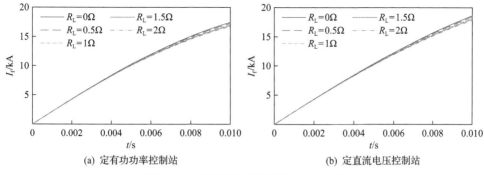

(a) 定有功功率控制站　　　　　　(b) 定直流电压控制站

图 5-35　不同线路电阻的故障电流曲线

8. 定有功功率控制的功率水平

定有功功率控制换流站的功率参考值分别取 200MW、400MW、600MW、800MW 和 1000MW，绘制定有功功率控制站侧的线路故障电流曲线，如图 5-36 所示。

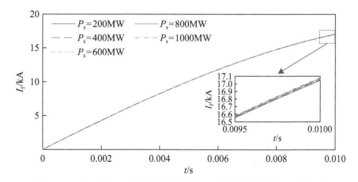

图 5-36　定有功功率控制下不同功率水平的故障电流曲线

定有功功率控制站的功率水平主要影响故障阻尼的低频段，因此在前 10ms 内，故障电流无明显差异，通过最后 0.5ms 内的故障电流细节放大图可以发现，不同功率水平下的故障电流差异很小，功率水平较高情况下的故障电流稍高于功率水平较低的情况，这与低频段阻抗随传输功率的提升而减小的频域分析结论相互印证。

9. 定直流电压控制的功率水平

定直流电压控制换流站的功率参考值分别取 200MW、400MW、600MW、800MW 和 1000MW，绘制定直流电压控制站侧的线路故障电流曲线，如图 5-37 所示。

定直流电压控制换流站的功率水平对故障阻尼的中频段有细微的影响，不同功率水平下的初期故障电流无明显差异，通过最后 0.5ms 内的故障电流细节放大

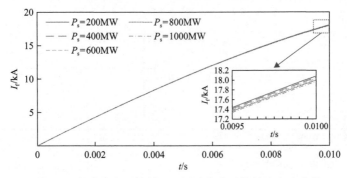

图 5-37　定直流电压控制下不同功率水平的故障电流曲线

图可以看到，功率水平较高情况下的故障电流稍低于功率水平较低的情况，验证了频域分析中传输功率水平越高中频段的阻抗反而越大的结论。

10. 定直流电压控制的外环比例系数

定直流电压控制的外环比例系数分别取 16、8、4、2、1 和 0.5，绘制定直流电压控制站侧的线路故障电流曲线，如图 5-38 所示。

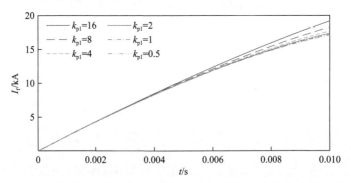

图 5-38　定直流电压控制下不同外环比例系数 k_{p1} 的故障电流曲线

定直流电压控制外环比例系数主要影响故障阻尼的中低频段，因此，初始故障电流上升率不受外环比例系数变化的影响，随着故障发展，外环比例系数增大引起中低频阻抗幅值减小的特性逐步体现，使得故障电流值增大。

11. 定直流电压控制的外环积分系数

图 5-39 显示了定直流电压控制的外环积分系数分别取 0.1、1、10、30、50 和 100 时，定直流电压控制站侧的线路故障电流曲线。

定直流电压控制外环积分系数主要影响故障阻尼的低频段，因此，外环积分系数的改变不会引起故障电流的明显变化，通过最后 0.5ms 内的故障电流细节放大图可以看出，外环积分系数较大情况下的故障电流略高于外环积分系数较小的情况，这与频域中外环积分系数的增大造成低频段阻抗幅值减小的结论一致。

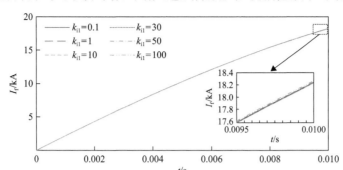

图 5-39　不同外环积分系数 k_{i1} 的故障电流曲线

12. 子模块投切比例

开关系数分别取 0.2、0.4、0.6、0.8 和 1，绘制定有功功率控制站和定直流电压控制站的线路故障电流曲线，如图 5-40 所示。

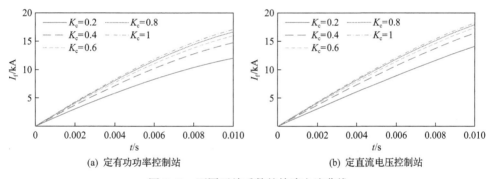

(a) 定有功功率控制站　　　　　　　　(b) 定直流电压控制站

图 5-40　不同开关系数的故障电流曲线

子模块投切比例主要影响故障阻尼的中高频段，减小子模块投入的比例即减小开关系数，可减小故障电流的初始上升率，有效抑制故障电流的快速上升。

综上分析，故障阻尼特性对故障电流初始态的影响规律如下。

(1)故障阻尼的低频段对初期(通常指故障后的前 10ms)的故障电流上升率和上升值无明显影响，如定有功功率控制站的功率水平和定直流电压控制外环积分系数，它们的值变化时不会引起故障电流产生明显变化。

(2)故障阻尼的中频段不会影响故障电流的初始上升率，但是会影响故障数毫秒后的电流上升值，如桥臂电阻、线路电阻、子模块电容、桥臂子模块数、定直流电压控制站的功率水平和控制系统外环比例系数，它们的值变化时会引起故障电流的值产生明显变化。

（3）故障阻尼的高频段主要影响故障电流初始时刻的状态，即故障电流的初始上升率，如桥臂电感、线路电感、平波电抗器和子模块投切比例，它们的值变化时会造成故障电流初始上升率产生明显变化，从而影响后续的故障电流上升值。高频段的阻尼特性对故障电流的影响最为显著。

5.3　直流电网阻尼特性改善措施

5.3.1　基于参数优化的阻尼特性改善方法

从 5.2 节的分析可知，参数的取值会对故障阻尼的不同频段产生不同的影响，而有针对性地提高中高频段阻抗幅值有利于降低故障初始阶段的电流值。关键影响参数中，定直流电压控制外环积分系数只影响故障阻尼的低频段，换流站的功率水平由系统运行要求确定，线路参数与线路型号、长度、故障点位置有关，不必进行优化。接下来将结合换流器参数和平波电抗器参数的基本选值原则和阻尼特性对它们进行优化。

1. 桥臂电感

桥臂电感是 MMC 中必不可少的主回路元件之一，主要有以下三方面的作用：①作为换流器和交流系统交换功率的连接电抗器，平滑输入功率、抑制负序电流；②抑制相间环流幅值；③抑制故障电流上升率。

桥臂电感值选取过大会增加工程占地空间和建设成本，且会影响系统的功率运行范围与响应速度，而选取过小则可能引起换流器内谐振现象的发生，严重影响系统运行安全性。因此，为保证 MMC 以及直流电网的稳态持续运行，桥臂电感有其基本的选值原则。对于桥臂电感的作用①和②，通常在避免系统发生谐振的约束以及相间环流幅值抑制要求下确定电感的下限值，在确保 MMC 具备四象限运行能力的功率运行范围约束下确定电感的上限值。故障电流上升率的抑制效果则是通过增大电感值来实现的，电感越大，故障阻抗的中高频段幅值越大，故障电流的上升率越小。从故障限流的角度考虑，桥臂电感的取值越大越好，可取电感的上限值。

2. 桥臂电阻

桥臂电阻通常由桥臂中电力电子器件的通态电阻构成，一方面，这部分电阻值很小，对故障电流的影响可忽略不计，另一方面，增大桥臂电阻会增大 MMC 的有功损耗，降低功率转换效率，因此，面向故障限流的桥臂电阻优化不具备工程意义。

3. 子模块电容

子模块电容是 MMC 的主要储能元件，电容值的选取主要考虑电容电压波动的指标，一般从稳态波动、暂态波动、直流系统动态响应特性三个方面分析电容的选值。根据子模块电容电压的稳态波动和暂态波动要求，可确定子模块电容的下限值；根据有功功率的调节响应时间则能够确定子模块电容的上限值。

根据前面的分析，子模块电容越大，故障电流也会越大，当桥臂电感受到功率传输能力的限制而无法将故障电流抑制在保护系统的要求范围内时，可适当减小子模块电容的值，在满足电容电压波动率要求的前提下保证设备在直流故障情况下留有一定的安全裕度。

4. 桥臂子模块数

MMC 的桥臂子模块数是由电压等级和电力电子开关能够承受的最大电压决定的，假设每个桥臂能够承受的最大电压为 U_{armmax}，每个子模块的电容电压平均值为 U_{C0}，为留有一定裕度，则桥臂子模块数应满足

$$N \geqslant \frac{U_{\text{armmax}}}{U_{C0}} \tag{5-86}$$

由阻尼特性分析结果可知，为获得较小的故障电流值，桥臂子模块数量应尽可能多，然而从系统的初始投资和运行成本考虑，桥臂子模块数量应尽可能少，因此桥臂子模块数的选取需在满足式(5-86)的前提下在故障电流指标和经济性指标之间折中考虑。

5. 平波电抗器

平波电抗器串联在换流站出口的直流母线和直流线路之间，其作用主要体现在以下两个方面：①抑制直流故障电流的上升率，确保直流断路器的可靠开断；②对采用架空线的直流电网，阻挡雷电波直流侵入换流站。

当平波电抗器用作故障限流装置时，其主要取值原则为满足直流断路器开断时故障电流值小于直流断路器额定开断电流的要求，并且换流器在此期间保持不闭锁。单纯从故障限流的角度来看，平波电抗器的取值越大，故障电流越小，直流断路器的开断压力越小，当桥臂电感因功率运行域限制而无法满足设备安全裕度要求时，亦可通过增大平波电抗器的电感值来弥补这一缺陷。然而，增大平波电抗器的电感值会降低直流电网的响应速度、恶化系统动态性能，造成直流电网小信号失稳。因此，平波电抗器的取值需校验直流电网的动态响应要求以及小信号稳定性。

5.3.2 基于虚拟阻抗的直流电网故障电流限制方法

基于 5.2.2.2 小节的分析可知，减小开关系数 K_c 可提高阻抗的高频段幅值，有助于限制故障电流的上升，因此可以通过改变故障后 K_c 的取值来重塑直流阻抗的

高频段，达到故障限流的目的。

从 5.2 节的分析可知，高频段的阻抗幅值只受故障回路中电感值的影响，因此可将 MMC 的直流阻抗进一步简化为等效桥臂电感、等效桥臂电阻和等效子模块电容串联而成的 RLC 等效阻抗，便于后续的分析和计算。

直流阻抗重塑是通过提升高频段阻抗的幅值实现的。引入一阶因子 $1+T_z s$ 与原阻抗相乘，得到重塑后的直流阻抗表达式为

$$Z_{\text{dclim}} = \left(R_{\text{con}} + sL_{\text{con}} + \frac{1}{sC_{\text{con}}} \right)(1+T_z s) \tag{5-87}$$

通过调整一阶因子中的时间常数 T_z，可不同程度地增大高频段阻抗的幅值，并且能够保留中低频段的阻抗特性，相当于在高频段附加了一个虚拟阻抗。

将式 (5-87) 代入故障电流表达式，并对其进行拉普拉斯逆变换，得到阻抗重塑后的故障电流时域表达式为

$$\begin{aligned}
I_f(t) &= \frac{U_{\text{CN}}}{L_{\text{con}}} \left[e^{-\delta t} \left(-A_z \cos \omega t + \frac{B_z}{\omega} \sin \omega t \right) + A_z e^{-\frac{1}{T_z}t} \right] \\
&= \frac{U_{\text{CN}}}{L_{\text{con}}} \left[e^{-\delta t} C_z \sin \left(\omega t + \alpha - \frac{\pi}{2} \right) + A_z e^{-\frac{1}{T_z}t} \right]
\end{aligned} \tag{5-88}$$

式中

$$\begin{cases}
\delta = \dfrac{R_{\text{con}}}{2L_{\text{con}}} \\[2mm]
\omega = \sqrt{\dfrac{1}{C_{\text{con}}L_{\text{con}}} - \delta^2} \\[2mm]
A_z = \dfrac{T_z C_{\text{con}} L_{\text{con}}}{T_z^2 - R_{\text{con}} C_{\text{con}} T_z + C_{\text{con}} L_{\text{con}}} \\[2mm]
B_z = \dfrac{C_{\text{con}} L_{\text{con}} - T_z R_{\text{con}} C_{\text{con}}/2}{T_z^2 - R_{\text{con}} C_{\text{con}} T_z + C_{\text{con}} L_{\text{con}}} \\[2mm]
C_z = \sqrt{A_z^2 + \left(\dfrac{B_z}{\omega} \right)^2} \\[2mm]
\alpha = \arctan \dfrac{B_z}{\omega A_z}
\end{cases} \tag{5-89}$$

由式 (5-88) 可以看出，时间常数 T_z 主要影响正弦振荡项的幅值 C_z 和相位 α，以及指数衰减项的初值 A_z 和衰减时间常数。为更直观地量化高频部分直流阻抗的

重塑效果，定义虚拟阻抗的转角频率为 $f_z = 1/(2\pi T_z)$。在频域中，减小转角频率 f_z 的值，即增大时间常数 T_z，会提升高频区直流阻抗增加的程度，如图 5-41 所示，在时域中表现为振荡项幅值 C_z 减小，指数衰减项初始值 A_z 增大、衰减速率减慢，由于振荡项为主导分量，因此合成的故障电流随之减小。

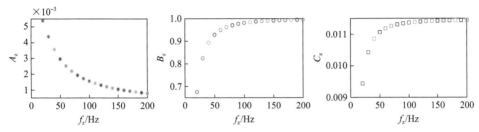

图 5-41　转角频率对时域表达式中幅值项的影响

　　图 5-42 给出了转角频率对高频阻抗幅值影响的幅频特性图，并将对应的故障电流时域解析曲线绘制在图 5-43 中。可知，所提阻抗重塑方法只改变阻抗的高频段特性，随着转角频率的减小，高频阻抗幅值增大，故障电流上升率降低，从而降低电容放电全时段的故障电流水平。

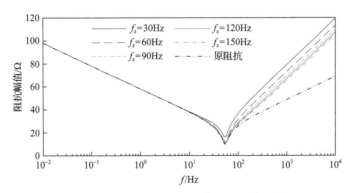

图 5-42　不同转角频率的故障阻抗频域幅值图

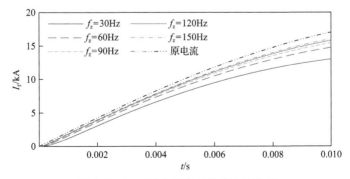

图 5-43　不同转角频率的故障电流曲线

5.4　本章小结

　　本章主要探讨了适用于故障电流分析的直流电网建模方法并分析了直流电网阻尼特性与故障电流初始阶段的关系。首先,基于小信号建模方法对 MMC 输入输出特性进行了建模。然后,为了分析系统固有阻尼特性对直流电网故障电流的影响,建立了适用于直流故障分析的直流阻抗模型。接着,利用频域分析法分析了直流阻抗中各设备参数和控制参数对故障阻尼的影响规律,并总结了阻尼的关键影响因素;利用时域分析法分析了不同关键参数下阻尼特性对故障电流初始态的影响规律。最后,基于阻尼的影响特性探讨了改善直流电网阻尼特性的设备参数优化方法;利用子模块投切比例对直流阻抗幅值和故障电流的影响规律,提出了基于虚拟阻抗的故障电流限制方法。

第6章 直流电网不同故障类型下电气量变化及分布特性

6.1 用于故障暂态分析的直流电网等效电路

对直流电网故障发展过程的分析是实现直流网络快速故障隔离，保障系统安全运行的理论基础，对直流电网的设计和保护方案的制定具有重要意义。直流系统的故障特征是各关键设备相互作用的结果，考虑直流电网中的电压源型换流器等关键设备的暂态响应，首先针对直流电网中关键设备的故障等效电路模型及其暂态特性进行研究。

6.1.1 模块化多电平换流器故障暂态等效电路及响应

电压源型换流器是直流电网中实现交直流转换的核心器件，其直流故障暂态响应是影响柔性直流输电系统故障特性的主要因素，因此首先研究电压源型换流器的故障暂态等效电路模型。电压源型换流器包含两电平 VSC、三电平 VSC 和 MMC 等。考虑到模块化多电平换流器在高压、大容量柔性直流输电系统中的应用优势，本节针对模块化多电平换流器的等效电路模型进行研究。

换流器闭锁前，直流侧故障电流由子模块电容的放电电流和交流系统馈入电流两部分构成，等值电路如图 2-3 所示。

对于如图 2-3 所示的等效电路，发生双极短路故障后其暂态过程可表示为

$$L_e C_e \frac{\mathrm{d}^2 u_c}{\mathrm{d}t^2} + R_e C_e \frac{\mathrm{d}u_c}{\mathrm{d}t} + u_c = 0 \tag{6-1}$$

式中，$L_e = L_{con} + L_{line}$；$R_e = R_{con} + R_{line}$；$C_e = C_{con}$。其中，L_{line} 和 R_{line} 分别表示故障回路中线路等效电感和电阻。

通常情况下，$R_e < 2\sqrt{L_e / C_e}$，所以子模块电容放电过程呈二阶欠阻尼振荡特性。式(6-1)的特征根是一对共轭复数。

$$\lambda_{1,2} = -\frac{R_e}{2L_e} \pm \sqrt{\left(\frac{R_e}{2L_e}\right)^2 - \frac{1}{L_e C_e}} = -\sigma \pm \mathrm{j}\omega' \tag{6-2}$$

式中，$\sigma = R_e / 2L_e$；$\omega' = \sqrt{1 / L_e C_e - (R_e / 2L_e)^2}$。

在此基础上可求得电容电压和直流线路故障电流的暂态解为

$$\begin{cases} u_c = U_m e^{-\sigma t} \sin(\omega' t + \theta) \\ i_{dc} = I_m e^{-\sigma t} \sin(\omega' t + \theta - \beta) \end{cases} \tag{6-3}$$

式中

$$\begin{cases} U_m = \sqrt{U_0^2 + \left(\dfrac{U_0 \sigma}{\omega'} - \dfrac{I_0}{\omega' C_e} \right)^2} \\ I_m = U_m \sqrt{\dfrac{C_e}{L_e}} \\ \theta = \arcsin \dfrac{U_0}{A}, \quad \theta - \beta = \arcsin \dfrac{I_0}{A \sqrt{C_e / L_e}} \end{cases}$$

其中，U_0 为稳态电压；I_0 为稳态电流。

由式(6-3)可以看出，故障后电容电压和故障电流为频率相同、幅值逐渐衰减的正弦波。衰减时间常数由故障回路等效电感和等效电阻决定，与等效电感呈负相关，与等效电阻呈正相关。正弦波的频率体现了电容电压、故障电流的变化速率，由故障回路等效电容 C_e、等效电感 L_e 和等效电阻 R_e 决定，与等效电容呈正相关，与等效电感和电阻呈负相关。电容电压、故障电流的幅值与电容初始电压、初始放电电流及电路参数相关，与电容初始电压呈正相关，与初始放电电流呈负相关。总体来看，在该阶段，子模块电容快速下降，直流线路故障电流快速上升。当系统容量、电压等级固定时，子模块电容越大、桥臂子模块数量越少、桥臂电抗值越小，故障电流越大。这一特点与物理特性是相符的：子模块电容越大，电容储能就越多，故障电流的上升率越大，峰值也越大；桥臂子模块数量越少，等效电容值也就越大，故障电流上升率和峰值越大；桥臂电抗值越大，故障电流上升率和峰值则越小。

6.1.2 各种故障情况下直流电网等效电路

直流电网的故障特性受到不同位置多个换流器的相互影响，与简单的双端系统相比更为复杂。因此，对直流电网的故障分析不仅需要研究单个换流器的暂态响应，更需对电网中多个换流器故障电流的馈入路径进行深入研究，从而得到直流电网中故障电流和故障电压等故障电气量的变化特征以及空间分布特性。

张北柔性直流电网工程是一个典型的双极电网，本节主要针对闭锁前直流故障电流和故障时子模块电容电压这两个电气量的空间分布特性做进一步的分析。双极直流电网由直流输电线路及各端换流站构成，结构如图 6-1 所示。

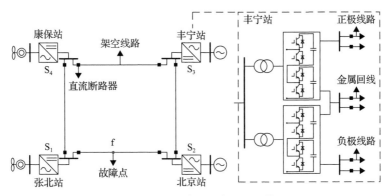

图 6-1　张北四端双极直流电网模型

通过直流电网等效电路可以更加清楚地对电路中的储能元件进行分析，进而更好地研究故障空间传播特性，本节以张北柔性直流电网工程为例对三种典型故障下金属回线接地的双极直流电网等效电路进行分析。

6.1.2.1　极间短路故障下直流电网等效电路

发生极间短路故障时，由于正负极换流阀及正负极线路参数完全对称，因此金属回线没有电流通过，此时金属回线可以省略，直流电网简化成图 6-2 所示电路，故障电流在正负极回线中流通，不经过金属回线极。

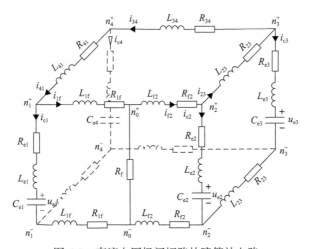

图 6-2　直流电网极间短路故障等效电路

6.1.2.2　单极接地故障下直流电网等效电路

发生单极接地故障时，金属回线有电流通过，正负两极将不再对称，此时金属回线不能忽略，直流电网简化成如图 6-3 所示电路。此时，故障电流不仅仅受换流器内部和正负极线路的电容电感等影响，还受金属回线阻抗的影响。

6.1.2.3　极对金属回线故障下直流电网等效电路

极对金属回线故障和单极接地故障情况类似，直流侧故障不对称，金属回线上仍有故障电流流过，直流电网极对金属回线故障等效电路如图 6-4 所示。

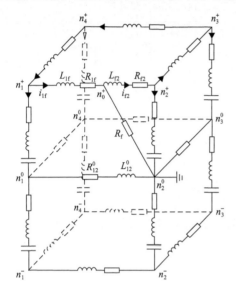

图 6-3　直流电网单极接地故障等效电路　　图 6-4　直流电网极对金属回线故障等效电路

6.2　直流电网极间短路故障特性

从 6.1 节所得出的直流电网等效电路的拓扑结构可以看出，发生极间短路故障时，正极和负极换流阀的参数及其所连接线路的参数基本对称，所以正极和负极对应支路的故障电流相等。为准确分析直流电网直流故障电气量空间分布特性，在换流站 S_1 和换流站 S_2 之间线路上靠近换流站 $S_1$40%处设置极间短路故障 F1，即换流站 1 和换流站 2 之间的正极架空线和负极架空线发生极间短路故障。在直流电网中故障响应迅速，且在电流或电压到达峰值之前，其变化是单调的，所以选用 0～10ms 的故障电流电压数据。下面分别从子模块级、换流阀级、换流站级和系统级对故障特性进行分析。

6.2.1　极间短路故障时子模块电容电压的变化

设置极间短路故障 F1 后得到对应各换流站子模块电容电压，分别如表 6-1 和图 6-5 所示。为了更好地反映故障放电特性，此处电压采用换流器子模块电容电压的平均值。

表 6-1　极间短路故障各换流站子模块电容电压

换流站编号	电压初始值/kV	故障 10ms 电压值/kV	电压变化量 Δu/kV
S_1	2.2	1.55	−0.65
S_2	2.17	1.72	−0.45
S_3	1.58	1.43	−0.15
S_4	1.6	1.32	−0.28

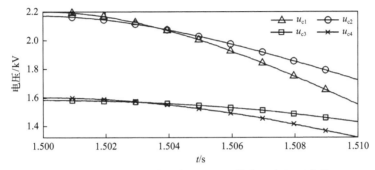

图 6-5　极间短路故障下各换流站子模块电容电压波形

由图 6-5 可以看出，发生极间短路故障后，各个换流站的子模块电容均出现了放电现象。并且与故障点相邻的两个换流站 S_1 和 S_2 中子模块电容放电速度较快；远离故障点处的两个换流站 S_3 和 S_4 中子模块电容放电速度较慢。

6.2.2　极间短路故障时换流站出口电压和电流的暂态特性

因为发生极间短路故障时，正极和负极换流阀的参数及其所连接线路的参数基本对称，正负极换流阀的故障特性是相同的，并且与整个换流站的故障特性相似，因此，极间短路故障换流阀级和换流站级故障特性在本节进行对比分析。

设置极间短路故障 F1 后得到对应各换流站出口电流的波形，如图 6-6 所示。

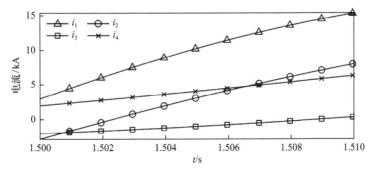

图 6-6　极间短路故障下各换流站出口电流波形

由图 6-6 可以看出，当发生极间短路故障时，与故障点相邻的两换流站 S_1 和 S_2 的正负极换流器桥臂电容放电速度较快，对应的极间故障电流上升速度较快且故障电流较大；远离故障点处的两换流站 S_3 和 S_4 中的正负极换流器桥臂电容放电速度较慢，对应的故障电流上升缓慢且故障电流较小。

同时得到对应各换流站正极电压以及换流站出口电压的波形，分别如图 6-7 和图 6-8 所示。

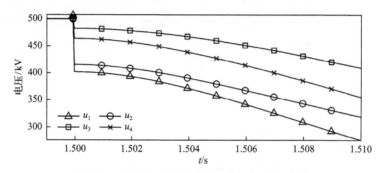

图 6-7　极间短路故障下换流站正极电压波形

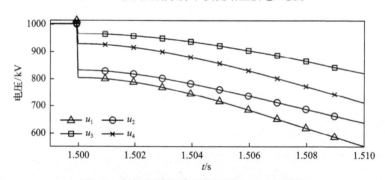

图 6-8　极间短路故障下换流站出口电压波形

由图 6-7 和图 6-8 中可以看出，故障发生后换流器的电压迅速跌落，这是故障发生瞬间故障点电压突变及电流变化率发生突变造成的。其中，与故障点相邻的两个换流站 S_1 和 S_2 的电压跌落比较迅速并且跌落程度较大；远离故障点处的两个换流站 S_3 和 S_4 的电压跌落较慢并且跌落程度较小。另外，因为极间短路故障下正负极换流阀的参数对称，所以其故障特征相同，同时换流站出口电压近似为正极换流阀出口电压的 2 倍。

6.2.3　极间短路故障时网络支路电流的分布特性

设置极间短路故障 F1 后得到各支路对应的电流，如表 6-2 和图 6-9 所示。

表 6-2　极间短路故障各支路电流

支路号	电流初始值/kA	故障 10ms 电流值/kA	电流变化量 Δi/kA
1-f	2.64	19.92	17.28
f-2	2.59	−9.94	−12.53
2-3	−0.27	−1.99	−1.72
3-4	−2.3	−1.65	0.65
4-1	−0.32	4.65	4.97

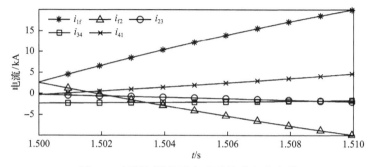

图 6-9　极间短路故障各支路故障电流波形

根据表 6-1 中各换流站子模块电容电压变化量和表 6-2 中各支路电流变化量给出故障后暂态电气量空间分布示意图，如图 6-10 所示。

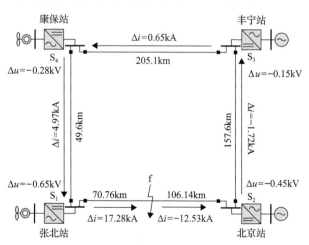

图 6-10　极间短路故障暂态电气量空间分布示意图

由图 6-10 可以看出，与故障点相邻的两个换流站 S_1 和 S_2 中子模块电容放电速度较快，支路 1-f 和支路 f-2 对应的故障电流上升速度较快且故障电流较大；远离故障点处的两个换流站 S_3 和 S_4 中子模块电容放电速度较慢，支路 3-4 的故障电流几乎没有变化。

6.3　直流电网单极接地故障特性

在换流站 S_1 和换流站 S_2 之间的线路上靠近换流站 S_1 40%处设置单极接地故障 F2，即换流站 1 和换流站 2 之间的正极架空线发生单极接地故障，下面分别从子模块级、换流阀级、换流站级和系统级对故障特性进行分析。

6.3.1　单极接地故障时子模块电容电压的变化

设置单极接地故障 F2 后得到对应各换流站正负极子模块电容电压，分别如表 6-3 和图 6-11 所示。

从图 6-11 中可以看出，发生单极接地故障后，各个换流站中正极换流器子模块电容均出现了放电现象。并且从正极换流器子模块电容电压波形可以看出，与故障点相邻的两个换流站 S_1 和 S_2 中子模块电容放电速度较快；远离故障点处的两个换流站 S_3 和 S_4 中子模块电容放电速度较慢。对于双极直流电网而言，发生单极接地故障时由于其采用两个换流器串联的接线方式，因此当其中一极发生故

表 6-3　单极接地故障各换流站子模块电容电压　　　　　（单位：kV）

	变量	S_1	S_2	S_3	S_4
正极	电压初始值	2.20	2.17	1.59	1.60
	故障 10ms 电压值	1.85	1.66	1.49	1.47
	电压变化量 Δu	−0.35	−0.51	−0.10	−0.13
负极	电压初始值	2.20	2.17	1.59	1.60
	故障 10ms 电压值	2.07	2.35	1.56	1.52
	电压变化量 Δu	−0.13	0.18	−0.03	−0.08

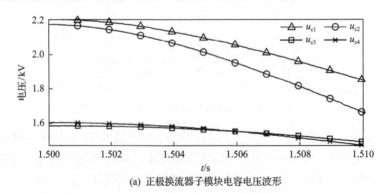

(a) 正极换流器子模块电容电压波形

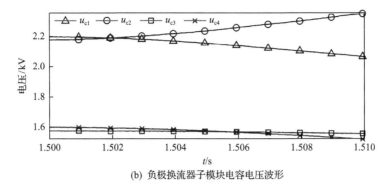

(b) 负极换流器子模块电容电压波形

图 6-11　单极接地故障下换流站子模块电容电压波形

障时，非故障极仍能正常运行。从负极换流器子模块电容电压波形可以看出，非故障极子模块电容电压略有变化，并且与故障点相邻的两个换流站子模块电容电压改变较多。

6.3.2　单极接地故障时换流站出口电压和电流的暂态特性

设置单极接地故障 F2 后得到对应各换流阀出口电流的波形，如图 6-12 所示。

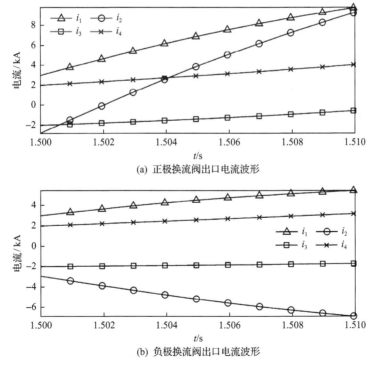

(a) 正极换流阀出口电流波形

(b) 负极换流阀出口电流波形

图 6-12　单极接地故障各极换流阀出口电流波形

　　由图 6-12 可以看出，当发生正极接地故障时，与故障点相邻的换流站 S_1 和 S_2 的正极换流器桥臂电容放电速度较快，对应的换流阀出口电流上升速度较快且故障电流较大；远离故障点处的换流站 S_3 和 S_4 中的正极换流器桥臂电容放电速度较慢，对应的换流阀出口电流上升缓慢且故障电流较小。对于非故障极（负极）而言，各换流站的负极换流阀出口电流会发生变化，但比对应正极变化小。这是因为对于双极直流电网而言，发生单极接地故障时由于其采用两个换流器串联的接线方式，因此当其中一极发生故障时，非故障极仍能正常运行，因此单极接地故障对非故障极的影响很小。

　　同时得到对应各极换流阀出口电压的波形，如图 6-13 所示。

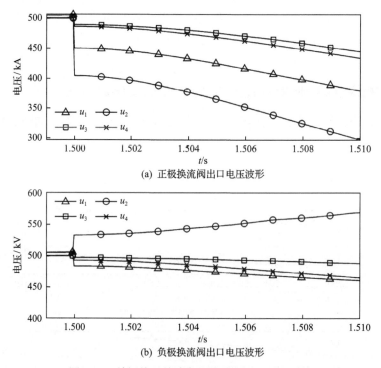

(a) 正极换流阀出口电压波形

(b) 负极换流阀出口电压波形

图 6-13　单极接地故障各极换流阀出口电压波形

　　由图 6-13 中可以看出，故障发生后，故障发生瞬间故障点电压突变及电流变化率发生突变造成了换流阀出口电压的迅速变化。并且由于与故障点相邻的两个换流站和其他换流站相比放电速度快，因此与故障点相邻的两个换流站 S_1 和 S_2 的电压跌落比较迅速并且跌落程度较大；远离故障点处的两个换流站 S_3 和 S_4 的电压跌落较慢并且跌落程度较小。

设置单极接地故障 F2 后得到对应各换流站电压的波形，如图 6-14 所示。

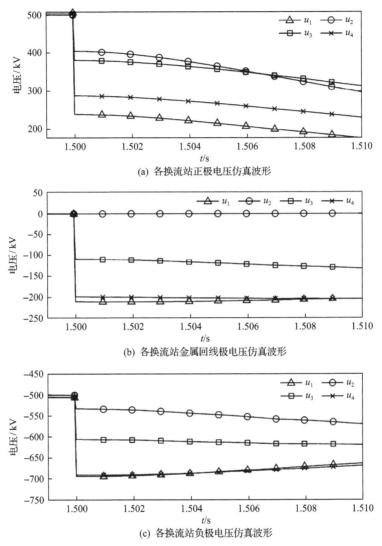

(a) 各换流站正极电压仿真波形

(b) 各换流站金属回线极电压仿真波形

(c) 各换流站负极电压仿真波形

图 6-14　单极接地故障各换流站电压波形

单极接地故障发生后，各换流器的中性点电位变化如图 6-14(b) 所示。此时，除系统接地点外其他中性点对地电位都会发生突变，然后随着金属回线上流过电流的变化而变化。由于换流站 S_2 中性点接地，所以其对地电位始终为 0，保持不变。换流站 S_1 作为与故障相邻的换流站，受故障的影响最大，其电位变化也最明显。换流站 S_3 中性点电位变化比换流站 S_4 小，原因是：①换流站 S_3 与故障点的电气距离比换流站 S_4 小；②换流站 S_3 与换流站 S_2 相邻，而换流站 S_2 金属回线极接地，电位为 0，一定程度上限制了 S_3 电位的偏移。

单极接地故障时，非故障极子模块电容电压略有变化，并且与故障点相邻的两个换流站负极电位改变最多。这是由于健全极换流器上的电流会随着故障电流的变化而变化，从而影响到子模块电容电压，使健全极电位发生变化。但是由于非故障极电容几乎不放电，因此非故障极子模块电容电压基本不会受到故障的影响。

6.3.3　单极接地故障时网络支路电流的分布特性

设置单极接地故障 F2 后得到各支路对应的故障电流，如表 6-4 和图 6-15 所示。

表 6-4　单极接地故障各支路电流　　　　　（单位：kA）

	变量	1-f	f-2	2-3	3-4	4-1
	电流初始值	2.61	2.61	−0.27	−2.31	−0.33
正极线路	故障 10ms 电流值	13.09	−9.38	−0.12	−0.70	3.33
	电流变化量 Δi	10.48	−11.99	−0.15	1.61	3.66
	电流初始值	0.00	0.00	0.00	0.00	0.00
金属回线	故障 10ms 电流值	−3.87	−3.87	2.47	1.34	0.47
	电流变化量 Δi	−3.87	−3.87	2.47	1.34	0.47
	电流初始值	−2.63	−2.63	0.30	2.30	0.33
负极线路	故障 10ms 电流值	−5.16	−5.16	1.71	3.42	0.26
	电流变化量 Δi	−2.53	−2.53	1.41	1.12	−0.07

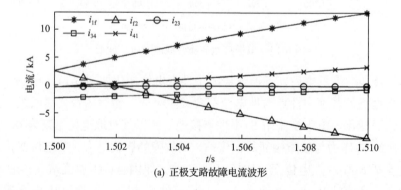

(a) 正极支路故障电流波形

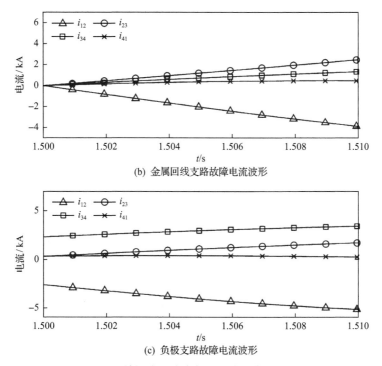

(b) 金属回线支路故障电流波形

(c) 负极支路故障电流波形

图 6-15　单极接地故障各极支路故障电流波形

单极接地故障后暂态电气量空间分布示意图如图 6-16 所示。

对于故障极来说与故障点相邻的两故障支路 1-f 和 f-2 的故障电流上升速度很快且故障电流较大；远离故障点的支路 3-4 的电流几乎没有变化，支路 2-3 和 4-1 的电流变化也较小。

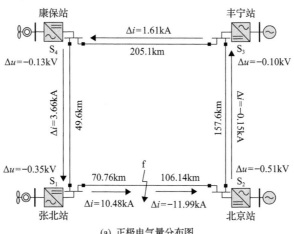

(a) 正极电气量分布图

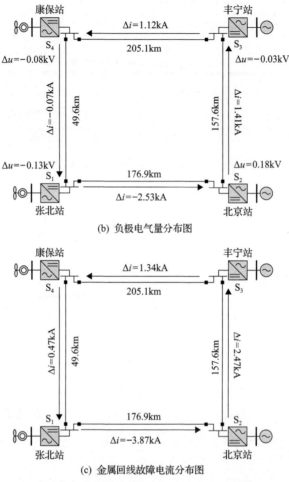

(b) 负极电气量分布图

(c) 金属回线故障电流分布图

图 6-16 单极接地故障暂态电气量空间分布示意图

通过对比图 6-16(a)中各支路电流以及各换流站子模块电容电压可知,对于正极来说与故障点相邻的两个换流站 S_1 和 S_2 中子模块电容放电速度较快,正极故障支路 1-f 和 f-2 的故障电流上升速度最快且故障电流较大;远离故障点处的两个换流站 S_3 和 S_4 中正极对应的子模块电容放电速度较慢,支路 2-3、3-4 和 4-1 的故障电流变化较小。单极接地故障中故障极故障电流的特征与双极短路故障相同,均与直流电网中各换流站的分布相关。

另外,对于双极直流电网而言,当其中一极发生单极接地故障时,非故障极仍能正常运行。对比图 6-16(a)和(b)可知,故障极支路故障电流上升,非故障极支路故障电流几乎不变;故障极换流器的电容开始放电,电容电压迅速下降,非故障极基本不会受到故障的影响。从图 6-16（b）可以看出，对于非故障极来说，负极支路的故障电流基本维持在正常运行时的范围，上下浮动不超过 3kA；从图 6-16（c）可以看出，金属回线故障电流则是由正常运行时的接近于 0kA 开始逐渐增长，这说明发生单极接地故障时，金属回线支路作为故障电流流通路径，承担了一部分流入大地的故障电流。

6.4 直流电网极对金属回线故障特性

在换流站 S_1 和换流站 S_2 之间的线路上靠近换流站 $S_1$40%处设置正极对金属回线故障 F3，即换流站 S_1 和换流站 S_2 之间的正极架空线对金属回线发生短路故障，下面分别从子模块级、换流阀级、换流站级和系统级对故障特性进行分析。

6.4.1 极对金属回线故障时子模块电容电压的变化

设置正极对金属回线故障 F3 后得到对应各换流站正负极子模块电容电压，分别如表 6-5 和图 6-17 所示。

表 6-5 正极对金属回线故障各换流站子模块电容电压 （单位：kV）

	变量	S_1	S_2	S_3	S_4
	电压初始值	2.20	2.17	1.58	1.60
正极	故障 10ms 电压值	1.81	1.92	1.52	1.48
	电压变化量 Δu	−0.39	−0.25	−0.06	−0.12
	电压初始值	2.20	2.17	1.58	1.60
负极	故障 10ms 电压值	2.23	2.19	1.56	1.57
	电压变化量 Δu	0.03	0.02	−0.02	−0.03

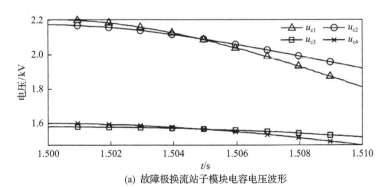

(a) 故障极换流站子模块电容电压波形

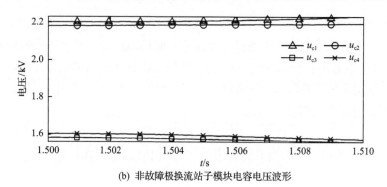

(b) 非故障极换流站子模块电容电压波形

图 6-17　正极对金属回线故障下各支路故障电压波形

由图 6-17 中可以看出，与单极接地故障特征相似，发生正极对金属回线故障后，各个换流站中正极的子模块电容均出现了放电现象。并且从正极换流器子模块电容电压波形可以看出，与故障点相邻的两个换流站 S_1 和 S_2 中子模块电容放电速度较快；远离故障点处的两个换流站 S_3 和 S_4 中子模块电容放电速度较慢。从负极换流器子模块电容电压波形可以看出，非故障极子模块电容电压基本不变。

6.4.2　极对金属回线故障时换流站出口电压和电流的暂态特性

设置正极对金属回线故障 F3 后得到对应各换流阀出口电流波形，如图 6-18 所示。

由图 6-18 可以看出，当发生正极对金属回线故障时，与故障点相邻的换流站 S_1 和 S_2 的正极换流器桥臂电容放电速度较快，对应的正极故障电流上升速度较快且故障电流较大；远离故障点处的换流站 S_3 和 S_4 中的正极换流器桥臂电容放电速度较慢，对应的正极故障电流上升缓慢且故障电流较小。对于非故障极（负极）而言，各换流站的负极换流阀出口电流会发生很小的变化，由此可以看出单极对金属回线故障对非故障极的影响很小。

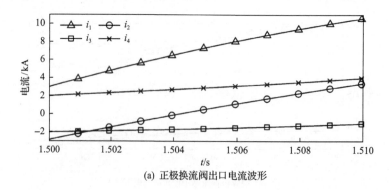

(a) 正极换流阀出口电流波形

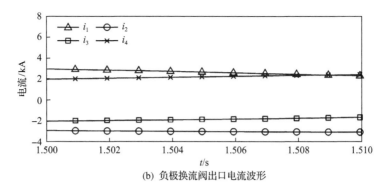

(b) 负极换流阀出口电流波形

图 6-18　正极对金属回线故障各极换流阀出口电流波形

同时得到对应各极换流阀出口电压的波形，如图 6-19 所示。

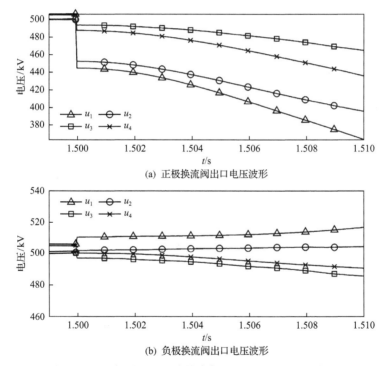

(a) 正极换流阀出口电压波形

(b) 负极换流阀出口电压波形

图 6-19　正极对金属回线故障各极换流阀出口电压波形

由图 6-19 中可以看出，故障发生后，故障发生瞬间故障点电压突变及电流变化率发生突变造成了换流阀出口电压的迅速变化。并且由于与故障点相邻的两个换流站和其他换流站相比放电速度快，因此与故障点相邻的两个换流站 S_1 和 S_2 的电压跌落比较迅速并且跌落程度较大；远离故障点处的两个换流站 S_3 和 S_4 的电压跌落较慢并且跌落程度较小。对于非故障极来说，换流阀出口电压变化很小，这是由于其具有双极结构因此故障时非故障极可以正常运行。

设置正极对金属回线故障 F3 后得到对应各换流站节点电压波形，如图 6-20 所示。

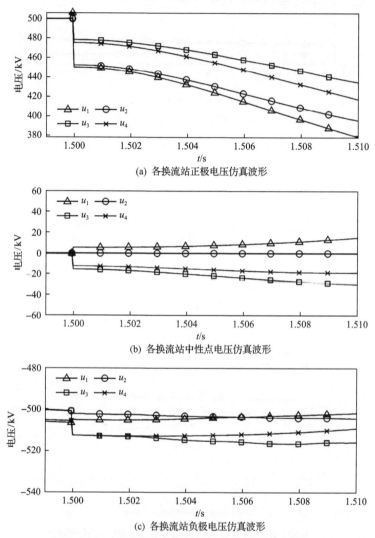

(a) 各换流站正极电压仿真波形

(b) 各换流站中性点电压仿真波形

(c) 各换流站负极电压仿真波形

图 6-20　正极对金属回线故障各换流站电压波形

从图 6-20 可以看出，与单极接地故障类似，在发生正极对金属回线故障的瞬间各节点电位迅速改变，并且由于与故障点相邻的两个换流站和其他换流站相比放电速度快，因此在图中与故障点相邻的两个换流站电压下降最多。

正极对金属回线故障发生后，各换流器的中性点电压变化如图 6-20(b) 所示。与单极接地故障类似，除接地点外的中性点对地电压都会发生改变。但是，和故障极电压的变化相比，中性点电压的变化较小。

6.4.3　极对金属回线故障时网络支路电流的分布特性

设置正极对金属回线故障 F3 后得到各支路对应的故障电流，如表 6-6 和图 6-21 所示。

表 6-6　正极对金属回线故障各支路电流　　　　（单位：kA）

	变量	1-f	f-2	2-3	3-4	4-1
正极线路	电流初始值	2.63	2.60	−0.27	−2.30	−0.32
	故障 10ms 电流值	12.43	−4.34	−0.98	−2.07	1.89
	电流变化量 Δi	9.8	−6.94	−0.71	0.23	2.21
金属回线	电流初始值	0.00	0.00	0.00	0.00	0.00
	故障 10ms 电流值	−9.89	6.88	0.45	−0.10	−1.65
	电流变化量 Δi	−9.89	6.88	0.45	−0.10	−1.65
负极线路	电流初始值	−2.63	−2.63	0.29	2.30	0.33
	故障 10ms 电流值	−2.54	−2.54	0.54	2.17	−0.25
	电流变化量 Δi	0.09	0.09	0.25	−0.13	−0.58

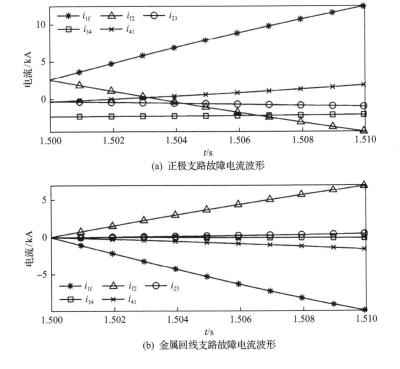

(a) 正极支路故障电流波形

(b) 金属回线支路故障电流波形

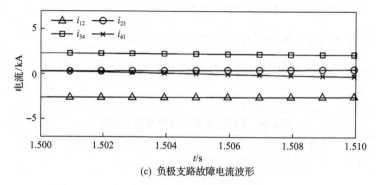

(c) 负极支路故障电流波形

图 6-21　正极对金属回线故障各极支路故障电流波形

正极对金属回线故障后暂态电气量空间分布示意图如图 6-22 所示。

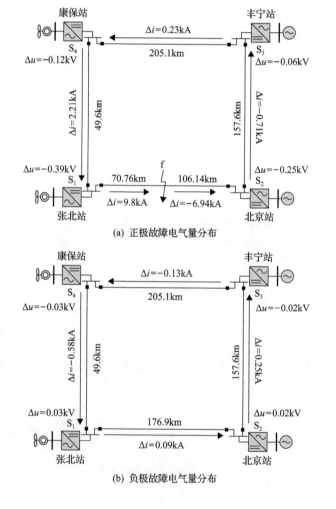

(a) 正极故障电气量分布

(b) 负极故障电气量分布

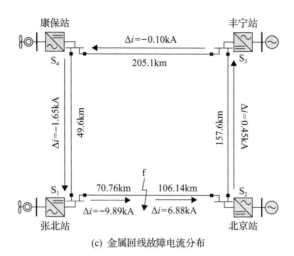

(c) 金属回线故障电流分布

图 6-22　正极对金属回线故障暂态电气量空间分布示意图

从图 6-22 可以看出，对于正极支路和负极支路的故障电流来说，其暂态特性与 6.3 节提到的单极接地故障特性基本相同，正极支路故障电流受到故障点的影响，距离故障点较近的换流器子模块电容放电更快，对应支路故障电流更大；负极电流和电压几乎不受影响，维持正常运行时的电流电压基本不变。不同点在于：对于金属回线来说，当发生极对金属回线故障时，金属回线中流过的故障电流较大，如图 6-22(c) 所示，而当发生单极接地故障时，金属回线中流过的故障电流较小，如图 6-16(c) 所示。这是由于单极接地故障时，对于中性点接地换流站的故障极换流阀而言，其子模块电容的放电回路不包括金属回线；对于中性点不接地换流站的故障极换流阀，故障回路中包含整条金属回线，故障回路的阻尼较大，所以金属回线上流过的电流较小。

6.5　本　章　小　结

本章建立了模块化多电平换流器的故障等效电路模型，在此基础上得出了直流电网中极间短路故障、单极接地故障和极对金属回线故障的等效电路。针对直流电网极间短路、单极接地和极对金属回线故障下的故障特性进行分析，给出了三种典型故障类型下故障电气量变化和分布特性。得出的主要结论如下。

(1) 直流故障发生后，各支路故障电流的大小与直流电网拓扑结构及线路参数相关：对于与故障线路直接相连的故障极换流阀，其子模块电容放电较快，对应支路的故障电流较大；对于不与故障线路直接相连的故障极换流阀，其子模块电容放电较慢，对应直流的故障电流较小。

　　(2) 双极直流电网中发生单极接地故障或极对金属回线故障时，故障极线路、换流阀与非故障极线路、换流阀表现出不同的故障暂态特性：故障极换流阀放电明显，非故障极换流阀受到的影响较小；与单极接地故障相比，发生极对金属回线故障时，金属回线中流过的故障电流较大。

第7章 基于暂态能量流的直流电网故障电流影响因素分析

7.1 影响柔性直流系统故障电流演化的主要因素

当 MMC-HVDC 系统发生直流短路故障时,受故障强扰动影响,系统原来的能量平衡状态将被突然打破,从而导致系统存在短时的能量剧烈波动。这种能量波动会以能量流的方式通过网络的元件、支路(或区域)从局部向整个系统扩散,以迫使系统达到新的能量平衡点。由于暂态能量的不均衡,这必然造成系统局部过流或过压[1]。

柔性直流系统发生直流短路故障以后,其直流故障短路电流演化过程将受到诸多因素影响,如换流站模块结构、系统电气参数、限流措施、网络结构(接地方式)以及控制方式等,且这些不同的影响因素会引起正负极线路之间、故障线路和非故障线路之间以及换流站之间产生电流或电压之间的相互耦合,如图 7-1 所示。此外,直流系统故障电流的影响因素时空分布不同,所起到的影响作用也不同,如直流侧电流、桥臂电流、电容电压等,这些参数的量纲也不相同。现有文献中对如图 7-1 所示的各个因素的影响作用进行了定量的综合分析,但尚缺乏统一的评价体系。

故障电流影响因素按其作用机理,从源侧到网侧可划分为拓扑结构、参数、控制等三个维度,也可划分为五大类,即子模块拓扑、电气参数、限流措施、接地方式和控制算法等,分别如图 7-2 和图 7-3 所示。本章将依此顺序分别对其故障电流影响效果进行综合分析评价,然后对限流措施和接地方式进行多参数综合优化。其中,限流措施的影响将于第 9 章阐述。

直流系统故障电流的增长可视为故障点周边三类能量源(近端换流站交流侧注入的暂态能量流 ΔE_{ac}、近端换流站内部桥臂电容释放的暂态能量流 ΔE_C、相邻线路注入的暂态能量流 ΔE_{line})向故障线路释放能量的结果,如图 7-4 所示。据此,本章提出基于暂态能量流(transient energy flow, TEF)的故障电流影响因素综合分析方法,通过计算故障后三类能量源的暂态能量流变化,定量分析比较以上五类因素对故障电流演化的影响。

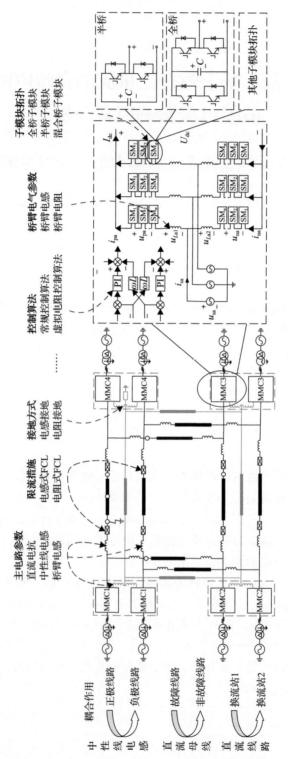

图 7-1 柔性直流系统故障电流影响因素梳理

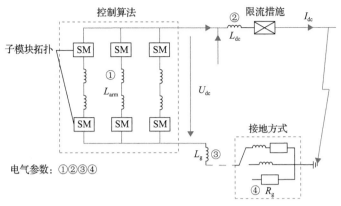

图 7-2 直流短路故障电流影响因素时空分布

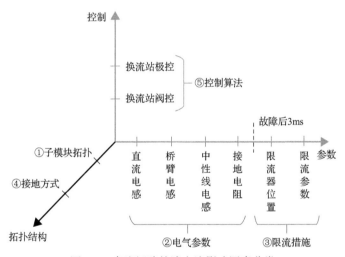

图 7-3 直流短路故障电流影响因素分类

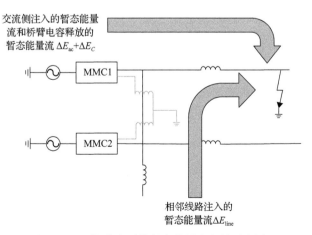

图 7-4 柔性直流系统暂态能量流释放示意图

　　本节从直流故障电流暂态特性的角度分析柔性直流系统参数，包括换流器结构、控制策略、网架结构(接地方式)及线路参数等对故障电流的影响，建立了张北柔性直流电网 PSCAD 电磁暂态分析模型，具体参数配置见表 7-1，提出了基于系统送端和受端交流侧、直流侧、换流阀桥臂电感/电阻/电容和直流线路中暂态能量流特征与直流故障电流特征的分析方法，定量分析了上述因素对直流侧故障电流特征演化的综合影响。

表 7-1　柔性直流电网的参数配置

参数	换流站 1 (送端)	换流站 2 (送端)	换流站 3 (受端)	换流站 4 (调节端)
换流站容量/MW	1500	3000	3000	1500
桥臂电抗/mH	100	50	50	100
子模块电容/mF	11.2	15	15	8
子模块个数(含冗余 20)	228	264	264	284
控制策略	定有功和 无功控制	定有功和 无功控制	定有功和 无功控制	定直流电压 和无功控制
直流电压/kV	±500			
极线电抗/mH	150			
中性线电抗/mH	300			
线路长度/km　换流站 1、2 之间	49.2			
换流站 1、4 之间	204			
换流站 3、4 之间	190.4			
换流站 2、3 之间	214.9			

7.2　暂态能量流及其变化率定义

　　现有研究及工程实践表明，伴随短路故障而出现的各元件或支路暂态能量流的突变是故障电流产生和快速发展的根源。因此，本章所提出的基于元件或区域暂态能量流的分析方法，其内涵是通过分析柔性直流系统在直流短路故障条件下，不同元件、区域(或支路)吸收或发出的电磁暂态能量流的波动，辨识影响暂态能量流分布的主要因素以及暂态能量流与故障电流演化过程的相依关系，进而为下一步短路故障电流的保护策略制定提供理论依据。

　　理论上来说，暂态能量流的计算可以通过对系统建立小信号模型，最终求解线性微分方程的方法获得，但是过程烦琐。对于复杂柔性直流系统，目前还没有直接、简单、准确的直流故障电流的计算方法。通过采用基于电磁暂态仿真数据的直接观测方法，可以简化分析过程，突出主要矛盾。

在电力系统中，暂态是指电力系统受到扰动后的不稳定状态，而暂态能量流就是研究对象在暂态过程时间段 Δt 中注入和输出的能量值。本章考察的均是电磁暂态能量流。暂态能量流变化率，就是暂态能量流在单位时间内的变化量。图 7-5 为暂态能量流在直流系统中的表现形式。根据暂态能量流及其变化率的意义，可以对柔性直流系统内任意换流站元件和交流、直流侧的暂态能量流及其变化率做如下定义[2]。

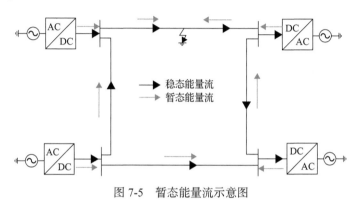

图 7-5　暂态能量流示意图

7.2.1　电感元件暂态能量流及其变化率定义

任意时段 Δt 内，电感元件暂态能量流定义如式(7-1)所示：

$$\Delta E_L(t) = E_L(t+\Delta t) - E_L(t) = \frac{1}{2}L\left(i_L^2(t+\Delta t) - i_L^2(t)\right) \tag{7-1}$$

式中，$E_L(t+\Delta t)$ 和 $E_L(t)$ 分别为 $t+\Delta t$ 和 t 时刻电感的瞬时能量值；L 为电感值；$i_L(t)$ 和 $i_L(t+\Delta t)$ 分别为 t 和 $t+\Delta t$ 时刻电感电流的瞬时值。当 Δt 趋向于 0 时，t 时刻电感暂态能量流变化率 $p_L(t)$ 可表示为

$$p_L(t) = \frac{\mathrm{d}E_L}{\mathrm{d}t} = i_L(t)L\frac{\mathrm{d}i_L}{\mathrm{d}t} = i_L(t)u_L(t) \tag{7-2}$$

式中，u_L 为电感电压。由式(7-2)可知，$p_L(t)$ 也是电感的瞬时功率。比较式(7-1)和式(7-2)可得，电感的暂态能量流与两部分参数有关，即流过电感的瞬时电流 i_L 和电感参数 L；而电感暂态能量流变化率的大小，则与 i_L、L 和流过电感的暂态电流的变化率 $\mathrm{d}i_L/\mathrm{d}t$ 都有关；虽然主动潮流调控和直流故障扰动都可能引起流过电感的电流的暂态变化，但是扰动的特性不同，所反映出的特征亦有差别。因此，暂态时考察电感暂态能量流的变化，可以捕捉直流故障出现的重要信息。

在实际工程计算中，由于采样周期的存在，暂态能量流变化率不可能真正等

于瞬时功率，此时暂态能量流变化率可近似表示为

$$p_L = \frac{\Delta E_L(\Delta t_i)}{\Delta t_i} = i_L(\Delta t_i) u_L(\Delta t_i), \quad i = 1, 2, 3, \cdots \tag{7-3}$$

式中，Δt_i 为采样时间段；$\Delta E_L(\Delta t_i)$ 为该时间段内的电感暂态能量流，计算如式 (7-1) 所示；$i_L(\Delta t_i)$、$u_L(\Delta t_i)$ 分别为该采样时段内电感电流的采样值和电感两端电压的采样值。因此，暂态能量流及其变化率也可以通过实际采样测量得出。

7.2.2 电容元件暂态能量流及其变化率定义

任意时段 Δt 内，电容元件暂态能量流定义为

$$\Delta E_C(t) = E_C(t + \Delta t) - E_C(t) = \frac{1}{2} C \left(u_C^2(t + \Delta t) - u_C^2(t) \right) \tag{7-4}$$

式中，$E_C(t + \Delta t)$ 和 $E_C(t)$ 分别为 $t + \Delta t$ 和 t 时刻电容的瞬时能量值；C 为电容值；$u_C(t)$ 和 $u_C(t + \Delta t)$ 为 t 和 $t + \Delta t$ 时刻电容两端电压的瞬时值。当 Δt 趋向于 0 时，t 时刻电容暂态能量流变化率 $p_C(t)$ 可表示为

$$p_C(t) = \frac{\mathrm{d} E_C(t)}{\mathrm{d}t} = u_C(t) C \frac{\mathrm{d} u_C}{\mathrm{d}t} = i_C(t) u_C(t) \tag{7-5}$$

式中，i_C 为电容的瞬时电流。从式 (7-5) 可以看出，电容的暂态能量流变化率与电容两端的电压 u_C、电容值 C 以及电容电压的变化率 $\mathrm{d} u_C / \mathrm{d}t$ 有关。

电容的暂态能量流变化率在实际工程中的计算方法为

$$p_C = \frac{\Delta E_C(\Delta t_i)}{\Delta t_i} = i_C(\Delta t_i) u_C(\Delta t_i), \quad i = 1, 2, 3, \cdots \tag{7-6}$$

式中，Δt_i 为采样时间段；$\Delta E_C(\Delta t_i)$ 为该段时间段的电容暂态能量流；$i_C(\Delta t_i)$、$u_C(\Delta t_i)$ 分别为该采样时间段内电容的电流采样值和电容两端的电压采样值。

7.2.3 电阻暂态能量流及其变化率定义

任意时段 Δt 内，电阻元件的暂态能量流定义为

$$\Delta E_R(t) = E_R(t + \Delta t) - E_R(t) = \int_t^{t + \Delta t} i_R^2(\tau) R \mathrm{d} \tau \tag{7-7}$$

式中，$E_R(t + \Delta t)$ 和 $E_R(t)$ 分别为 $t + \Delta t$ 和 t 时刻电阻的瞬时能量值，R 为电阻值；i_R 为流过电阻的瞬时电流。当 Δt 趋向于 0 时，t 时刻电阻暂态能量流变化率 $p_R(t)$ 可表示为

$$p_R(t) = \frac{\mathrm{d}E_R(t)}{\mathrm{d}t} = i_R^2(t)R \tag{7-8}$$

电阻的暂态能量流变化率在实际工程中的计算方法为

$$p_R = \frac{\Delta E_R(\Delta t_i)}{\Delta t_i} = i_R(\Delta t_i)u_R(\Delta t_i), \quad i = 1,2,3,\cdots \tag{7-9}$$

式中，$\Delta E_R(\Delta t_i)$ 为采样时段 Δt_i 内电阻消耗的暂态能量流；$i_R(\Delta t_i)$、$u_R(\Delta t_i)$ 分别为该采样时段内电阻的电流采样值和电阻两端的电压采样值。

7.2.4　换流站交流侧暂态能量流及其变化率

在任意时段 Δt 内，换流站的交流侧三相交流系统注入柔性直流系统的暂态能量流为

$$\Delta E_{\mathrm{ac}}(t) = E_{\mathrm{ac}}(t + \Delta t) - E_{\mathrm{ac}}(t) = \int_t^{t+\Delta t} p_{\mathrm{ac}}(\tau)\mathrm{d}\tau \tag{7-10}$$

式中，$E_{\mathrm{ac}}(t + \Delta t)$ 和 $E_{\mathrm{ac}}(t)$ 分别为 $t+\Delta t$ 和 t 时刻换流站交流侧注入柔性直流系统的瞬时能量值，当 Δt 趋向于 0 时，t 时刻换流站交流侧暂态能量流变化率 $p_{\mathrm{ac}}(t)$ 可表示为

$$p_{\mathrm{ac}}(t) = \frac{\mathrm{d}E_{\mathrm{ac}}(t)}{\mathrm{d}t} = u_{\mathrm{a}}(t)i_{\mathrm{a}}(t) + u_{\mathrm{b}}(t)i_{\mathrm{b}}(t) + u_{\mathrm{c}}(t)i_{\mathrm{c}}(t) \tag{7-11}$$

式中，$u_j(j=\mathrm{a,b,c})$ 为三相交流系统的相电压；$i_j(j=\mathrm{a,b,c})$ 为三相交流系统的相电流。换流站交流侧暂态能量流变化率在实际工程中的计算方法为

$$p_{\mathrm{ac}} = \frac{\Delta E_{\mathrm{ac}}(\Delta t_i)}{\Delta t_i} = u_{\mathrm{a}}(\Delta t_i)i_{\mathrm{a}}(\Delta t_i) + u_{\mathrm{b}}(\Delta t_i)i_{\mathrm{b}}(\Delta t_i) + u_{\mathrm{c}}(\Delta t_i)i_{\mathrm{c}}(\Delta t_i), \quad i = 1,2,3,\cdots$$

$$\tag{7-12}$$

式中，$\Delta E_{\mathrm{ac}}(\Delta t_i)$ 为采样时段 Δt_i 内的换流站交流系统暂态能量流；$i_j(\Delta t_i)$、$u_j(\Delta t_i)(j=\mathrm{a,b,c})$ 分别为该采样时段中交流系统三相相电压和相电流的采样值。

7.2.5　换流站直流侧暂态能量流及其变化率

任意时段 Δt 内，换流站直流端输出或注入的暂态能量流为

$$\Delta E_{\mathrm{dc}}(t) = E_{\mathrm{dc}}(t + \Delta t) - E_{\mathrm{dc}}(t) = \int_t^{t+\Delta t} p_{\mathrm{dc}}(\tau)\mathrm{d}\tau \tag{7-13}$$

式中，$E_{\mathrm{dc}}(t + \Delta t)$ 和 $E_{\mathrm{dc}}(t)$ 分别为 $t+\Delta t$ 和 t 时刻换流站直流端输出或注入的瞬时能量值，当 Δt 趋向于 0 时，t 时刻换流站直流侧暂态能量流变化率 $p_{\mathrm{dc}}(t)$ 可表示为

$$p_{dc}(t) = \frac{dE_{dc}(t)}{dt} = u_{dc}(t)i_{dc}(t) \tag{7-14}$$

式中，u_{dc} 为直流侧线路电压；i_{dc} 为直流侧线路电流。

柔直系统直流侧暂态能量流变化率在实际工程中的计算方法为

$$p_{dc} = \frac{\Delta E_{dc}(\Delta t_i)}{\Delta t_i} = u_{dc}(\Delta t_i)i_{dc}(\Delta t_i), \quad i = 1, 2, 3, \cdots \tag{7-15}$$

式中，$\Delta E_{dc}(\Delta t_i)$ 为采样时段 Δt_i 内的直流系统暂态能量流；$u_{dc}(\Delta t_i)$、$i_{dc}(\Delta t_i)$ 分别为该采样时段中对直流侧线路电压和线路电流的采样值。

从以上的定义可以看出，柔性直流系统各种元件、支路或区域的暂态能量流变化率可以通过瞬时功率的测量获得，不需要建立复杂的能量模型。根据以上的暂态能量流变化率的定义，本章之后的各节将从各换流站交流测、换流站内部及换流站直流侧三个区域空间分布的电感、电容储能元件或支路出发，分析在直流短路故障条件下双端柔性直流系统和四端柔性直流系统暂态能量流时空分布的演化过程。换流站各处的暂态能量流所采用的符号如图 7-6 所示，其正负号规定如下：对交流侧和直流侧线路，正负号由实际方向与参考方向决定，如果实际值为正，表示交流测向换流站注入能量，直流侧从换流站输出能量；对于电感和电容等元件，正号表示吸收能量，负号表示释放能量。

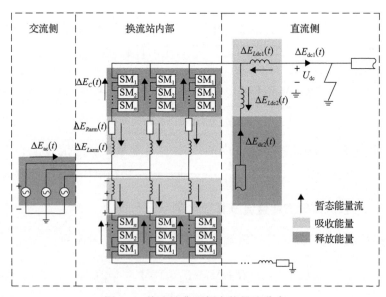

图 7-6　换流站典型暂态能量流分布

7.3　从暂态能量流的视角分析换流器结构对故障电流演化影响

7.3.1　换流器拓扑结构综述

柔性直流系统的基本构网方式有两种：①采用半桥子模块 MMC 拓扑加直流断路器(DCCB)；②采用具有直流侧故障自清除能力的子模块 MMC 拓扑，此时不再需要直流断路器。对于第一种方式，要求直流断路器在 MMC 闭锁前就开断故障电路，否则这种直流系统构成方式就不存在优势。因为如果直流断路器不能在 MMC 闭锁前开断故障电路，就会造成两种后果：第一种后果是直流系统中的 MMC 都闭锁，这同第二种构网方式处理直流侧故障的方法一样，但增加了直流断路器的投资；第二种后果是对一般配置的平波电抗器，MMC 闭锁后的直流侧短路电流大于 MMC 闭锁前的直流侧短路电流，如果直流断路器不能在 MMC 闭锁前开断故障电路，意味着需对直流侧断路器的性能提出更高要求，这在技术上和经济上都是难以承受的。在当今高压大容量直流断路器离大规模工程应用还有距离的情况下，研究具有故障自清除能力的新型子模块拓扑很有价值。

最早提出的 MMC 拓扑为基于半桥子模块(half-bridge sub-module，HBSM)结构，该结构不具备故障自清除能力，其工作原理如图 7-7(a)所示。经过工业界和学术界十余年的探索，目前文献已提出很多种适应不同应用场合的、具有直流短路故障自清除能力的子模块拓扑，如全桥子模块(FBSM)、钳位双子模块(CDSM)[3]和其他新型子模块。

目前，MMC 较为经典的子模块拓扑包括 MMC 系统提出者 Marquardt 教授提出的 HBSM、FBSM、CDSM 等。为了保证 MMC 的直流故障自清除能力，近年来又有专家学者提出许多新型子模块拓扑，包括单钳位子模块(clamp-single sub-module，CSSM)、改进复合子模块(improved hybrid sub-module，IHSM)[4]、

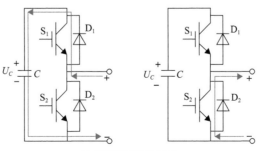

(a) 半桥子模块(HBSM)

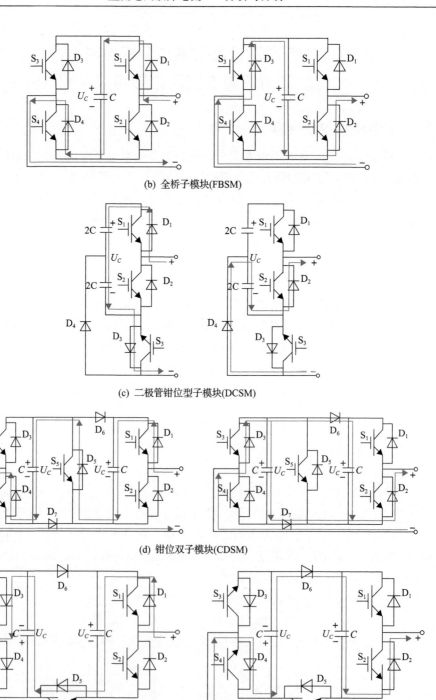

(b) 全桥子模块(FBSM)

(c) 二极管钳位型子模块(DCSM)

(d) 钳位双子模块(CDSM)

(e) 串联双子模块(SDSM)

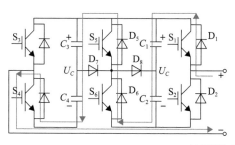
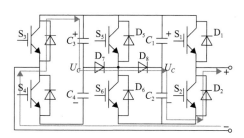

(f) 二极管钳位式双子模块(DCDSM)

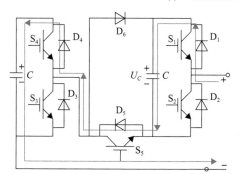
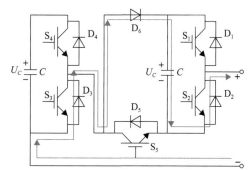

(g) 改进复合子模块(IHSM)

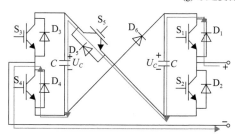
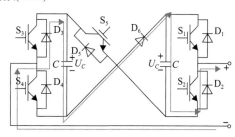

(h) 三电平交叉连接型子模块(TLCCSM)

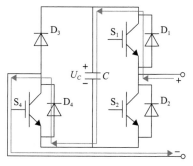
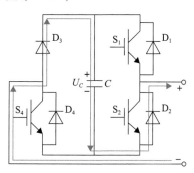

(i) 单钳位子模块(CSSM)

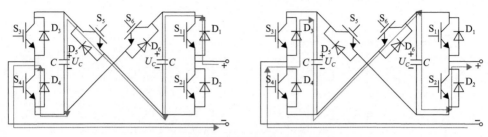

(j) 五电平交叉连接型子模块(FLCCSM)

图 7-7 不同子模块拓扑故障阻断原理图

串联双子模块(series-connected double sub-module，SDSM)[5,6]、二极管钳位型子模块[7](diode-clamp sub-module，DCSM)、增强自阻型子模块(enhanced self-blocking sub-module，ESBSM)[8]、混合型子模块[9](hybrid sub-module，Hybrid SM)、增强型混合子模块(enhanced hybrid sub-module)[10]、不对称型全桥子模块(asymmetric full-bridge sub-module，AS-FBSM)[11]三电平交叉连接型子模块(three-level cross connected sub-module，TLCCSM)、五电平交叉连接型子模块(five-level cross connected sub-module，FLCCSM)等一系列具备直流故障自清除能力的子模块，其在电力电子器件数量和损耗控制方面均得到了一定的改善。

现有具有直流侧故障自清除能力的子模块拓扑主要依靠闭锁后的电流通路中子模块电容提供反向电压，并不断充电来抑制故障电流的发展，最终实现故障电流的清除。图 7-7 所示的是一些主要的拓扑类型阻断故障电流原理图显示了故障隔离的过程。

表 7-2 所示为各子模块拓扑结构对应的电力电子器件数量表，体现了采用不同子模块拓扑的系统投资成本。由表 7-2 可以看出，不同的换流器拓扑结构所需的 IGBT、二极管以及电容数目不同，但是稳态情况下均可以等效为一个或者两个 HBSM 组合。一系列具备直流故障自清除能力的新型子模块在减少器件使用数量的同时降低了子模块运行的功率损耗，有利于适应不同应用场合。在单位电平输出所需器件数量对比上，SDSM、IHSM、CDSM 和 TLCCSM 相等，器件投资成本较低。考虑投资成本以及直流侧故障阻断能力，当前比较有发展前景的是 CDSM、TLCCSM、FLCCSM 和 CSSM 等三种拓扑。

表 7-2 产生单位电平输出不同子模块拓扑的器件数量 （单位：个）

拓扑结构	IGBT	二极管	电容
HBSM	2	2	1
FBSM	4	4	1
CDSM	2.5	3.5	1
SDSM	2.5	3	1

续表

拓扑结构	IGBT	二极管	电容
IHSM	2.5	3	1
CSSM	3	4	1
DCSM	3	4	2
DCDSM	3	4	2
TLCCSM	2.5	3	1
FLCCSM	3	3	1

不同的换流器拓扑结构在换流器故障闭锁情况下的电流通路也不同,具有不同的电流故障阻断能力。较强的直流故障阻断能力往往伴随着更多的器件。为减少投资并保证故障阻断能力,也有采用多种类型子模块混合构成 MMC[12],通常包含 HBSM,以承担电压支撑作用,其他类型子模块用于保证直流故障阻断能力。

现有文献中对子模块拓扑的直流侧故障穿越能力评价指标主要包括直流故障抑制能力指标、直流故障阻断能力指标等,还鲜有对不同换流器结构条件下发生直流侧故障时的不同位置、不同元件的暂态能量流分析,也没有从能量的角度提出相关的故障阻断能力评价指标。在发生直流短路故障后数毫秒内,系统不同区域(交流侧、换流站内、直流侧)或不同储能元件发生大量的暂态能量流转移,即瞬时功率的时空分布有很大区别,这是发生严重故障的重要特征。

本节主要先基于双端柔性直流系统和四端柔性直流系统进行了暂态能量流分析,得到了不同换流器结构在故障期间暂态能量流的动态特征和转移规律,接着分析直流阻抗对不同换流器故障清除时间的影响[13],为故障保护和拓扑选型提供指导。

7.3.2　不同换流器拓扑结构下双端柔性直流系统暂态能量流特征分析

图 7-7 所示的典型子模块中,某些子模块虽然器件组成个数和电流通路不同,但却具有相同的端口特性,因此可以被认为是一类模型。根据 MMC 子模块端口特性不同,MMC 可以分成半桥类模型(HBSM)、全桥类模型(FBSM)、全桥/半桥混合类模型(FBSM-HBSM)和双钳位模型(CDSM),而 SDSM、CSSM、TLCCSM 和 FLCCSM 均可等效成 FBSM,IHSM、DCSM、EHSM、DCDSM 可以等效成 FBSM-HBSM(1:1)混合的结构,CDSM 可等效为 FBSM-HBSM(1:3)混合的结构。这四类子模块中,HBSM 不具备故障自清除能力,而 FBSM、FBSM-HBSM 和 CDSM 具有故障自清除能力。

图 7-8 所示的为双端柔性直流系统拓扑结构,具体的参数配置同表 7-1 中换流站 1(CS1)和换流站 4(CS4)。下面分别在基于 HBSM、FBSM 和 FBSM-HBSM(全桥半桥 1:1 混合子模块)的双端柔性直流系统上进行故障实验,并分析子模块

类型对柔性直流系统暂态能量流时空分布的综合影响。故障点设置在 CS1 直流出口处，接地方式为金属回线分布式接地（中性线电感 L_n=300mH，R_g=15Ω），接地位置在 CS2 站，平波电抗器数值为 150mH。假设在 t =1s，CS1 直流出口处发生正极接地故障。所得到的 CS1 交流区域、直流区域、桥臂电感/电阻、平波电抗器等暂态能量流时空分布如图 7-9 所示。其中，每种换流器结构中各部分暂态能量流共截取 12ms 数据，其中前 2ms 为稳态阶段，在 2ms 时刻发生故障，以故障发生时刻作为 0 起始时刻，FBSM、FBSM-HBSM 系统在故障发生后 5ms 闭锁。

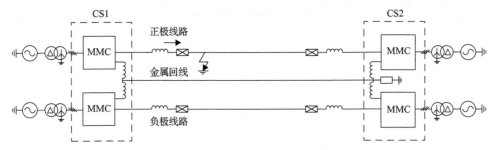

图 7-8　双端柔性直流系统拓扑结构图

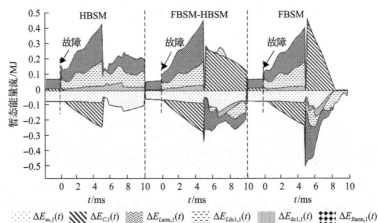

图 7-9　双端柔性直流系统不同子模块下故障暂态能量流

由图 7-9 可以看出，直流故障后，对于 HBSM、FBSM、FBSM-HBSM 系统，闭锁前，其暂态能量流演化过程基本相同，如桥臂电容释放的暂态能量、桥臂电感和平波电抗器吸收的暂态能量流，但桥臂电感吸收的暂态能量流比平波电抗器小，需要注意的是由于直流系统桥臂电阻值极小，其消耗的能量 $\Delta E_{R,1}(t)$ 也很小，在图 7-9 中几乎可以忽略；但闭锁后，HBSM 桥臂电容暂态能量流变为 0，此时交流侧会通过不控整流桥继续向直流侧注入能量，表明 HBSM 没有故障电流自清除能力；而 FBSM、FBSM-HBSM 系统桥臂电容暂态能量流反向，变为吸收能量从而抑制故障电流的发展，从而达到故障自清除的目的。

相对于 FBSM-HBSM 系统，FBSM 系统闭锁后单位时间内的桥臂电容、桥臂电感、平波电抗器的暂态能量流变化量更大，且其整体暂态能量流变化量可以更快地趋于零，表明 FBSM 系统比 FBSM-HBSM 清除故障电流的能力更强。

图 7-10 对应给出了双端柔性直流系统不同拓扑故障电流的对比。不同换流器的结构在闭锁前对故障电流的峰值和上升率几乎没有影响；闭锁后由于 HBSM 不具备直流故障穿越能力，稳态后系统处于不控整流状态，交流侧不断馈入电流，对系统危害很大，必须采取隔离措施；而对于其他具有故障自清除能力的换流器，其结构不同使得故障清除时间具有较大的差异。这是由于子模块闭锁后，不同的换流器子模块拓扑结构对于故障电流的影响主要来源于用来阻断交流侧电压的电容电压，桥臂投入的电容数量越多，故障电流的下降率越大，故障隔离时间越短。本章采用故障清除时间 t_c 来定量表征不同子模块结构换流器的故障自清除能力，其定义为

$$t_c = t_{I\to 0} - t_{block} \tag{7-16}$$

式中，t_c 为故障清除时间；$t_{I\to 0}$ 为故障电流清除至零的时间；t_{block} 为换流站中子模块闭锁的时间。

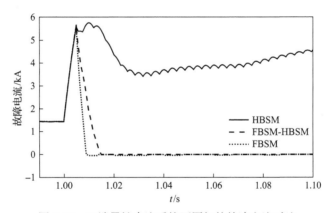

图 7-10　双端柔性直流系统不同拓扑故障电流对比

根据式(7-16)计算出不同换流器拓扑对应的故障电流清除时间，如表 7-3 所示。可得出不同类型的子模块故障电流清除时间排序，即 $t_{c\_FBSM} < t_{c\_FBSM-HBSM}$。

表 7-3　双端柔性直流系统故障电流清除时间　　　　　(单位：ms)

换流器拓扑结构	故障电流清除时间 t_c
FBSM	3.9

7.3.3　四端柔性直流系统不同换流器结构暂态能量流分析

　　本节以四端柔性直流系统为例，建立 PSCAD 电磁暂态仿真模型，采用的电气拓扑及对应的参数如图 7-11 和表 7-1 所示。图 7-11 中，$L_{dcy,x}$ 中 y 代表对应的线路，x 代表不同的换流站，$I_{dcy,x}$ 与之对应。下面分别在 HBSM、FBSM 和 FBSM-HBSM（半桥全桥 1:1 混合子模块）等三类不同换流器结构下，分析子模块类型和网架结构对暂态能量流的综合影响。系统仿真条件同 7.3.2 节，假设系统在 $t=1s$ 时刻发生正极接地故障。所得到的 CS1 的暂态能量流时空分布如图 7-12 所示。每种换流器结构中各部分暂态能量流共截取 12ms 数据，其中前 2ms 为稳态阶段，以故障发生时刻作为 0 起始时刻，FBSM、FBSM-HBSM 系统换流站 1 在故障发生后 5ms 闭锁，其余换流站在故障后 8ms 闭锁。

　　由图 7-12 可以看出，HBSM、FBSM 和 FBSM-HBSM 等不同换流器结构下暂态能量流的基本特征与双端柔性直流系统基本相似。但与双端柔性直流系统显著不同的特征是，四端柔性直流系统故障线路的暂态能量流还会受到相邻换流站的影响，故其暂态能量流的变化没有两端柔性直流系统平滑，且相邻线路注入的暂态能量流占比受直流电抗器的参数的影响而变化，这部分内容将在 7.4 节中进行讨论。

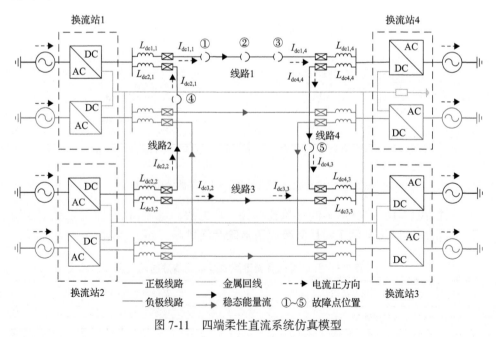

图 7-11　四端柔性直流系统仿真模型

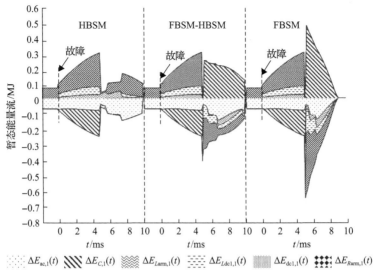

图 7-12　四端柔性直流系统在不同子模块下故障暂态能量流分布

图 7-13 和图 7-14 分别为从故障线路和换流站出口处观察所得到的直流侧故障电流演化曲线。根据式 (7-16) 计算出具有故障自清除能力的不同子模块拓扑对应的故障清除时间，如表 7-4 所示。从换流站出口观察，四端柔性直流系统不同子模块结构的换流器的故障清除时间为数毫秒级。

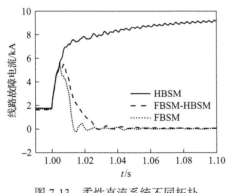

图 7-13　柔性直流系统不同拓扑
线路故障电流对比

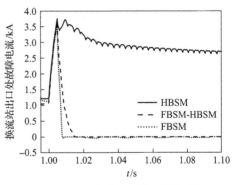

图 7-14　柔性直流系统不同拓扑
换流站出口处故障电流对比

表 7-4　四端柔性直流系统不同换流器结构下故障电流清除时间　（单位：ms）

换流器拓扑结构	出口处故障电流清除时间 t_c	线路上故障电流清除时间 t_c
FBSM	2.4	7.6
FBSM-HBSM	7	16

但由于故障线路的暂态能量流会受到相邻线路(即近端换流站)暂态能量流的影响,从故障线路看,四端条件下不同子模块结构系统线路的故障清除时间比换流器端口处故障清除时间长,时间尺度在十毫秒左右。从 7.3.4 节分析可以看出,该时间与平波电抗器参数密切相关。因此,这表明,在故障保护设计时对于复杂柔性直流系统来说,其换流站出口的平波电抗器参数需要仔细考量。

7.3.4　网架结构及平波电抗器对换流器故障清除时间的影响

7.3.4.1　网架结构对换流器故障清除时间的影响

根据 7.3.2 节和 7.3.3 节的结果,对比双端柔性直流系统和四端柔性直流系统,从线路故障电流来看,其清除时间也有较大差异。从表 7-3 和表 7-4 结果可以看出,双端柔性直流系统下不同换流器拓扑结构系统的故障清除时间为 3.9～9.9ms,而不同换流器结构的四端柔性直流系统线路上的故障电流清除时间为 7.6～16ms。引起故障清除时间差异的主要原因是四端柔性直流系统直流故障线路的故障电流包含相邻线路注入的电流。相邻线路电压的支撑使得换流站出口端电压下降得更慢,因此故障清除时间也更长。但从换流站出口处来看,柔性直流系统对应不同阀拓扑结构的故障电流清除时间为 2.4～7ms,其故障清除时间小于线路上故障电流的清除时间。从换流站出口观察,柔性直流系统不同子模块结构的换流器的故障清除时间比双端条件下的换流器的故障清除时间更短,如 FBSM 结构的柔性直流系统的出口处的故障清除时间下降了 1.5ms,其原因是线路总的平波电抗器增大,四端拓扑下换流站出口电流在故障后上升速度慢,在故障后 5ms 时刻故障电流的峰值更小,故故障清除时间更短。

7.3.4.2　平波电抗器对换流器故障清除时间的影响

在四端柔性直流系统下,平波电抗器增大对不同换流器子模块构成的柔性直流系统的故障清除时间的影响如图 7-15 和图 7-16 所示。从这两幅图可以看出,随着平波电抗器的增大,对于 FBSM 系统来说,其出口处故障电流的清除时间受到的影响较小,但对线路故障电流的清除时间具有较大的影响,其平均增长率约为 4.33ms/H。而对于 FBSM-HBSM 系统,随着平波电抗器的增大,其出口处故障电流的清除时间平均增长率约为 9ms/H,线路故障电流的清除时间平均增长率达到 16.67ms/H。由此可见,随着平波电抗器数值的增加,虽然能够在一定程度上抑制故障电流的上升速度,但同时也会增加故障清除时间,不利于故障的清除和故障后系统的恢复。

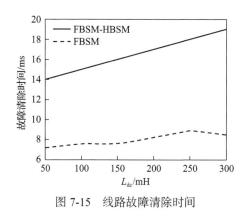

图 7-15　线路故障清除时间

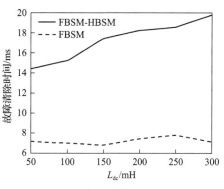

图 7-16　出口处故障清除时间

7.4　从暂态能量流视角分析电气参数对故障电流演化的影响

7.4.1　系统主要电气参数综述

柔性直流系统中，换流站主电路参数包括桥臂电感、平波电抗器、桥臂电阻、子模块电容、中性线电感等。主电路参数选择是 MMC-HVDC 换流站设计的重要组成部分，合理的主电路参数可以有效改善系统的动态和稳态性能，降低系统的初始投资及运行成本，提高系统的经济性能指标。同时，合理选择电气参数对于系统直流短路故障电流上升率以及峰值的抑制也具有重要作用。

桥臂电感是 MMC 必不可少的主回路元件，主要具备以下三方面功能[14-16]：构成换流站出口电抗的一部分，对换流站的额定容量以及运行范围有一定的影响；提供环流阻抗以限制桥臂环流的大小；有效减小换流站内部或外部故障时的电流上升率，使 IGBT 在较低的过电流水平下关断，为系统提供更为有效和可靠的保护。

与传统直流输电(line-commutated converter HVDC，LCC-HVDC)系统不同，MMC-HVDC 系统中平波电抗器主要起两个作用：首先是抑制直流线路发生短路故障时的故障电流上升率；其次是与桥臂电感一起，调整柔性直流系统直流回路谐振点，避免交流故障下直流回路发生谐振[17]。

桥臂电阻主要是子模块开关管上的导通电阻，一般很小，其影响作用也有限。

子模块电容是子模块中体积最大的元件，电容值的大小直接决定了电容电压的波动范围，同时也会影响到子模块功率器件的承压水平。子模块电容的成本与所采用的功率器件成本大致相当，因此子模块电容值的减小一方面具有巨大的经济效益，另一方面可以大大减小换流站的占地面积。

根据子模块电容参数、桥臂电感参数、平波电抗器参数等设计原则及设计方法[15-17]，可以得到单端柔性直流系统参数设计范围，如表 7-5 所示。

表 7-5　单端柔性直流系统参数设计范围

站点	CS1	CS2	CS3	CS4
子模块电容/mF	$C_0>6.6$	$C_0>8.4$	$C_0>15.5$	$C_0>15.5$
桥臂电感/mH	$33.1<L_{arm}<264.2$	$33.1<L_{arm}<264.2$	$16.6<L_{arm}<122.6$	$16.6<L_{arm}<122.6$
平波电抗器/mH	$L_{dc}>265$	$L_{dc}>265$	$L_{dc}>183$	$L_{dc}>183$

由于在直流电压等级、每相子模块总数确定的条件下，子模块电容的选择主要取决于直流电压波动率，因此，其变化范围有限。因此，本节以表 7-5 界定的参数边界作为约束条件，重点研究桥臂电感和平波电抗器参数变化对暂态能量流以及直流故障电流演化规律的影响。

7.4.2　电气参数对系统暂态能量流时空分布的影响

为了研究直流故障条件下 MMC-HVDC 系统的 TEF 的分布特征，本章参照张北柔性直流电网的系统参数[18]建立了基于半桥子模块的 MMC-HVDC 四端环网 PSCAD 仿真模型，重点研究未加保护措施时电气参数变化对系统暂态能量流时空分布的影响，以便为故障保护策略的制定以及直流短路故障电流的简化计算[19]提供依据。为了研究方便，设定该网络初始时处于稳定运行状态，故障条件均为直流侧单极接地故障，故障时刻均设定在 $t=1.0s$。故障点的设置和线路中初始能量流方向如图 7-11 所示，各换流站具体参数见表 7-1。

后面 $\Delta E_{ac,x}$、$\Delta E_{dcy,x}$、$\Delta E_{C,x}$、$\Delta E_{Larm,x}$、$\Delta E_{Rarm,x}$、$\Delta E_{Ldcy,x}$（$y=1,2,3,4$；$x=1,2,3,4$）分别代表换流站 x 交流侧传送、直流线路传输、桥臂电容、桥臂电感、桥臂电阻和平波电抗器的 TEF。其中，y 代表不同直流线路，如 $\Delta E_{Ldc1,1}$、$\Delta E_{Ldc2,1}$ 分别表示换流站 1(CS1)线路 1 和线路 2 的平波电抗器上的暂态能量流，如图 7-11 所示。

7.4.2.1　系统无故障时暂态能量流分布

为了对比分析，图 7-17 给出了系统无故障时的暂态能量流分布。其中，主纵坐标轴表示系统各部分的暂态能量流大小，从纵坐标轴表示各换流站直流线路中的电流大小。换流站直流侧正负极的电流 $I_{dc1,x}$ 和 $I_{dc2,x}$ 分别用实线和虚线表示，电流与线路的对应关系如图 7-11 所示。

从图 7-17 中可以看出，在稳态条件下，换流站 1 至换流站 3 电感、电容元件的能量变化几乎为零，交流输入和直流输出能量平衡；由于换流站 4 承担了调控直流系统电压的任务，其中 $\Delta E_{C,4}(t)$ 和 $\Delta E_{ac,4}(t)$ 存在一定的周期性小幅波动，这是控制算法所致，不影响系统的稳定运行。

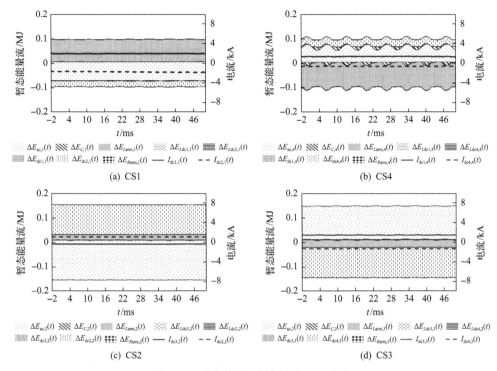

(a) CS1　　　　　　　　　(b) CS4

(c) CS2　　　　　　　　　(d) CS3

图 7-17　稳态情况下的暂态能量流分布

7.4.2.2　桥臂电感参数影响

图 7-18(a) 所示为桥臂电感参数变化时对各换流站不同元件和区域 TEF 的影响，从该图可以看出，由于故障点位于换流站 1 直流侧出口，因此，桥臂电感参数变化时对换流站 1 的 TEF 影响最为明显。对于换流站 1，当桥臂电感值从 50mH 增加到 200mH 时，故障后 3ms 内电容释放的能量和直流侧故障电流峰值都减小了 31%，桥臂电感吸收的总能量降低了 50%。图 7-18(b) 从释放暂态能量流侧（ΔE_{ac}、ΔE_C 和 ΔE_{line}）和吸收暂态能量流侧两个角度，分别给出随桥臂电感从 50mH 逐步增加值 500mH 时，不同元件 TEF 占比变化趋势。从图 7-18(b) 中可以看出，对于换流站 1，桥臂电感值的增加还使得电容和直流线路的 TEF 占总故障后释放能量的比例下降，其中电容释放的能量占总体释放暂态能量流的比例从 55% 降低到 33%，故障线路中的 TEF 占总故障能量的比例从 38% 降低到 24%，而交流系统输入的 TEF 占总输入能量的比例从 38% 提高到 47%，表明桥臂电感的增加会促使交流侧的暂态能量流的注入。进一步观察还可以看出，当桥臂电感增加到 200mH 以后，继续增加其值，对于各元件的 TEF 的抑制效果并不明显。因此，桥臂电感的取值具有明显的边际效应，需要对其进行优化[14]。

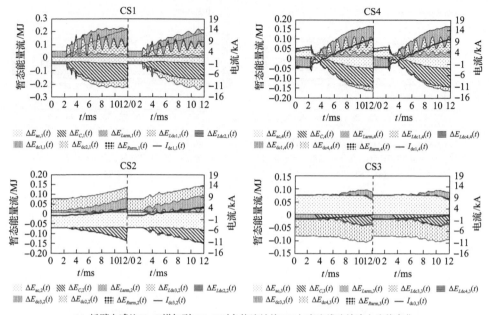

(a) 桥臂电感从50mH增加到200mH时各换流站的TEF与直流线路故障电流值变化

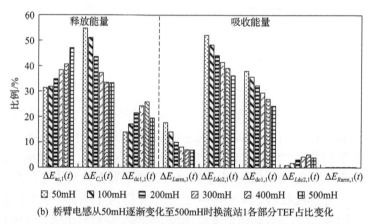

(b) 桥臂电感从50mH逐渐变化至500mH时换流站1各部分TEF占比变化

图 7-18　故障点 2 发生单极对地故障时桥臂电感值变化对 TEF 占比的影响

以上两个方面都说明了桥臂电感的适当增加有利于对直流侧故障进行抑制。因此，通过 TEF 特征分析，可以为换流站参数的优化提供依据。

7.4.2.3　平波电抗器参数影响

图 7-19 所示的是当故障点为 2 时，平波电抗器参数变化时对各换流站 TEF 的影响。从该图可以看出，相比于桥臂电感的变化，平波电抗器的改变对各换流站 TEF 的影响更大。对于换流站 1，当平波电抗器值从 50mH 增加到 200mH 时，故

障后 3ms 内 TEF 减小了约 80%，直流侧故障电流峰值减小了 47.8%。

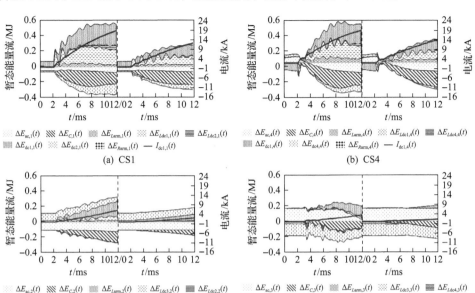

图 7-19　故障点 2 发生单极对地故障时平波电抗器值变化对 TEF 与直流线路故障电流值的影响

图 7-20 给出了故障点分别为 1～5 时，各换流站暂态能量流峰值时间和受端换流站交流 TEF 反向时间的变化。平波电抗器是影响受端换流站交流 TEF 反向时间的一个重要因素。故障点 1 和故障点 4 发生在不同的线路但均位于换流站 1 的出口处，且对于换流站 3 和换流站 4 而言距离一样，但前者比后者的故障回路中少了 2 个 150mH 平波电抗器，从图 7-20 可以看出，后者比前者的交流 TEF 反向所需时间滞后了 2ms 以上。因此，平波电抗器可以有效延长受端换流站的交流 TEF 反向时间。

从前面的分析可知，在图 7-11 所示的四端环网拓扑下，注入故障线路的能量与故障线路和故障相邻线路的换流站注入的直流能量均有关，即换流站之间存在故障电流耦合现象，耦合的强弱与线路平波电抗器有关。

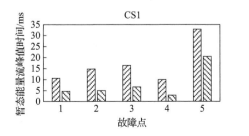

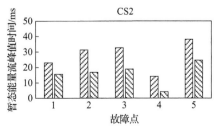

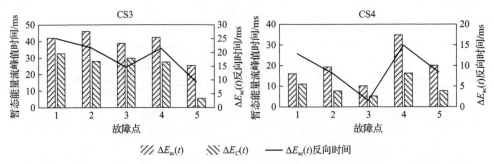

图 7-20　不同故障点下各换流站 TEF 峰值时间和受端换流站交流 TEF 反向时间

图 7-21 为单极对地故障发生在故障点 2，且故障后 10ms 时，从相邻线路流入故障线路的电流以及 TEF 的占比与平波电抗器大小的变化的关系。从图 7-21 中可以看出，故障后 10ms 时，在所有直流侧线路中无平波电抗器时，相邻线路 TEF 的占比最大，达到 50.07%，随着平波电抗器的增大，从相邻线路流向故障线路的 TEF 占比对应减小。当所有平波电抗器的电感值为 200mH 时，相邻线路的电流的占比最小，为 22.09%。电流占比变化曲线与 TEF 占比的变化曲线趋势几乎相同。由此可知，故障后初期，故障线路两端换流站是影响故障发展的主要因素。平波电抗器电感值的增加，增加了换流站间的等效电气距离，有利于减小从相邻线路注入故障线路的能量，减小直流输电系统中线路间的耦合作用。

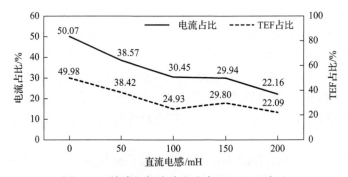

图 7-21　故障相邻线路电流占比和 TEF 占比

综上所述，通过 TEF 的分析方法，可发现直流线路平波电抗器和桥臂电感均对系统故障后暂态能量流的波动产生影响，其中平波电抗器的影响作用更大，通过设置合适的平波电抗器和桥臂电感参数，可有效地抑制故障后的暂态不平衡，从而抑制故障电流发展。

7.4.3　主要电气参数对故障电流演化影响的综合分析

7.4.2 节从暂态能量流的角度分析了平波电抗器和桥臂电感参数的影响，本节通过中心复合实验，综合分析平波电抗器 L_{dc}、桥臂电感 L_{arm}、中性线电感 L_n 和接地电阻 R_g 等主要电气参数对直流短路故障的直流故障电流、桥臂电流产生的影响。

对于直流系统而言，由于电路结构复杂，影响因素众多，难以对其建立精确的等效直流短路故障通用计算模型，且复杂模型也会为理论分析带来困难。而通过实验建立数据驱动经验模型则相对容易，通过中心复合实验设计可以大大减少实验次数，实现对实验数据的高效利用。

在柔性直流系统中，从直流侧单极接地短路故障发生到故障被成功切除，需要经过包括故障检测[20]、系统延迟和故障清除等诸多环节，目前从故障检测到保护动作装置动作的典型时间是 6ms。在这段时间内，故障电流发展迅速，各元件参数将直接影响故障状态，因此将故障发生至故障后 6ms 作为故障演化研究的考察范围。

在直流短路故障中，直流故障电流峰值和桥臂电流峰值分别关乎直流断路器的故障清除和换流站过流保护，是 MMC 保护系统关注的重点，这里选择二者作为研究对象。

采用的仿真模型及故障点设置如图 7-11 所示，各换流站具体参数见表 7-1。中心复合实验的参数设计如表 7-6 所示[21]。

表 7-6　中心复合实验参数设计

序列	L_{dc}/mH	L_{arm}/mH	L_n/mH	R_g/Ω
1	87.5	87.5	87.5	10
2	162.5	87.5	87.5	10
3	87.5	162.5	87.5	10
4	162.5	162.5	87.5	10
5	87.5	87.5	162.5	10
6	162.5	87.5	162.5	10
7	87.5	162.5	162.5	10
8	162.5	162.5	162.5	10
9	87.5	87.5	87.5	20
10	162.5	87.5	87.5	20
11	87.5	162.5	87.5	20
12	162.5	162.5	87.5	20
13	87.5	87.5	162.5	20
14	162.5	87.5	162.5	20
15	87.5	162.5	162.5	20

序列	L_{dc}/mH	L_{arm}/mH	L_n/mH	R_g/Ω
16	162.5	162.5	162.5	20
17	50.0	125.0	125.0	15
18	200.0	125.0	125.0	15
19	125.0	50.0	125.0	15
20	125.0	200.0	125.0	15
21	125.0	125.0	50.0	15
22	125.0	125.0	200.0	15
23	125.0	125.0	125.0	5
24	125.0	125.0	125.0	25
25	125.0	125.0	125.0	15

7.4.3.1　电气参数单独作用产生的影响

首先分析单独改变某一电气参数对故障电流的影响。单独改变某一参数,研究故障后 6ms 内的电流峰值,分析其单独作用时对直流故障电流峰值和桥臂电流峰值的影响,结果如图 7-22 所示。

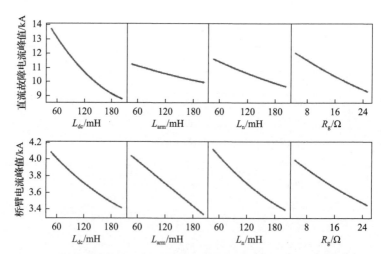

图 7-22　单独改变电气参数对直流故障电流峰值和桥臂电流峰值的影响

从图 7-22 可以直观地看出,故障后的 6ms 内,各参数变化均对直流故障电流峰值和桥臂电流峰值产生影响。其中平波电抗器的影响程度最大,平均每增大 1mH 平波电抗器电感值可以减少 32.5A 的直流故障电流峰值和 5A 的桥臂电流峰值,其次为中性线电感和接地电阻的影响。桥臂电感主要对桥臂电流峰值有明显的影响效果，平均每增大 1mH 桥臂电感可以减少 3.75A 的桥臂电流峰值，而对直流故障电流峰值的影响作用很小。

进一步对各电气参数对直流故障电流和桥臂电流的影响作用进行定量分析，并根据其影响程度进行排序，本章中，利用统计学中的 T 统计量对各类因素的影响显著性进行排序。T 统计量是用来对计量经济学模型中关于参数的单个假设进行检验的一种统计量。T 统计量越大，说明故障影响因素对故障电流的影响越显著，即改变相同程度引起的变化越大。各电气参数对直流故障电流和桥臂电流的影响作用 T 统计量如图 7-23 所示。

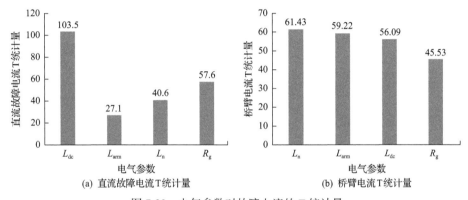

图 7-23　电气参数对故障电流的 T 统计量

由图 7-23 可知，在故障后的 6ms 内，对于直流故障电流的影响程度排序为 $L_{dc} > R_g > L_n > L_{arm}$，平波电抗器的影响远大于其他参数。根据 T 统计量可以计算出，平波电抗器的影响效果是桥臂电感的 3.8 倍、中性线电感的 2.5 倍。而对于桥臂电流的影响程度排序为 $L_n > L_{arm} > L_{dc} > R_g$，中性线电感对故障后 6ms 内桥臂电流的影响程度最强，其影响效果是桥臂电感的 1.04 倍、平波电抗器的 1.1 倍。但四类参数的影响程度相差不大，其中，中性线电感的影响最大，而接地电阻的影响最小。

7.4.3.2　电气参数交互作用产生的影响

7.4.3.1 小节对电气参数单独作用时对故障电流的影响进行了分析，本小节进一步分析电气参数交互作用(用*表示)时产生的影响，主要分析电气参数在交互改变时，对直流故障电流和桥臂电流产生的影响。按照中心复合实验设计的参数进行实验，每次改变两个电气参数，其交互作用下对故障电流的影响如图 7-24 所示。

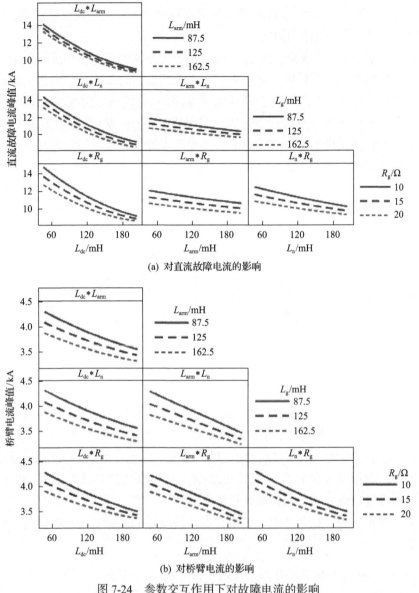

图 7-24　参数交互作用下对故障电流的影响

　　从图 7-24 可以看出，各个主电路参数之间交互作用对两类故障电流的影响均较小，在所有电感元件之间、直流线路中的电感元件与电阻元件之间，均存在削弱彼此主效应的交互作用，换言之，增大一类阻抗值，会减小另一类阻抗值的增大所带来的影响。

　　类似地，采用统计学中的 F 统计量对电气参数的交互作用进行定量分析，比较两类电气参数之间互相影响作用的程度，如图 7-25 所示。

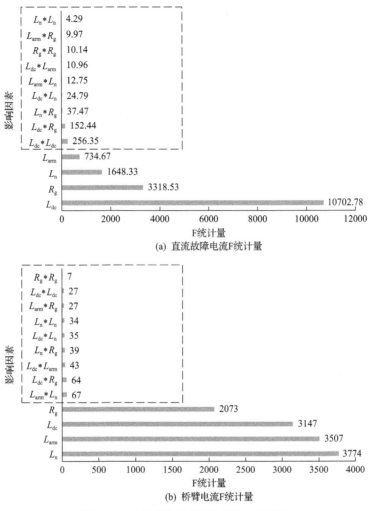

(a) 直流故障电流F统计量

(b) 桥臂电流F统计量

图 7-25　电气参数的交互作用的 F 统计量

由图 7-25 可知，电气参数之间的交互作用对直流故障电流和桥臂电流的影响相对于参数自身的影响要小得多，即使不同参数间交互作用会削弱元件对故障电流的抑制作用，该影响也较小，因此可以忽略。

7.5　从暂态能量流视角分析控制算法对故障电流演化的影响

7.5.1　控制算法综述

按照控制对象的不同，柔性直流系统中的控制算法可以划分为系统级控制、换流站极控级控制和换流站阀控级控制。其中，系统级控制算法负责换流站之间能量传输的协调配合，为换流站下达功率或电压的控制目标，如对功率的控制包括主从控制、下垂控制、电压裕度控制等；换流站极控级控制算法负责控制换流器稳定运行，包括换流器的外部特性控制、内部特性控制和启停控制，如基于 dq 解耦的直接电流控制、比例谐振控制[22]、无差拍控制[23]以及环流抑制控制[24]等；换流站阀控级控制的控制算法负责调制和子模块电容的均压控制。

当直流系统发生直流侧故障后，由于直流系统短路回路的阻抗大大降低，故障电流会迅速上升。控制算法的不同会对故障电流演化产生不同的影响，特别是针对故障条件下开发的限流控制算法，如虚拟阻抗等限流控制算法，能够通过改变换流器的控制算法，达到限制故障电流的目的。这类控制算法的开发与应用可以减少对故障限流器和直流断路器的依赖，具有投入成本低、动作迅速的优点。

目前，对于这类控制算法的研究已有很多，但大部分都是针对双端 VSC-MMC 直流系统，适用于柔性直流系统的限流控制算法很少。表 7-7 为柔性直流系统下不同故障电流控制算法的综合比较，除自适应控制算法外，其余都是针对双端直流系统的控制算法。

表 7-7　各种故障电流控制算法对比

项目	控制算法	直接控制量	优缺点		对短路电流特征的影响
1	虚拟阻抗[25,26]	有功参考值	优点：可抑制峰值和上升率	缺点：易对稳态产生影响	可使 IGBT 峰值电流上升率降低 34%，平均桥臂电流上升率降低 25%~26%，平均桥臂电流峰值降低 24%~32%
2	参考值置零[27]	有功参考值	优点：算法简单	缺点：有功中断	文献[27]中，设置直流电压参考值为零，相较于设置输出电压为零，可使故障电流峰值降低 2kA
3	反压抑制[28]	桥臂电压参考值	优点：简单，电容电压稳定	缺点：无法抑制故障电流峰值，控制时间长	该算法可在 0.1s 内将故障电流幅值限制在设定值以内
4	单桥臂直流电压置零[29]	桥臂电压参考值	优点：同时抑制电流和传送功率	缺点：计算复杂	文献[29]中，该算法可以使故障电流峰值下降 60%
5	直流电流反馈控制[30]	桥臂电压参考值	优点：简单，不必切换状态	缺点：控制效果有限	根据文献[30]的研究，可以将桥臂电流峰值上升率降低 20%
6	闭锁控制（多种）[31,32]	调制波	优点：快速有效	缺点：有功传输中断	文献[31]和[32]中，故障电流的峰值可以下降 21%
7	自适应控制[33]	调制波	优点：可抑制故障电流峰值和上升率	缺点：容易造成桥臂承受三相短路电流	文献[33]中，换流器使用限流控制后，DCCB 的开断电流减小了 46.95%，耗散能量减小了 67.93%

现有文献中的直接控制量主要包括有功参考值、桥臂电压参考值以及调制波三个，控制的电气参数包括交流电流、直流电流、子模块电压和桥臂电流，这些

量之间具有相互影响关系。而对故障电流的控制，本质上是对故障下的能量进行控制。以下针对柔性直流系统，分别从换流站极控级控制和换流站阀控级控制两个层次，对常用的主从控制算法(极控级控制)、虚拟阻抗法(阀控级控制)和自适应控制算法(阀控级控制)对暂态能量流以及故障电流的影响进行分析。

7.5.2　主从控制算法对故障电流演化的影响

在现有的多端直流系统中，一种常用的主从控制方式是设定某一换流站为直流电压控制站，其余换流站采用定有功无功功率控制，其控制模式如图 7-26 所示。其中，直流侧定电压控制、交流侧定有功功率控制和交流侧定无功功率控制由外环功率控制器完成。

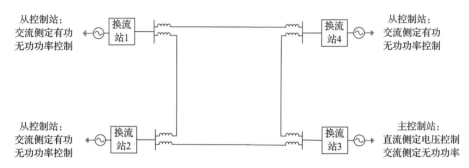

图 7-26　常用主从控制策略模式

图 7-27 和图 7-28 为交流侧定有功无功功率控制框图，其中 P_s 为交流侧有功功率实际值，P_s^* 为交流侧有功功率指令值，Q_s 为交流侧无功功率实际值，Q_s^* 为交流侧无功功率指令值，u_{sd} 为网侧电压 d 轴分量，i_{vd}^* 为内环电流控制器 d 轴电流分量指令值，i_{vq}^* 为内环电流控制器 q 轴电流分量指令值，i_{vdmax}、i_{vqmax} 为限幅值。图 7-29 为直流侧定电压控制框图，其中，U_{dc} 为直流侧实际电压，U_{dc}^* 为直流侧电压指令值。

本节主要研究常规换流站极控级控制对直流侧线路故障的影响。设置在如图 7-11 所示四端模型中故障点 2 发生单极对地短路故障，观察不同站点负责直流电压控制、其他换流站采用定有功无功功率控制时，基于暂态能量流的直流故障演化。换流站 1~4 分别采取定直流电压控制的暂态能量流如图 7-30 所示。

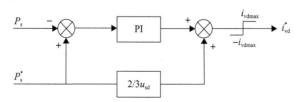

图 7-27　交流侧定有功功率控制框图

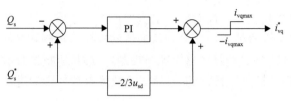

图 7-28　交流侧定无功功率控制框图

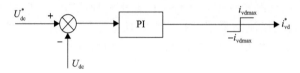

图 7-29　直流侧定电压控制框图

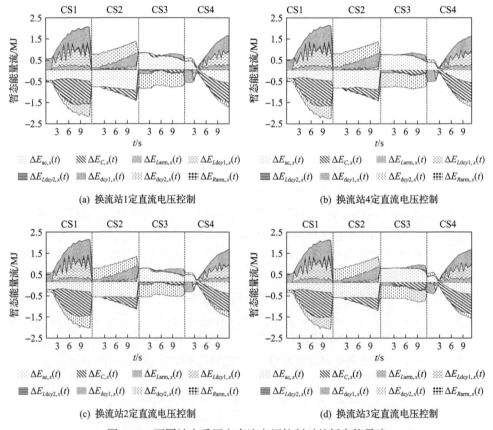

图 7-30　不同站点采用定直流电压控制时的暂态能量流

图 7-30 中，$\Delta E_{Ldcy1,x}$、$\Delta E_{Ldcy2,x}$ 分别表示换流站 x 的直流线路 y_1 和直流线路 y_2 的平波电抗器上的暂态能量流，$\Delta E_{dcy1,x}$、$\Delta E_{dcy2,x}$ 分别表示换流站 x 的直流线路 y_1

和直流线路 y_2 传输的暂态能量流，当 $x=1$ 时，$y_1=1$，$y_2=2$；当 $x=2$ 时，$y_1=2$，$y_2=3$；当 $x=3$ 时，$y_1=3$，$y_2=4$；当 $x=4$ 时，$y_1=4$，$y_2=1$。从图 7-30 中可以看出，HVDC 系统中不同换流站的极控采用定直流电压控制算法对故障电流的影响较小，四种情况下的暂态能量流发展规律基本相同，仅故障线路两端的换流站的线路传输的暂态能量流幅值存在细微差异，故障后 6ms 内，暂态能量流差异率约为 11.4%，因此，常规主从控制算法下定直流电压控制换流站的选择对故障电流的影响很小。四个换流站分别采用定直流电压控制时，换流站 1 的故障电流波形如图 7-31 所示。

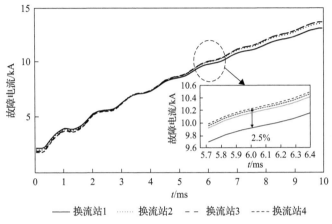

图 7-31　不同换流站采用定直流电压控制时的故障电流

图 7-31 中，换流站 1 表示换流站 1 实行定直流电压控制，其余换流站实行定有功无功控制时直流短路故障电流的演化过程，以此类推。从图 7-31 中可以看出，四种情况下的换流站 1 的直流线路 1 的故障电流差别很小，故障后 6ms 内直流线路 1 故障电流差异率在 2.5% 之内。与之前的暂态能量流的分析结果一致，即对于类似张北柔性直流电网工程的四端双回路柔直系统来说，在主从控制下，定直流电压控制换流站的选择对故障电流的抑制作用很小。

7.5.3　虚拟阻抗算法对故障电流演化的影响

传统的虚拟阻抗算法是在直流母线出口处附加虚拟电感，将该电感特性进行数学建模后映射到控制器中进而发挥相应的作用[34]。如此可实现对故障电流上升水平的抑制，并且在 MMC 闭锁后控制器失效，亦不会影响到闭锁后故障电流的衰减过程。直流侧附加虚拟阻抗示意图如图 7-32 所示。其中 L_v 和 R_v 代表虚拟电感和虚拟电阻，U_{dc2} 为直流电压反馈值。稳态运行时，I_{dc} 的变化量为 0，则 U_{dc2} 为一个固定值，电压指令值与 U_{dc2} 无差值变化，则输出的电流指令值不变；故障发生时，I_{dc} 增大，通过传递函数之后，电压变化量增大，则 U_{dc2} 增大，电压指令值与 U_{dc2} 的差值减小，通过 PI 调节，直流电流指令值减小。

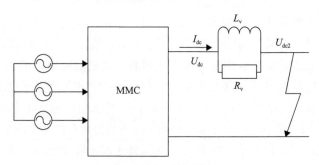

图 7-32　直流侧附加虚拟阻抗示意图

图 7-33 和图 7-34 分别是定直流电压控制的附加虚拟阻抗的电压外环控制框图和定有功功率控制的附加虚拟阻抗的功率外环控制框图。在外环定直流电压控制或定有功功率控制中加一个微分滞后环节，等效于在直流母线出口处加一个阻抗，稳态运行时，电感相当于短路，运行不受影响，当发生极间短路时，电感具有储能的作用，因此可以减小故障电流的峰值。

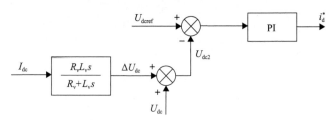

图 7-33　定直流电压控制的附加虚拟阻抗的电压外环控制框图

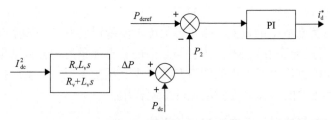

图 7-34　定有功功率控制的附加虚拟阻抗的功率外环控制框图

在实际控制中，直流电压反馈值 U_{dc2} 应为

$$U_{dc2} = U_{dc} + I_{dc} \times \frac{L_v R_v s}{L_v s + R_v} \tag{7-17}$$

有功功率的反馈值 P_2 应为

$$P_2 = P_1 + I_{dc}^2 \times \frac{L_v R_v s}{L_v s + R_v} \tag{7-18}$$

　　为分析虚拟阻抗算法对直流故障电流的影响，设置在如图 7-11 的四端模型中故障点 2 发生双极对地短路故障，故障发生在 1s。

　　选择在四端都投入限流控制算法，根据虚拟阻抗的传递函数，换流站 1、2、3 的虚拟阻抗为 $R_v=2\Omega$、$L_v=200\text{mH}$，换流站 4 的虚拟阻抗为 $R_v=0.2\Omega$、$L_v=6\text{mH}$。虚拟阻抗算法对换流站 1 出口处直流故障电流演化的影响如图 7-35 所示。

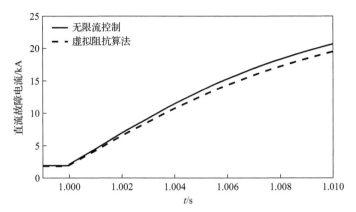

图 7-35　虚拟阻抗算法对换流站 1 出口处直流故障电流演化的影响

　　从图 7-35 可以看出，当 $t=1.010\text{s}$ 时，换流站 1 出口处直流故障电流在无限流控制的条件下故障电流为 20.68kA，加入虚拟阻抗时为 19.41kA，因此虚拟阻抗能够抑制故障电流 1.27kA，抑制率为 6.14%。

　　下面分析虚拟阻抗算法对暂态能量流的影响，采用与上述同样的故障模型。虚拟阻抗算法对换流站 1 正极暂态能量流演化的影响如图 7-36 所示。

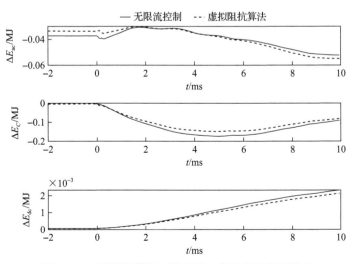

图 7-36　虚拟阻抗算法对换流站 1 暂态能量流的影响

图 7-36 表明，加入虚拟阻抗后，故障后 10ms 时刻，换流站电容元件暂态能量流 ΔE_C 的抑制率为 10.14%，直流端输出的暂态能量流 ΔE_{dc} 的抑制率为 8.19%，并且对于交流侧三相交流系统注入柔性直流系统的暂态能量流 ΔE_{ac} 没有明显的影响。综上，从故障电流抑制率和暂态能量流的抑制率都可以看出，虚拟阻抗算法对于直流出口处的故障电流具有限流的效果。

由于换流站 4 采用的是定直流电压控制，与其他三个站不同，因此本节还分析了当故障发生在换流站 4 出口处时，虚拟阻抗算法对换流站 4 出口处的直流故障电流的影响，采用的模型和设置同上，虚拟阻抗算法对换流站 4 出口处直流故障电流的演化影响如图 7-37 所示。

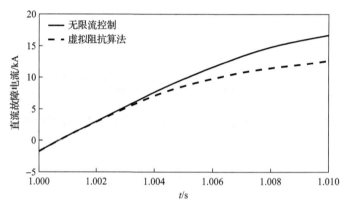

图 7-37　虚拟阻抗算法对换流站 4 出口处直流故障电流的演化影响

从图 7-37 可以看出，当 t=1.010s 时，无限流控制条件下换流站 4 出口处直流故障电流与虚拟阻抗控制的直流故障电流分别为 16.64kA 和 13.13kA，抑制率为 21.09%。相比在定有功功率控制的换流站 1 处投入虚拟阻抗控制，故障电流抑制效果更加明显。

从图 7-38 看出，加入虚拟阻抗后，t=1.010s 时，换流站电容元件暂态能量流 ΔE_C 的抑制率为 36.18%，直流端输出的暂态能量流 ΔE_{dc} 的抑制率为 37.8%，并且对于交流侧三相交流系统注入柔性直流系统的暂态能量流 ΔE_{ac} 具有明显的影响。因此，从故障电流抑制率和暂态能量流抑制率分析结果可以看出，虚拟阻抗算法对直流出口处和交流侧的故障电流均有抑制效果。

综上，从故障电流抑制率和暂态能量流的抑制率分析中均可以看出虚拟阻抗算法对于直流故障电流的抑制起到了一定的作用，并且当故障发生在定直流电压控制的换流站出口处时，其对直流故障电流的抑制效果会更好。

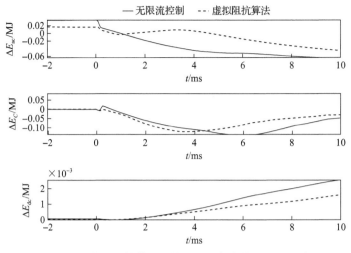

图 7-38　虚拟阻抗算法对换流站 4 暂态能量流的影响

7.5.4　自适应控制对故障电流演化的影响

本节以文献[33]所述的控制策略为例分析自适应控制对故障电流的影响，其控制框图如图 7-39 所示。图中，K_D 为微分系数，K_{dif} 为电流变化率限流环节输出，K_{fit} 为自适应限流环节输出，K_M 为调制系数，K_{min} 为电流变化率限流环节调制系数最小值，Q_{ref} 为无功外环控制参考值，Q_{pu} 为无功功率标幺值，U_{ref_Ap}、U_{ref_Bp}、U_{ref_Cp} 为 a、b、c 相上桥臂子模块电压参考值，U_{ref_An}、U_{ref_Bn}、U_{ref_Cn} 为 a、b、c 相下桥臂子模块电压参考值，$U_{ref\_Ap\_pu}$、$U_{ref\_Bp\_pu}$、$U_{ref\_Cp\_pu}$ 为 a、b、c 相上桥臂子模块电压标幺化参考值，$U_{ref\_An\_pu}$、$U_{ref\_Bn\_pu}$、$U_{ref\_Cn\_pu}$ 为 a、b、c 相下桥臂子模块电压标幺化参考值，U_{dcfit} 为电压自适应限流控制信号值，ΔK_{dif} 为电路变化率限流控制控制误差，U_{line1}、U_{line2}、U_{linei} 为直流线路的电压，U_{dcN} 为直流额定电压。该方案通过换流器控制器调节故障期间投入的子模块数量，降低换流器输出的直流电压，以抑制故障电流。其控制器包括限流控制器、极控制器和阀控制器三部分。其中，极控制器采用常规的 PQ 控制，阀控制器采用电容均压控制和底层调制。

限流控制器在常规半桥型 MMC 控制器的基础上增加两个控制环节：电流变化率限流环节和电压自适应限流环节，电流变化率限流环节在系统运行时始终投入，而电压自适应限流环节仅在故障情况下投入。故障发生后，电流变化率限流环节立刻发挥作用，初步限制故障电流的发展；直流保护系统监测到故障后，切换为电压自适应限流，进一步抑制故障电流的上升。

7.5.3 节和本节分别对虚拟阻抗算法和自适应控制原理进行了分析并研究了它们抑制故障演化的效果，下面进一步对这两种算法的限流能力进行对比。控制算法对故障电流和暂态能量流的影响分别如图 7-40 和图 7-41 所示。

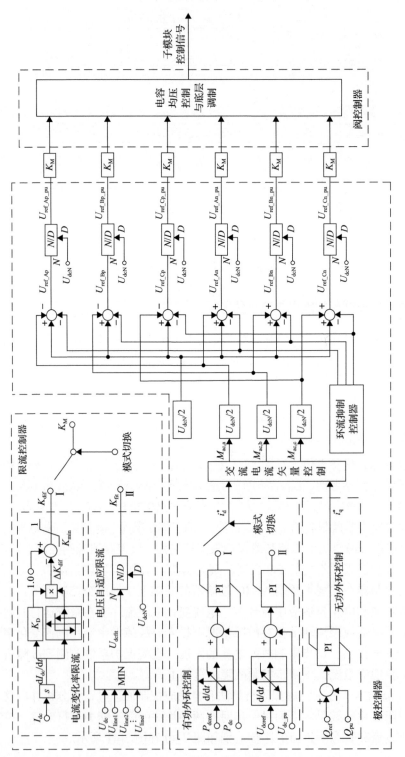

图 7-39 自适应控制的控制框图

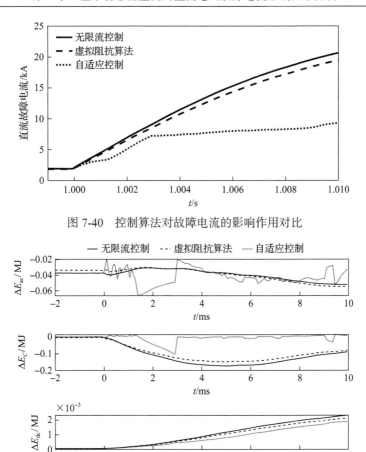

图 7-40 控制算法对故障电流的影响作用对比

图 7-41 控制算法对暂态能量流的影响作用对比

从图 7-40 中可以看出，在故障后 10ms 内，对于故障电流，虚拟阻抗算法可以抑制 1.27kA，自适应控制可以抑制 11.38kA，抑制率分别为 6.14%、55.03%。说明这两种控制算法对故障电流的峰值和上升率都有抑制效果，且自适应控制算法的抑制作用更加显著。从图 7-41 的暂态能量流图可以看出，故障后 10ms 时，虚拟阻抗和自适应控制两种算法对换流站直流端输出的暂态能量流 ΔE_{dc} 的抑制率分别为 8.19%、18.45%；同样可以看出自适应控制的抑制效果明显好于虚拟阻抗控制。

7.6 基于暂态能量流的柔性直流系统接地方式及参数优化

7.6.1 接地方式优化综述

柔性直流系统的接地方式与系统可靠性、稳态和暂态运行特性、设备绝缘水平、过电压及过电流等密切相关，并影响柔性直流系统中所采取的保护策略、网络可扩展性和投资运行成本等，因此是柔性直流系统基础理论中的重要研究点。在直流系统发生故障时，采用高阻抗接地方式可能导致过电压，而低阻抗接地方式容易导致过电流，因此如何设计接地方式，需要开展深入的研究。

现有柔性直流电网结构主要分为对称单极接线与双极接线两种形式，其对应接地方式可分为交流侧接地和直流侧接地两种类型[35]。交流侧接地包括联接变压器阀侧经星型连接电抗器串联电阻接地、联接变压器中性点串电阻或大电抗接地，主要用于对称单极系统；直流侧接地包括中性点经钳位电容或电阻接地，主要用于双极结构。不同接地方式下的故障机理得到了充分分析[36]，如文献[37]针对基于电压源换相的高压直流输电系统，对不同接地方式下的电网谐波特性、交流母线故障特性以及直流线路故障特性进行了仿真研究，分析得出滤波器中性点与直流电容中点相连并通过高阻接地对于提高基于电压源换相的高压直流输电系统的性能更加有利。

以上研究主要针对单极接线方式下的单极对地故障(pole-to-ground short circuit fault，PTGF)时的系统性能做了多方面的分析。与单极接线方式系统不同，双极柔性直流电网由于接线形式的差异，通常采用直流侧中性点直接接地或经金属回线接电阻或电抗接地。相比单极柔性直流系统，双极柔性直流电网可以提高可靠性并减少单极大地大负荷运行时对环境的影响[38]。在接地方式的选择方面，文献[39]～[48]分别针对直接接地、阻感并联接地、共用接地极接地、金属回线接地等不同接地方式对各类短路故障的影响进行了分析。接地参数的设置方面，文献[44]研究了参数设置对中性点过电压的影响。文献[45]对单极和双极柔性系统接地方式以及相应接地电阻的取值对直流接地故障的影响进行了研究，从保障系统稳定运行的角度出发对直流系统接地方案选择给出了建议。文献[49]分析了张北工程发生 PTGF 时健全极过电压机理，认为健全极过电压的主要原因是金属回线中故障电流的流通导致的中性点电位的抬升，并得出接地极电阻和中性线电抗对中性点电位影响较大的结论。这些文献充分分析论证了合适的接地方式在双极 HVDC 电网中的重要作用，但多停留在机理分析阶段，多关注金属回线问题，对电网系统内接地阻抗、接地地点的具体设置的优化鲜有涉及。因此，开展双极结构下的柔性直流系统接地方式与参数优化的研究，对推动柔性直流系统的工程化发展具有重要的实际意义。

以下各节将从暂态能量流视角出发，在定量分析接地方式和接地参数对直流短路故障演化的影响的基础上，提出 TEF 抑制率及抑制效率评价指标，对接地方式及接地参数进行优化[47]。

7.6.2　基于暂态能量流的抑制率及抑制效率的定义

1) TEF 抑制率定义

从 7.4 节暂态能量流时空分布可以看出，直流短路故障发生后，换流阀交流测、桥臂电容以及相邻线路暂态能量流为主要能量释放源，基于能量守恒定律，对于基于半桥子模块柔性直流系统任意一端换流站有

$$\Delta E_{ac} + \Delta E_{Larm} + \Delta E_C + \Delta E_{Rarm} + \Delta E_{dc} + \Delta E_{line} = 0 \qquad (7\text{-}19)$$

式中，ΔE_{dc} 为直流侧(包括直流限流电抗器)TEF；ΔE_{ac}、ΔE_{Larm}、ΔE_C、ΔE_{Rarm}、ΔE_{line} 分别为交流侧、桥臂电感、桥臂电容、桥臂电阻以及故障点一端换流站相邻线路 TEF。

对于多端柔性直流系统的整流侧换流站，其能量流包括式(7-19)中的六个部分。稳态条件下，能量释放的主要来源是交流系统；故障条件下，能量主要释放源是交流系统、桥臂电容以及其他线路馈入能量[48]。而对于能量的吸收(或耗散)部分，其构成则较为复杂，包括换流站桥臂电感、桥臂电阻、直流平波电抗器、线路以及直流侧等效负荷等。对于逆变侧换流站，不同的是，交流侧从能量释放转变为能量吸收，但故障后 TEF 峰值阶段能量传递特性与整流侧类似。因此，为了方便分析，后面均采用能量释放侧的 TEF，用 ΔE_{rel}(代指交流侧、桥臂电容或线路 TEF)消涨来分析接地方式不同的限流效果。对于柔性直流系统，TEF 的波动越小表明系统能量传输越稳定，在故障初始能量相同的条件下，TEF 越小表明能量释放越缓慢，即故障发展越缓慢。据此，本章提出 TEF 抑制率以及 TEF 抑制效率的概念，考虑到直流断路器保护要求在故障发生后 10ms 内完成故障清除，以直接接地时故障发生后 10ms 内 ΔE_{rel} 的峰值为基准值，记为 ΔE_{rel0}，则不同接地方式及接地参数下能量释放侧 TEF 抑制率 λ_{Zi} 定义为

$$\lambda_{Zi} = \frac{\Delta E_{rel0} - \Delta E_{relZi}}{\Delta E_{rel0}} \times 100\% \qquad (7\text{-}20)$$

式中，ΔE_{rel0} 为直接接地即接地阻抗为 0 时，从故障开始时刻至故障发生后 10ms 内元件或区域 TEF 的峰值，即元件或区域暂态能量流的峰值；ΔE_{relZi} 为接地阻抗为 Z_i 时，从故障开始时刻至故障发生后 10ms 内元件或区域 TEF 的峰值。整个公式的含义为接地参数变化引起的 TEF 的变化量，体现了接地参数变化时相对于接地参数为 0 时其抑制元件或区域暂态能量流的能力；正值表示改变接地方式(接地位置及接地阻抗变化)后 TEF 减小，能量增长放缓，数值越大，增速下降越快；负值表示 TEF 增大，能量增长加速，绝对值越大，增速增长越快。故障条件下，希望 TEF 抑制率为正且越大越好。

2) TEF 抑制效率定义

相应地，TEF 抑制效率 $k_{\lambda Zi}$ 定义为

$$k_{\lambda Zi} = \frac{\lambda_{Zi}}{Z_i} \qquad (7\text{-}21)$$

式中，Z_i 为接地阻抗。

式(7-21)表征单位电阻或电抗的抑制率，从而定量评价不同参数接地阻抗的限流效率的高低，体现了通过增加接地阻抗方法达到限制能量释放的经济性。

7.6.3 基于暂态能量流的接地方式限流效果分析

参考张北柔性直流电网数据，在 PSCAD/EMTDC 中搭建双极柔性直流系统，如图 7-42 所示。其中，换流站 1 和 2 是送端，换流站 3 和 4 是受端。各换流站中性点通过金属回线连接，在定电压控制的换流站 4 处接地。其中，MMCx1 和 MMCx2 分别代表换流站 x(x=1,2,3,4)的正负换流阀。直流系统的具体参数如表 7-1 所示。

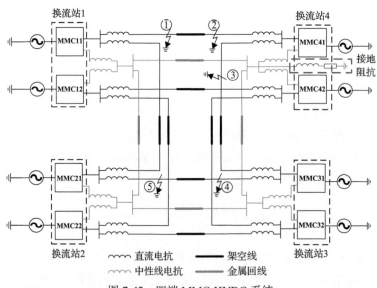

图 7-42　四端 MMC-HVDC 系统

假设系统初始运行于稳态，在 t=1s 时，换流站出口处发生单极对地故障(故障接地电阻为 0.01Ω)。考虑到直流系统要求必须在 10ms 内实现故障清除，这里采用故障后 10ms，即 1～1.01s 内的数据进行分析。直流故障发展是毫秒级的，所以 TEF 计算采用的积分步长 $\Delta t = t\text{-}t_0$ =1ms。

考虑最严重的故障，故障点均设置在换流站出口处，正负极对称，则正极故

障点对地短路的故障特性有较大的代表性，因此，设置如图 7-42 所示的直流系统故障点①~⑤。

图 7-43 是换流站 4 电阻接地，点①发生故障时，各部分 TEF 抑制率和抑制效率随电阻变化的趋势。图 7-43(a) 中交流侧 TEF 抑制率与抑制效率在任一电阻下均为负值，表明接地电阻会促进交流侧向故障点馈入能量。图 7-43(b) 和 (c)中桥臂电容和相邻线路 TEF 抑制率与抑制效率趋势基本一致，TEF 抑制率随电阻的增加而增大，在 40Ω 后基本不变，而 TEF 抑制效率则是在不断下降中，可见抑制率与抑制效率是一对矛盾的目标函数。相比之下，桥臂电容的 TEF 抑制率最

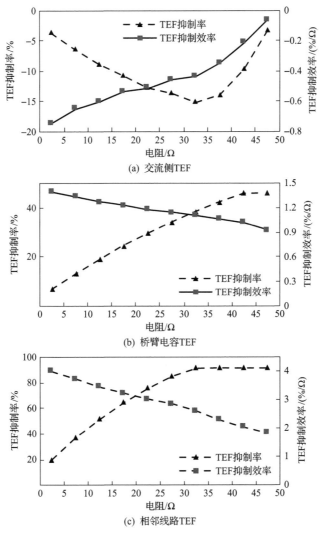

图 7-43　故障①条件下换流站 4 电阻接地时 TEF 抑制效果

后稳定在 45%，相邻线路 TEF 抑制率则维持在 90%。同样，桥臂电容 TEF 抑制效率从 1.4%/Ω 降到 0.9%/Ω，而相邻线路 TEF 抑制效率从 4%/Ω 降到 1.8%/Ω。

图 7-44 是换流站 4 电抗接地，发生故障①时，各部分 TEF 抑制率和抑制效率随电感变化的趋势。

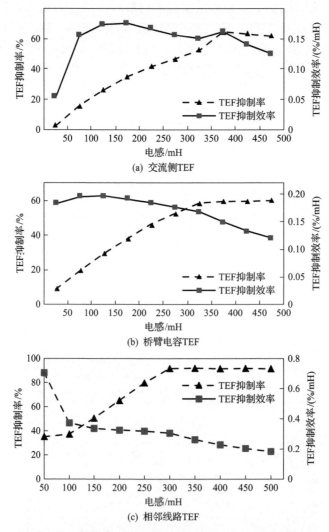

图 7-44　故障①和换流站 4 电抗接地时 TEF 抑制效果

相较于电阻接地，图 7-44(a) 中电抗接地对交流侧 TEF 具有明显的抑制效果，随着电抗增加，TEF 抑制率不断上升，至 400mH 达到 64%并基本维持不变，抑制效率则在 0.05～0.16%/mH 之间波动。图 7-44(b) 和 (c) 中桥臂电容 TEF 和相邻线路 TEF 的抑制率均随电感的增加而上升，分别在 350mH 和 300mH 达到 60%和

91%并基本不变；桥臂电容 TEF 抑制效率在 0.12～0.2%/mH 之间波动，相邻线路 TEF 抑制效率从 0.7%/mH 迅速下降至 0.2%/mH。从各部分 TEF 抑制率的数值上看，接地电抗要优于接地电阻，但接地电抗的使用存在严重的健全极过电压，电抗取值被限制在 100mH 以内，制约了其使用。

7.6.4　基于暂态能量流的接地方式及参数优化模型与优化结果讨论

根据上述接地方式限流效果，综合 TEF 抑制率及 TEF 抑制效率指标，可以定量表征接地方式及接地参数的变化对直流故障电流的综合影响。因此，本节基于变换器交流侧注入、子模块电容以及相邻线路三部分的 TEF 抑制率与 TEF 抑制效率构成对应的 TEF 综合优化目标函数，以接地点及接地阻抗参数为优化变量，同时考虑故障位置与中性线电抗的影响，以接地方式和接地参数为优化变量构建优化模型。其中，接地电阻取值范围设置为 0～50Ω，参数步长间隔 5Ω，接地电感取值范围设置为 0～500mH，参数步长间隔 50mH，即各次实验均为 11组。同时考虑不同故障点的影响，设置 5 个不同的出口处单极对地故障，如图 7-42 所示；同时考虑接地点的影响，在四个换流站依次接地。本节通过建立双极直流系统单极对地故障的 PSCAD/EMTDC 模型，对所提出的模型的有效性进行了验证。

7.6.4.1　接地方式及参数优化模型

1）优化模型

综合 TEF 抑制率和 TEF 抑制效率为目标函数，对接地阻抗值、中性线电抗值以及直流系统的接地点三个因素进行优化配置，即

$$\begin{cases} \max f = \alpha f_1(X_1, X_2, X_3) + \beta f_2(X_1, X_2, X_3) \\ \qquad\quad + \eta f_3(X_1, X_2, X_3) \\ g_i(X_1, X_2, X_3) \leqslant 0, \quad i = 1, 2, \cdots, m \\ X_1 \in S_1, X_2 \in S_2, X_3 \in S_3 \end{cases} \tag{7-22}$$

式中，f 为综合考虑 TEF 抑制率和 TEF 抑制效率的优化目标函数；α、β 和 η 为权重；f_1、f_2 和 f_3 为子目标函数；X_1、X_2 和 X_3 为待优化的变量；$g_i(X_1, X_2, X_3)$ 为约束函数；m 为约束条件的数量；S_1、S_2 和 S_3 分别为 X_1、X_2 和 X_3 的取值范围，以下分别予以详细讨论。

2）优化目标函数

基于前面定义的 TEF 抑制率与 TEF 抑制效率，将二者结合形成评价不同接地

方式对故障的抑制效果的函数。为此，对二者进行了标幺化处理。对应能量释放侧的换流站交流侧、桥臂电容和相邻线路三部分 TEF 的子目标函数 f_1、f_2 以及 f_3 定义为

$$
\begin{aligned}
f_1\left(X_1, X_2, X_3\right) &= \lambda_{1Zi}^*\left(X_1, X_2, X_3\right) + k_{1\lambda Zi}^*\left(X_1, X_2, X_3\right) \\
f_2\left(X_1, X_2, X_3\right) &= \lambda_{2Zi}^*\left(X_1, X_2, X_3\right) + k_{2\lambda Zi}^*\left(X_1, X_2, X_3\right) \\
f_3\left(X_1, X_2, X_3\right) &= \lambda_{3Zi}^*\left(X_1, X_2, X_3\right) + k_{3\lambda Zi}^*\left(X_1, X_2, X_3\right)
\end{aligned}
\tag{7-23}
$$

式中，上标*表示标幺化。

3) 优化变量

连续变量 X_1 和 X_2 分别代表接地电阻和接地电抗取值，整数变量 X_3 表示接地点位置，即

$$
\begin{aligned}
X_1 &= [R_1, R_2, \cdots, R_i] \\
X_2 &= [L_1, L_2, \cdots, L_j] \\
X_3 &= [P_1, P_2, \cdots, P_k]
\end{aligned}
\tag{7-24}
$$

式中，R_i 和 L_j 分别为接地电阻和电抗值的某个取值，i 和 j 则代表其数量；P_k 为接地点位置，k 代表不同的换流站。

4) 约束条件

对于采用金属回线的直流系统，在直流故障电流的作用下，非故障极线路电压在故障后迅速抬升，而接地阻抗的存在会加剧这一过程。过大的过电压会对各部分作为保护用的避雷器提出更高的要求，从而提高了建设成本，因此需要对其过电压水平进行限制，以将绝缘压力降低到一定水平，该约束可表达为

$$
\left|U_{\mathrm{dcno}}\right| < k_U U_{\mathrm{dcN}}
\tag{7-25}
$$

式中，U_{dcno} 为非故障极直流电压；k_U 为非故障极电压的过压系数。双极直流系统直流侧接地故障时过电压应不大于 2.0p.u.，则此处取 2.0p.u.。

5) 优化方法

由于所考虑的优化变量个数少，且取值范围有限，本节采用枚举法对中性线电抗和接地阻抗参数以及接地点位置进行优化，简单而有效。目标函数所需数据均可以通过 PSCAD 仿真获得，这为枚举法的应用带来方便。其优化流程如图 7-45 所示，其中 i^* 为最优接地电阻和接地电感值的索引，$f_{\max}$ 为目标函数的最大值。

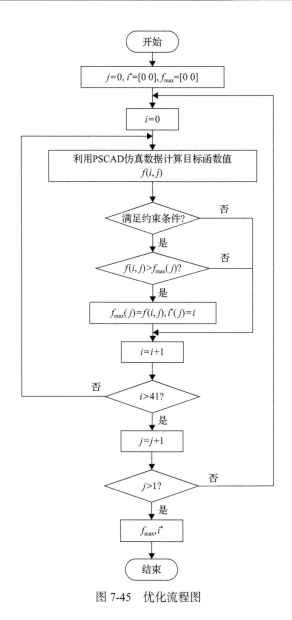

图 7-45　优化流程图

7.6.4.2　接地方式及参数优化结果分析

采用式(7-22)综合优化目标函数进行优化分析时，首先确定优化方程中权重 α、β、η 的取值。式(7-26)表示换流站 1 中，交流侧 TEF、桥臂电容 TEF 或相邻线路 TEF 分别与三者 TEF 之和的比。

$$D_{\mathrm{rel}Z_i} = \frac{\left|\Delta E_{\mathrm{rel}Z_i}\right|}{\Delta E_{\mathrm{sum}Z_i}} = \frac{\left|\Delta E_{\mathrm{rel}Z_i}\right|}{\left|\Delta E_{\mathrm{ac}Z_i}\right| + \left|\Delta E_{CZ_i}\right| + \left|\Delta E_{\mathrm{line}Z_i}\right|} \tag{7-26}$$

式中，$D_{\mathrm{rel}Z_i}$ 为阻抗为 Z_i 时，交流侧 TEF、桥臂电容 TEF 或相邻线路 TEF 的占比；$\Delta E_{\mathrm{rel}Z_i}$ 为阻抗为 Z_i 时交流侧 TEF、桥臂电容 TEF 或相邻线路 TEF；$\Delta E_{\mathrm{sum}Z_i}$ 为阻抗为 Z_i 时交流侧 TEF、桥臂电容 TEF 与相邻线路 TEF 之和；$\Delta E_{\mathrm{ac}Z_i}$、$\Delta E_{CZ_i}$ 和 $\Delta E_{\mathrm{line}Z_i}$ 分别为阻抗为 Z_i 时，交流侧 TEF、桥臂电容 TEF 和相邻线路 TEF。

图 7-46(a) 是换流站 4 接地，中性线电抗为 300mH，故障点①发生单极对地故障时，分别采用 0Ω、15Ω、30Ω 电阻接地时故障后 10ms 内换流站 1 交流侧 TEF、桥臂电容 TEF 和相邻线路 TEF 占三者之和 $\Delta E_{\mathrm{sum}Z_i}$ 的比例随时间的变化。图 7-46(a) 中无接地电阻时，故障后 4ms，桥臂电容 TEF 占比从较低值上升到 50% 成为能量释放的主要来源；故障后 10ms，交流侧 TEF 占比则是从 65% 降到约 30%，而相邻线路 TEF 的比例在 20% 左右波动。同时，接地电阻主要改变交流侧和相邻线路 TEF，据此，式(7-22)中，权重 α、β 和 η 分别取值为 0.3、0.5 和 0.2。

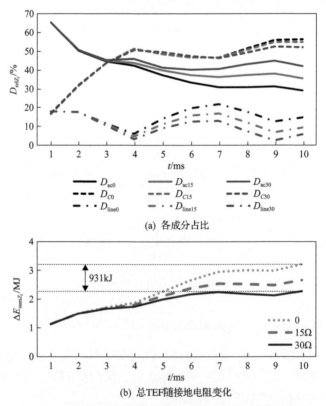

(a) 各成分占比

(b) 总TEF随接地电阻变化

图 7-46　换流站 1 能量释放侧 TEF 随接地电阻的变化曲线

图 7-46(b)是能量释放侧的总 TEF 随接地电阻的变化情况,可见能量的释放速度不断攀升。故障后 3ms 内,接地电阻对能量的影响非常有限,之后,接地电阻的增加能明显抑制能量的释放速度,故障后 7ms 时采用 30Ω 接地电阻最大降幅达 931kJ,近 30%。

下面针对不同情况,对接地参数优化结果进行分析。

1)故障点在①且换流站 1~换流站 3 接地

前面详细分析了换流站 4 接地,故障发生在点①时的接地参数抑制效果,在此基础上,这里考虑接地点改变对接地参数抑制效果的影响。对于柔性直流系统,可在任意换流站接地,也可以在多地同时接地,由于接地点的建设成本较高,且就故障抑制而言效果并不是很明显,这里暂不考虑多地接地的情况。

采用相同的方法对换流站 1~换流站 3 接地下,分别采用电阻和电抗接地的情况进行分析,并分别计算对应的目标函数值。图 7-47 是在不考虑约束条件的情况下,不同接地点目标函数值随阻抗值变化的趋势。

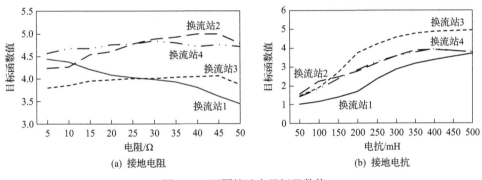

(a) 接地电阻　　　　　　　　　(b) 接地电抗

图 7-47　不同接地点目标函数值

图 7-47(a)中采用接地电阻时,目标函数均在 3~5 之间,不同接地点目标函数值随电阻变化的趋势不同。相比之下,采用接地电抗时接地点目标函数值呈现明显的上升趋势,峰值与接地电阻持平。由于金属回线的存在,接地点不同使得同一故障点故障后的回路也会产生一定差异,影响 TEF 抑制率与 TEF 抑制效率计算的基础值,从而不能直接以目标函数值决定最优取值。因此,采用式(7-27)对目标函数值进行标准化。

$$\max f^* = \frac{\max f}{k_{\text{Iov}} k_{\text{Uov}}} \tag{7-27}$$

式中,k_{Iov} 和 k_{Uov} 分别为无接地阻抗时,各直流系统的故障线路电流的过流倍数和健全极电压过压倍数;上标*表示标幺值。

表 7-8 给出了不同接地点接地电抗和接地电阻的优化结果。

表 7-8　接地点与接地参数优化结果

接地参数		接地点			
		换流站 1	换流站 2	换流站 3	换流站 4
电阻	电阻值/Ω	5	40	40	30
	目标函数值	4.438	4.994	4.046	4.845
	标准化后目标函数值	0.442	0.410	0.540	0.554
电抗	电抗值/mH	100	50	100	50
	目标函数值	1.163	1.575	1.907	1.449
	标准化后目标函数值	0.116	0.170	0.194	0.166

从表 7-8 可以看出，受到健全极过电压的约束，接地电抗的目标值远低于接地电阻。在标准化后，不同接地电阻的目标值之间，换流站 2 和换流站 4 相当，换流站 1 和换流站 3 相当，而前者要高于后者，可见在受端换流站接地要优于送端换流站。由于换流站 4 采用定电压控制方式，具有更强的调节能力，更适于接地，因此，在换流站 4 采用 30Ω 电阻接地被认为是最优的选择。

2) 故障点在②～⑤且换流站 4 接地

前面考虑了直流系统直流侧接地点对接地参数优化的影响，下面继续研究故障点对其影响。架空线路的故障可能发生在架空线路的任意位置，通过典型的 5 个故障点对比分析，研究接地参数对不同故障抑制能力的一致性。由于接地电抗效果要差于电阻，这里不考虑采用接地电抗的情况。

图 7-48 是在不考虑约束条件的情况下，不同故障点目标函数值随电阻值变化的趋势。

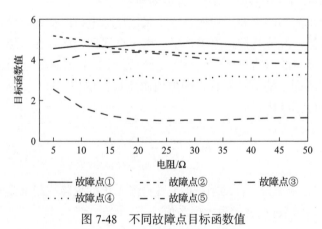

图 7-48　不同故障点目标函数值

　　图 7-48 中，除故障点③，其余四个故障点下函数值均小范围波动，其中，故障点③和④下的目标函数值明显较其他故障点小。对于接近接地点的故障②和③，采用 5Ω 接地电阻就有很好的抑制效果，且目标函数值波动相对更大，而较远的其他故障点最优的接地电阻相对更大，达 20～30Ω。从直流系统的角度，故障大概率发生在远离接地点的位置，将更多故障点加入考量，使得最优值为 30Ω 更具有合理性。

　　3）中性线电抗的影响分析

　　中性线电抗位于换流站内部换流阀之间的连接处，其作用与直流限流电抗类似。中性线电抗处于直流电流回路中，其数值选取可能影响系统对控制的响应速度，从而增加系统的稳态波动，带来一定损耗与运行风险。因此，考虑中性线电抗取值时，需增加的约束条件为

$$
\begin{aligned}
k_{U\min}U_{dcN} &\leqslant U_{dc} \leqslant k_{U\max}U_{dcN} \\
k_{I\min}I_{dcN} &\leqslant I_{dc} \leqslant k_{I\max}I_{dcN}
\end{aligned}
\tag{7-28}
$$

式中，U_{dc}、I_{dc} 为直流稳态电压、电流；U_{dcN}、I_{dcN} 为直流额定电压、电流；$k_{U\max}$、$k_{U\min}$、$k_{I\max}$、$k_{I\min}$ 为电压电流的最大最小允许偏移系数。

　　对于中性线电抗，选取 0mH、200mH 以及 400mH 三组和前面的 300mH 进行对比分析，采用设置接地点为换流站 4，故障点为故障点①，采取式 (7-27) 中的方法对不同中性线电抗下的目标函数值进行处理，结果如表 7-9 所示。

表 7-9　中性线电抗与接地电阻优化结果

优化参数	中性线电抗值/mH			
	0	100	300	400*
接地电阻/Ω	10	5	30	35
目标函数值	5.978	5.191	4.845	5.049
标准化后目标函数值	0.486	0.487	0.554	0.638

＊400mH 中性线电抗不满足约束。

　　从表 7-9 可以发现，随着中性线电抗的增加，标准化后的目标值不断增大，从对故障后总体能量释放的抑制来看，中性线电抗越大越好，相应的最优接地电阻值也呈增大趋势，但中性线电抗过大将严重制约系统对控制的响应。当中性线电抗达到 400mH 时，已不能满足系统要求。据此，中性线电抗选择 300mH 是合适的。

7.6.4.3　接地方式及参数优化结果测试

通过前面的优化分析，得出在换流站 4 采用 30Ω 电阻接地，同时中性线电抗采用 300mH 时为最佳选择。为了展示优化结果，这里采用换流站 4 接地，300mH 中性线电抗下 0Ω、20Ω 接地电阻与 50mH 接地电抗；换流站 4 接地，100mH 中性线电抗下 30Ω 接地电阻；换流站 1 接地，300mH 中性线电抗下 30Ω 接地电阻作为对比对象，观察其故障电流和健全极电压，如图 7-49 所示。

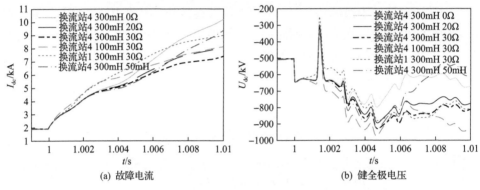

(a) 故障电流　　　　　　　　　　　(b) 健全极电压

图 7-49　优化结果对比

图 7-49 中，选择的换流站 4 接地，300mH 中性线电抗，30Ω 接地电阻的故障电流峰值最小，为 7.44kA，但其健全极电压较高，峰值达到 931kV（1.86p.u.），而 20Ω 接地电阻的故障电流峰值为 8.17kA，健全极电压为 894kV 左右。对比图 7-49 的故障电流和健全极电压的变化趋势，优化选择的 30Ω 接地电阻更侧重于降低故障电流峰值，而实际工程中考虑到电气设备的电压应力与成本，可根据情况选择 15～20Ω 的接地电阻。

7.7　本 章 小 结

本章主要从子模块、电气参数、控制算法、接地方式、限流措施五个方面梳理了影响 MMC-HVDC 网络直流短路故障主要因素的研究现状，提出了基于元件或区域的暂态能量流的直流故障演化分析方法。基于该方法本章重点分析了典型双端和四端 MMC-HVDC 网络直流短路故障条件下，上述多重因素对系统交流区域、换流站桥臂电感、平波电抗器以及直流区域暂态能量流时空演化影响的规律，为 MMC-HVDC 网络直流短路故障的优化保护策略的设计提供了初步的理论依据。

本章主要得出如下结论。

(1) 依据不同子模块拓扑暂态能量流阻断能力对故障电流发展的影响，分析对比了半桥子模块拓扑(HBSM)、全桥子模型拓扑(FBSM)、半桥/全桥 1:1 混合类子模块拓扑(FBSM-HBSM)共 3 类种典型子模块拓扑的故障清除特性，发现全桥子模块拓扑故障清除能力最强(张北算例下全桥子模块拓扑可在 6.1ms 内清除故障电流)，结合不同子模块拓扑的开关元件数对比了计及单位器件成本的故障清除能力，发现串联双子模块所需的 IGBT 个数最少(仅比半桥型 MMC 增加了 25%)。

(2) 通过中心复合实验，定量分析了平波电抗器、桥臂电感、中性线电感、接地电阻四个参数及阀结构对故障电流的综合影响，发现平波电抗器为直流故障电流的主要影响因素，平波电抗器对故障后 6ms 内故障电流峰值的影响程度最强，其影响效果是桥臂电感的 3.8 倍、中性线电感的 2.5 倍；中性线电感对故障后 6ms 内桥臂电流峰值的影响程度最强，其影响效果是平波电抗器的 1.1 倍、桥臂电感的 1.04 倍。不同参数间交互作用会削弱元件对故障电流的抑制作用，但影响较小可以忽略。

(3) 针对接地方式及参数对故障电流的影响，提出了暂态能量流抑制率及抑制效率的定量评价指标，研究了不同接地位置和参数下的故障电流抑制效果，结果显示受端换流站接地更利于故障电流抑制，接地电阻对暂态能量流抑制效果好于接地电抗，引起的健全极电压更小。结合仿真结果与实际工程，可以根据实际情况选择 15～20Ω 的接地电阻。

(4) 针对控制算法的影响作用，分别从换流站极控级控制、换流站阀控级控制两个层次进行了分析。在典型柔性直流系统改变定有功无功功率和定直流电压控制站的位置关系，发现对故障后 6ms 内的暂态能量流影响占原暂态能量流的 11.4%，对直流故障电流影响大小仅占原故障电流的 2.5%，表明换流站极控级控制的主从控制算法的定直流电压控制站的选择因其控制带宽限制，对故障后 6ms 时间尺度故障电流的影响微弱，可以忽略。换流站极控级的虚拟阻抗控制对故障电流的抑制作用则达到了 6.14%，且对定直流电压控制站的抑制效果更加明显，达到约 21.09%。而换流站阀控级控制的自适应控制对故障后 6ms 直流故障电流影响较大，通过自适应控制，可将故障电流幅值降低至无限流控制的 40%。

参 考 文 献

[1] Mao M, Cheng D, Lu H, et al. A fault detection method for MMC-HVDC grid based on transient energy of DC inductor and submodule capacitors[C]. 2020 IEEE 4th Conference on Energy Internet and Energy System Integration (EI2), Wuhan, 2020: 3350-3355.

[2] Mao M, Cheng D, Chang L. Investigation on the pattern of transient energy flow under DC fault of MMC-HVDC grid[C]. 2019 4th IEEE Workshop on the Electronic Grid (eGRID), Xiamen, 2019: 1-5.

[3] Marquardt R. Modular multilevel converter topologies with DC-short circuit current limitation[C]. 2011 8th IEEE Power Electronics and ECCE Asia（ICPE & ECCE），Jeju, 2011: 1425-1431.

[4] 张建坡, 赵成勇, 郭丽. 模块化多电平换流站子模块拓扑仿真分析[J]. 电力系统自动化, 2015, 39（2）: 106-111.

[5] Zhang J, Zhao C. The research of SM topology with DC fault tolerance in MMC-HVDC[J]. IEEE Transactions on Power Delivery, 2015, 30（3）: 1561-1568.

[6] 张建坡, 赵成勇, 孙海峰, 等. 模块化多电平换流器改进拓扑结构及其应用[J]. 电工技术学报, 2014, 29（8）: 173-179.

[7] Li X, Liu W, Song Q, et al. An enhanced MMC topology with DC fault clearance capability[J]. Proceedings of the CSEE, 2014, 34（36）: 6389-6397.

[8] 向往, 林卫星, 文劲宇, 等. 一种能够阻断直流故障电流的新型子模块拓扑及混合型模块化多电平换流器[J]. 中国电机工程学报, 2014, 34（29）: 5171-5179.

[9] Rong Z, Xu L, Yao L. An improved modular multilevel converter with DC fault blocking capability[C]. 2014 IEEE PES General Meeting Conference & Exposition, Oxon Hill, 2014.

[10] 李帅, 郭春义, 赵成勇, 等. 一种具备直流故障穿越能力的低损耗 MMC 拓扑[J]. 中国电机工程学报, 2017, 37（23）: 6801-6810,7071.

[11] 李国庆, 宋祯子, 王国友. 具有直流故障阻断能力的 MMC 不对称型全桥子模块拓扑[J]. 高电压技术, 2019, 45（1）: 12-20.

[12] Xu J, Zhao P, Zhao C. Reliability analysis and redundancy configuration of MMC with hybrid submodule topologies[J]. IEEE Transactions on Power Electronics, 2016, 31（4）: 2720-2729.

[13] Chen X, Mao M. Analysis of valve structure on current evolution of MMC-HVDC bipolar short circuit fault[C]. 2019 4th IEEE Workshop on the Electronic Grid（eGRID），Xiamen, 2019: 1-7.

[14] 胡凯凡, 茆美琴, 何壮, 等. 直流短路故障下基于暂态能量抑制的 MMC-HVDC 电网主电路电感参数优化[J]. 中国电机工程学报, 2022, 42（5）: 1680-1690.

[15] 赵成勇, 胡静, 翟晓萌, 等. 模块化多电平换流器桥臂电抗器参数设计方法[J]. 电力系统自动化, 2013, 37（15）: 89-94.

[16] 李卫国, 秦敬明, 陈璟毅, 等. MMC-HVDC 系统子模块电容与桥臂电感的选取和计算[J]. 东北电力大学学报, 2019, 39（2）: 47-53.

[17] 徐政, 肖晃庆, 张哲任. 模块化多电平换流器主回路参数设计[J]. 高电压技术, 2015, 41（8）: 2514-2527.

[18] 董新洲, 汤兰西, 施慎行, 等. 柔性直流输电网线路保护配置方案[J]. 电网技术, 2018, 42（6）: 1752-1759.

[19] 茆美琴, 何壮, 陆辉, 等. 含故障限流器投入的 MMC-HVDC 系统直流短路故障电流解析计算[J]. 电网技术, 2022, 46（1）: 81-89.

[20] Zheng Y, Mao M, Chang L. DCSCF detection method of MMC-DC-grid based on statistical feature and DBN-SOFTMAX[C]. IEEE International Symposium on Power Electronics for Distributed Generation Systems, Chicago, 2021:1-6.

[21] 袁敏, 茆美琴, 程德健, 等. 主电路参数对 MMC-HVDC 电网直流短路故障电流综合影响分析[J]. 中国电力, 2021, 54（10）: 11-19.

[22] 任阳, 曹以龙, 江友华, 等. 一种适用于 MMC 的环流抑制策略研究[J]. 电力电子技术, 2019, 53（3）: 30-33.

[23] 郭汉臣, 王琛, 范莹, 等. 可改善中压 MMC 谐波特性的无差拍控制策略[J]. 中国电力, 2022, 55（8）: 165-170.

[24] 李云丰, 贺之渊, 庞辉, 等. 柔性直流输电系统高频稳定性分析及抑制策略（一）: 稳定性分析[J]. 中国电机工程学报, 2021, 41（17）: 5842-5856.

[25] 张帆, 许建中, 苑宾, 等. 基于虚拟阻抗的 MMC 交、直流侧故障过电流抑制方法[J]. 中国电机工程学报, 2016, 36(8): 2103-2113.

[26] 孔明, 汤广福, 贺之渊. 子模块混合型 MMC-HVDC 直流故障穿越控制策略[J]. 中国电机工程学报, 2014, 34(30): 5343-5351.

[27] Wenig S, Goertz M, Prieto J, et al. Effects of DC fault clearance methods on transients in a full-bridge monopolar MMC-HVDC link[C]. Innovative Smart Grid Technologies-Asia, Melbourne, 2016: 850-855.

[28] 李红梅, 行登江, 高扬, 等. 子模块混联 MMC-HVDC 系统直流侧短路故障电流抑制方法[J]. 电力系统保护与控制, 2016, 44(20): 57-64.

[29] Hu J, Xu K, Lin L, et al. Analysis and enhanced control of hybrid-MMC-based HVDC systems during asymmetrical DC voltage faults[J]. IEEE Transactions on Power Delivery, 2017, 32(3): 1394-1403.

[30] Li R, Xu L, Holliday D, et al. Continuous operation of radial multi-terminal HVDC systems under DC fault[J]. IEEE Transactions on Power Delivery, 2016, 31(1): 351-361.

[31] Cwikowski O, Wickramasinghe H R, Konstantinou G, et al. Modular multilevel converter DC fault protection[J]. IEEE Transactions on Power Delivery, 2018, 33(1): 291-300.

[32] Ruffing P, Brantl C, Petino C, et al. Fault current control methods for multi-terminal DC systems based on fault blocking converters[J]. The Journal of Engineering, 2018, 2018(15): 871-875.

[33] 倪斌业, 向往, 周猛, 等. 半桥 MMC 型柔性直流电网自适应限流控制研究[J]. 中国电机工程学报, 2020, 40(17): 5609-5620.

[34] 陈强. 基于 MMC 的柔性直流输电系统故障电流分析与抑制研究[D]. 合肥: 合肥工业大学, 2018.

[35] 国家市场监督管理总局, 国家标准化管理委员会.柔性直流输电接地设备技术规范: GB/T 37012—2018[S]. 北京: 中国标准出版社, 2018.

[36] 梅念, 苑宾, 乐波, 等. 对称单极接线柔直系统联结变阀侧单相接地故障分析及保护[J]. 电力系统自动化, 2020, 44(21): 116-122.

[37] 杨杰, 郑健超, 汤广福, 等. 电压源换相高压直流输电系统接地方式设计[J]. 中国电机工程学报, 2010, 30(19): 14-19.

[38] 张义, 梁艺, 汪步云. 特高压直流输电单极大地金属回线转换过程分析[J]. 电力设备管理, 2020, 11(1): 61-63.

[39] Leterme W, Tielens P, de Boeck S, et al. Overview of grounding and configuration options for meshed HVDC grids[J]. IEEE Transactions on Power Delivery, 2014, 29(6): 2467-2475.

[40] CIGRE B4-52 Working Group. HVDC grid feasibility study[R]. Melbourne: International Council on Large Electric Systems, 2011.

[41] Li G, Liang J, Ma F, et al. Analysis of single-phase-to-ground faults at the valve-side of HB-MMCs in HVDC systems[J]. IEEE Transactions on Industrial Electronics, 2018, 66(3): 2444-2453.

[42] 薛士敏, 范勃旸, 刘冲, 等. 双极柔性直流输电系统换流站交流三相接地故障分析及保护[J]. 高电压技术, 2019, 45(1): 21-30.

[43] Kontos E, Pinto R T, Rodrigues S, et al. Impact of HVDC transmission system topology on multiterminal DC network faults[J]. IEEE Transactions on Power Delivery, 2015, 30(2): 844-852.

[44] Goertz M, Wenig S, Beckler S, et al. Analysis of cable overvoltages in symmetrical monopolar and rigid bipolar HVDC configuration[J]. IEEE Transactions on Power Delivery, 2020, 35(4): 2097-2107.

[45] 陈继开, 孙川, 李国庆, 等. 双极 MMC-HVDC 系统直流故障特性研究[J]. 电工技术学报, 2017, 32(10): 53-60,68.

[46] Mao M, He Z, Chang L. Fast detection method of DC short circuit fault of MMC-HVDC grid[C]. 2019 4th IEEE Workshop on the Electronic Grid（eGRID）, Xiamen, 2019: 1-6.

[47] 茆美琴, 程德健, 袁敏, 等. 基于暂态能量流的模块化多电平高压直流电网接地优化配置[J]. 电工技术学报, 2022, 37（3）: 739-749.

[48] Mao M, Lu H, Cheng D, et al. Optimal allocation of fault current limiter in MMC-HVDC grid based on transient energy flow[J]. CSEE Journal of Power and Energy Systems, 2023, 9（5）: 1786-1796.

[49] 赵翠宇, 齐磊, 陈宁, 等. ±500kV张北柔性直流电网单极接地故障健全极母线过电压产生机理[J]. 电网技术, 2019, 43（2）: 530-536.

第8章　直流电网故障电流通用计算方法

8.1　单换流器故障特性分析

本章针对三种常见的 MMC 拓扑结构：半桥型、全桥型和混合型，分析其在故障后不同时间段的等效电流以及相应的故障电流计算方法。

8.1.1　半桥型 MMC 故障后等效回路分析

半桥型 MMC 直流侧故障后，故障电流快速上升，可以分为子模块闭锁与子模块不闭锁两种情况。子模块闭锁情况下，整个故障暂态过程可以分为子模块未闭锁阶段、子模块闭锁后 IGBT 不控整流阶段。下面从这两个阶段分析 MMC 的等效电路。

1) 阶段一：子模块未闭锁阶段

该阶段内故障电流主要由子模块电容放电和交流侧电源馈流组成，其中前者占主导部分，且为电流的故障分量部分，因此在研究故障电流时可以仅考察子模块电容的放电电流，加上正常运行分量即为故障电流全量。MMC 内，任一时刻上下两个桥臂的子模块总和始终为 N（假设电平数为 N+1）。由于 MMC 采用最近电平逼近调制，正常运行时所有子模块均会被投入或切除，因此，每相所有子模块可近似等分为处于投入状态和切除状态两组，每组包含 N 个子模块，两组依次交替放电，短路故障的电流回路如图 8-1 所示。而且由于系统的控制频率很高，可以近似认为每相中交替放电的两组子模块处于并联状态，每个子模块电容电压基本相同，因此相单元等效电容 C_{eq} 不能只通过 N 个子模块电容串联计算，而是应该按照储能相等原则通过式(8-1)计算得到。

$$2N \times \frac{1}{2} C_0 U_{C0}^2 = \frac{1}{2} C_{eq} (N U_{C0})^2 \tag{8-1}$$

式中，C_0 为 MMC 中每个子模块的电容值；U_{C0} 为子模块电容电压；C_{eq} 为相单元等效电容；N 为桥臂子模块总个数。

2) 阶段二：子模块闭锁后 IGBT 不控整流阶段

随着桥臂电抗储能逐渐降低，桥臂电抗续流不断衰减，六个桥臂会分别出现电流过零现象，此后续流二极管将体现出单向导通性。因此，MMC 最终会以不控整流桥的形式运行，由于此时不控整流桥的等效直流负载就是短路线路阻抗，因此该阶段交流侧、直流侧、换流器侧仍将受到严重的过电流危害，其等效电路如图 8-2 所示。

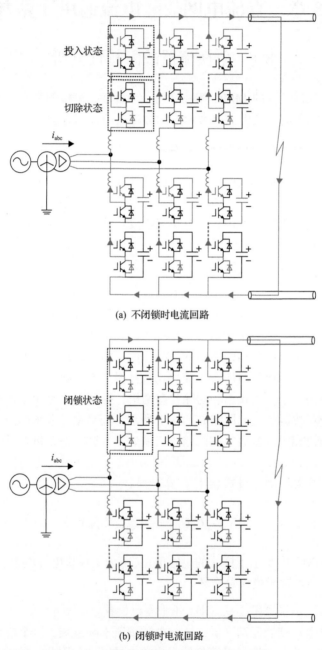

图 8-1　MMC 直流侧短路故障的电流回路

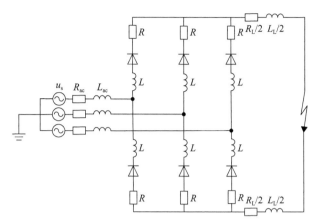

图 8-2　子模块闭锁后等效电路

故障电流计算公式可以近似为

$$I_1 = (I_0^+ - I(\infty))\mathrm{e}^{-t/\tau} + I(\infty) \qquad (8\text{-}2)$$

式中，I_0^+ 为故障前直流侧电流；$I(\infty)$ 为直流侧稳态电流。

图 8-3 为双端半桥型 MMC-HVDC 系统单极接地短路故障特性。在 5s 时发生单极接地短路故障，图 8-3 (a)、(c)、(e)、(g)、(i) 为发生故障后，不闭锁子模块的特性。交流侧电流、直流侧电流、桥臂电流瞬时增大，并由于未闭锁子模块，电容瞬时放电，产生电流尖峰，电容电压降为零。图 8-3 (b)、(d)、(f)、(h)、(j) 为发生故障后，及时闭锁子模块的特性。交流侧电流、直流侧电流、桥臂电流瞬时增大，主要包括桥臂电感续流、交流电源馈流。由于及时闭锁了子模块，子模块电容电压不变。直流侧电压降为零，但不管是否闭锁子模块，都不能阻断交流电源向短路点馈流。可见，半桥 MMC 不具备直流故障自清除能力，但通过快速闭锁子模块，可以有效降低直流故障电流峰值。

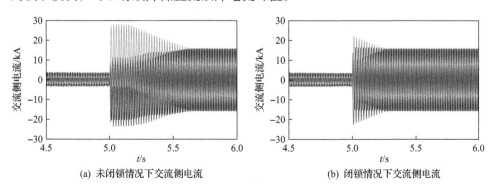

(a) 未闭锁情况下交流侧电流　　　　　　　　　(b) 闭锁情况下交流侧电流

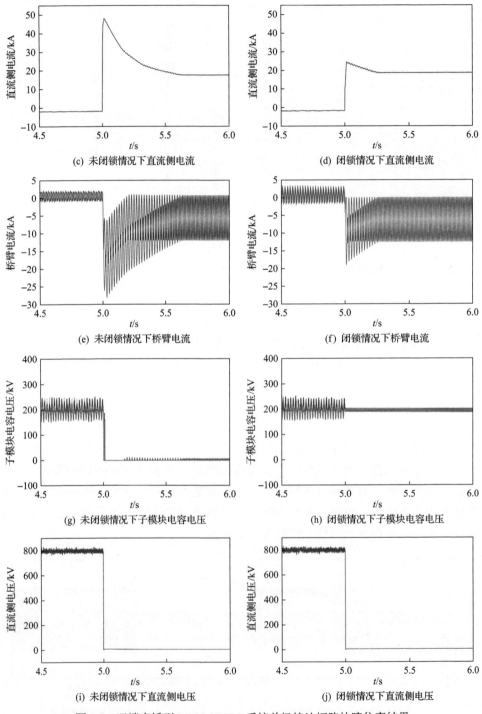

(c) 未闭锁情况下直流侧电流　　　　　(d) 闭锁情况下直流侧电流

(e) 未闭锁情况下桥臂电流　　　　　　(f) 闭锁情况下桥臂电流

(g) 未闭锁情况下子模块电容电压　　　　(h) 闭锁情况下子模块电容电压

(i) 未闭锁情况下直流侧电压　　　　　　(j) 闭锁情况下直流侧电压

图 8-3　双端半桥型 MMC-HVDC 系统单极接地短路故障仿真结果

搭建三端混合直流输电模型，直流侧电压为 ±800kV，选取 1500MW 的换流站作为测试系统进行仿真验证。设置的运行工况如下：交流等效系统电动势有效值为 490kV，MMC 运行于逆变模式，有功功率为 1500MW，无功功率为 0MW。平波电抗器电感为 0.1H。

设 t=5s 时换流站出口发生单极接地故障，故障后闭锁换流站 1ms，仿真过程持续 5ms。从图 8-4 中可以看出，不管是在闭锁前还是闭锁后，直流侧短路电流的仿真值与解析计算值都吻合得很好，说明直流侧短路电流的解析计算公式是精确成立的。

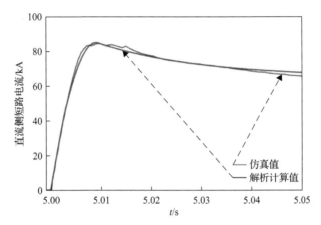

图 8-4　半桥型 MMC 直流侧短路电流仿真值与解析计算值比较

8.1.2　全桥型 MMC 故障后等效回路分析

全桥型 MMC 由于其子模块的特殊结构，直流故障时上、下桥臂可以分别输出极性相反的电压（通过快速闭锁全桥型 MMC 即可实现），两者相互抵消，使短路点的驱动电动势为零，无须交流断路器即可保证系统安全。因此，全桥型 MMC 具备穿越严重直流故障的能力。

与交流配电系统相比，直流配电系统的阻尼往往比较低，响应时间常数也比较小，因此故障发展得将会很快，故障的切除难度更大。对于半桥型 MMC 而言，在发生单极接地短路故障初期以子模块电容放电为主，在 MMC 闭锁后则存在桥臂电抗续流和交流侧馈流两种情况，因此即使是在 MMC 闭锁后也还是存在短路电流很大的情况，严重影响系统的稳定运行，因此其在直流故障清除上有更高的要求。

与 HBSM 相比，FBSM 在直流故障清除方面具有相当大的优势。直流侧发生故障时，需要迅速闭锁所有子模块的 IGBT，而此时电流在子模块中的流通路径将是衡量 MMC 直流故障自清除能力的关键。FBSM 在闭锁前的电流通路如图 8-5 所示。

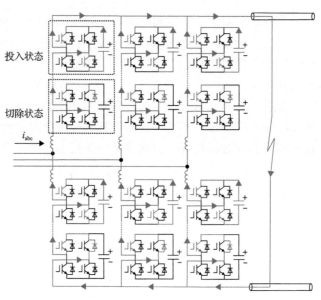

图 8-5 故障初期电流通路

　　故障初期，子模块来不及闭锁，此时故障电流通路如图 8-5 所示。该阶段内故障电流主要由子模块电容放电和交流电源馈流组成，其中子模块电容放电占主导。根据电压平衡控制策略，子模块快速投入或切除，每相所有子模块近似等效为两组并联依次交替放电，故双极短路故障可以等效为 RLC 二阶振荡放电回路，等效电路如图 8-6 所示。

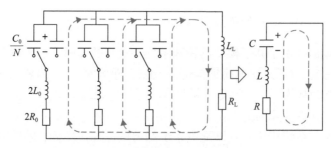

图 8-6 闭锁前等效电路（全桥型 MMC）

　　在该阶段子模块电容快速下降，直流线路故障电流快速上升，由此也对子模块的快速闭锁提出了更高要求。

　　当直流保护检测到直流故障发生以后，为了保护换流器，系统立即发出闭锁信号，迅速关断所有 IGBT 的触发信号，闭锁换流器内所有子模块，进入子模块闭锁阶段。此时 FBSM 的电流通路如图 8-7 所示。

　　闭锁后，每个桥臂均可等效为二极管和子模块电容串联的结构，此时故障等效电路如图 8-8 所示。

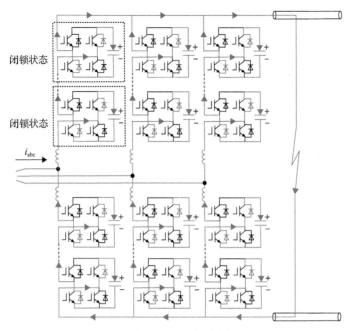

图 8-7　闭锁后电流通路(全桥型 MMC)

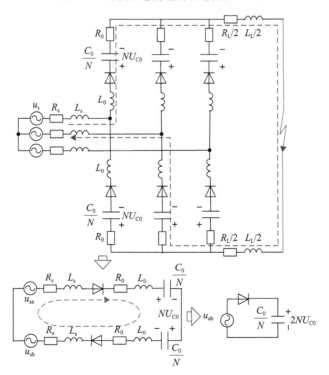

图 8-8　闭锁后等效电路(全桥型 MMC)

由图 8-8 可以看出，在闭锁后，交流系统向直流侧短路点馈流的潜在通路主要是经换流器两相上下桥臂和直流故障弧道构成的回路。在通路中桥臂级联电容电压将会提供一个反电势，利用二极管的反向阻断能力，迫使故障电流迅速下降到零或者一个极小的值。

而要实现换流器的完全闭锁，还应保证回路中级联电容电压提供的反电势大于交流线电压幅值，然后利用二极管的反向阻断能力实现完全闭锁，即

$$2NU_{C0} > \sqrt{3}U_{ph} \tag{8-3}$$

式中，U_{ph} 为三相相电压幅值。

当不考虑子模块冗余时，桥臂级联电容额定电压之和即为直流侧电压：

$$NU_{C0} = U_{dc} \tag{8-4}$$

一般电压调制比 k 的取值在 0.8～0.9，即

$$k = \frac{U_{ph}}{U_{dc}/2} \leqslant 1 \tag{8-5}$$

由式(8-3)～式(8-5)可得

$$2NU_{C0} = 2U_{dc} \geqslant 4U_{ph} > \sqrt{3}U_{ph} \tag{8-6}$$

由此可见式(8-6)恒成立，完全可以保证换流器实现完全闭锁。

设闭锁时刻 MMC 的直流侧电压为 U_{dc}、故障电流为 I_{dc}，并设闭锁时刻为时间起点 $t=0$，则图 8-9(a) 的等效运算电路图如图 8-9(b) 所示，对运算电路进行求解，可得

$$I_{dc}(s) = \frac{s\left(L_{dc} + \dfrac{2L_0}{3}\right)I_{dc} + U_{dc}}{s^2\left(\dfrac{2L_0}{3} + L_{dc}\right) + \left(\dfrac{2R_0}{3} + R_{dc}\right) + \dfrac{2N}{3C_0}} \tag{8-7}$$

对式(8-7)进行拉普拉斯逆变换，得到

$$i_{dc}(t) = \frac{U_{dc}}{R_{all}}e^{\frac{t}{\tau_{dc}}}\sin(\omega_{dc}t) - \frac{1}{\sin\theta_{dc}}i_{dc}(0)e^{\frac{t}{\tau_{dc}}}\sin(\omega_{dc}t - \theta_{dc}) \tag{8-8}$$

式中，$\tau_{dc} = \dfrac{4L_0 + 6L_{dc}}{2R_0 + 3R_{dc}}$；$\theta_{dc} = \arctan(\tau_{dc} \cdot \omega_{dc})$；$\omega_{dc} = \sqrt{\dfrac{2N(2L_0 + 3L_{dc}) - C_0(2R_0 + 3R_{dc})^2}{4C_0(2L_0 + 3L_{dc})^2}}$，

$$R_{\mathrm{all}} = \sqrt{\frac{2N\left(2L_0 + 3L_{\mathrm{dc}}\right) - C_0\left(2R_0 + 3R_{\mathrm{dc}}\right)^2}{36C_0}} \,\text{。}$$

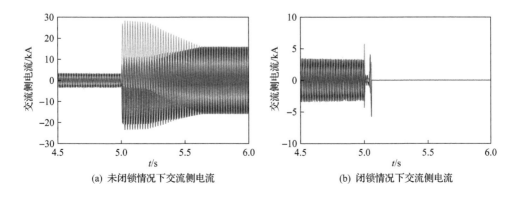

图 8-9　直流侧故障电流计算等效电路图

为验证全桥型 MMC 抑制直流故障电流，实现故障自清除的有效性，本节在 PSCAD/EMTDC 中搭建双端 5 电平全桥型 MMC 模型，进行了仿真分析。

图 8-10(a)、(c)、(e)、(g)表明，全桥型 MMC 柔性直流输电系统发生直流故障后，如果不采取任何保护措施，子模块电容将会放电，电压迅速降为零，交流侧电流、直流侧电流、桥臂电流将迅速增加，将直接危害电力电子器件的安全并影响到故障清除后系统的恢复。而图 8-10(b)、(d)、(f)、(h)则表明，故障后迅速闭锁换流器，由于电容电压给二极管一个反向电压，在二极管反向阻断能力作用下交流电流以及直流侧电流迅速降为零，交流系统不再向直流故障点馈入电流，同时子模块电容电压得以保持，便于故障清除后系统的快速恢复。

(a) 未闭锁情况下交流侧电流　　　　　　(b) 闭锁情况下交流侧电流

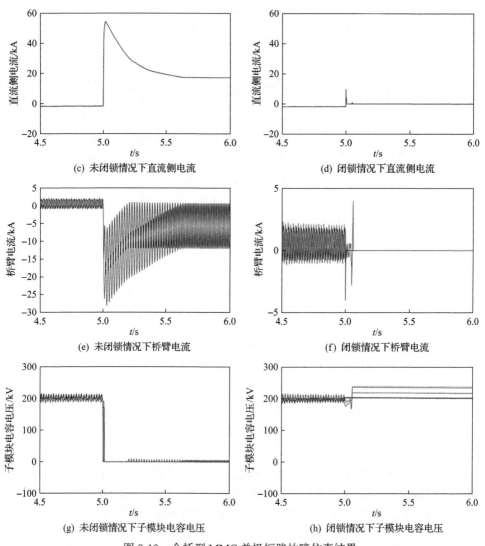

(c) 未闭锁情况下直流侧电流　　　　　　　(d) 闭锁情况下直流侧电流

(e) 未闭锁情况下桥臂电流　　　　　　　　(f) 闭锁情况下桥臂电流

(g) 未闭锁情况下子模块电容电压　　　　　(h) 闭锁情况下子模块电容电压

图 8-10　全桥型 MMC 单极短路故障仿真结果

　　故障持续时间为 1.0s，在 6s 时故障消失，随着故障的发生，直流电压开始下降，换流器闭锁后，直流电压降为零，有功传输终止。图 8-10(h) 也表明，只要闭锁及时，子模块电容电压稍有降落，将维持在额定电压附近，保持不变。随着故障消失，换流器解锁，子模块电容经过短暂充电后电压基本维持稳定，直流母线电压和有功功率迅速增大，经短时振荡后恢复到稳定状态，重新建立直流电压和有功传输，系统恢复正常运行。

　　采用直流侧输出电压为 ±800kV 的三端混合直流输电模型进行仿真验证，系统运行工况同 8.1.1 节。t=5s 时换流站出口处发生单极接地故障，1ms 后 MMC 闭锁，仿真与解析计算对比结果如图 8-11 所示。从图 8-11 中可以看出，不管是在闭锁前还是闭锁后，直流侧短路电流的仿真结果与解析计算结果都基本吻合，从闭锁到故障电流衰减到零的时间分别为 5.0015s（解析计算值）和 5.0016s（仿真值）。

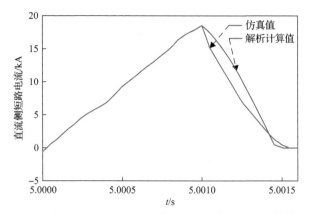

图 8-11　全桥型 MMC 直流侧短路电流仿真值与解析计算值比较

8.1.3　混合型 MMC 故障后等效回路分析

本节以 5 电平拓扑结构说明混合子模块故障发生后的电流情况。本节构建的仿真模型的拓扑结构为双极，以正极接地为例进行分析。当直流侧 MMC 出口发生正极接地故障时，理论上与负极直接相连的 MMC 不受影响，正常运行，而与正极相连的 MMC 暂态过程如下。混合型 MMC 初始状况为子模块电容放电，当子模块快速闭锁后，电流在子模块中的流向情况决定 MMC 直流侧故障自清除能力。上下桥臂均存在相同数量的全桥子模块，可以输出极性相反的电压，使得二极管承受反压，强迫故障电流降低至零附近。混合型 MMC 故障初始阶段电流通路如图 8-12 所示。

在故障发生初始阶段，故障电流主要由投入子模块电容放电和交流侧电源馈流构成，其中前者占主导部分。该阶段时，子模块未能迅速闭锁，仍然按照正常调制方式进行投切，每个相单元保持任一时刻投入的子模块个数为 $M+N$（M 为全桥子模块个数；N 为半桥子模块个数）。根据子模块电容电压平衡控制策略，每个相单元子模块可近似为两个相同的单元并联，每个单元包含 $M+N$ 个子模块，两个单元循环交替放电，闭锁前等效电路如图 8-13 所示，为一个 RLC 二阶振荡放电回路，其中 C_e 为混合型子模块的等效电容。

在该状况下，子模块电容放电，电压迅速下降；交直流线路故障电流迅速上升，对子模块的闭锁提出了更快速的要求。

为了使换流器故障时受损程度尽可能低，当保护检测到直流线路发生故障时，

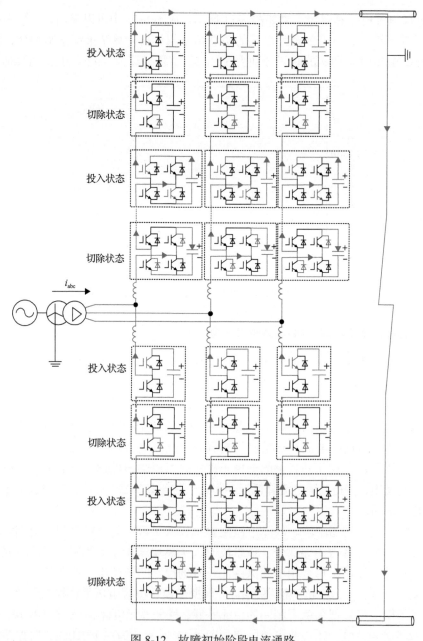

图 8-12　故障初始阶段电流通路

应立即向子模块发出闭锁信号，迅速关断 IGBT 触发信号，闭锁 MMC 内所有子模块，此时为子模块闭锁阶段，混合型 MMC 的电流流向示意图如图 8-14 所示。

　　子模块闭锁后，每个桥臂均可等效为二极管和电容的串联电路，此时若忽略 MMC 内部的阻抗，则故障电路可以等效为图 8-15。由图 8-15 可以明显看出，交

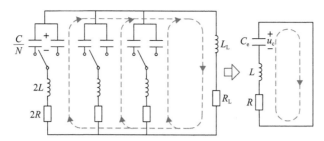

图 8-13 闭锁前等效电路(混合型 MMC)

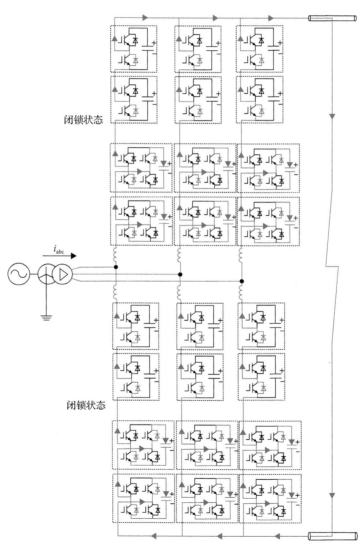

图 8-14 闭锁后电流通路(混合型 MMC)

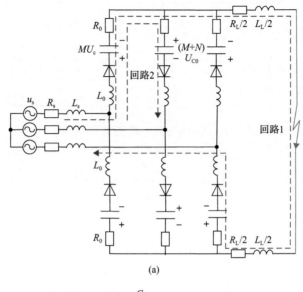

(a)

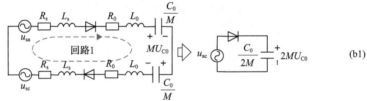

(b1)

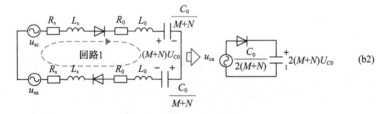

(b2)

(b) 故障回路1等效电路图

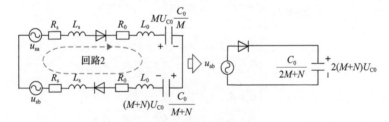

(c) 故障回路2等效电路图

图 8-15 闭锁后等效电路

流系统通过换流站桥臂向故障点馈入电流。在回路中桥臂级联电容输出的电压提供一个与交流电源相反的电势，依靠二极管的反向关断，使故障电流迅速降低到零附近。根据桥臂电流的方向，可以等效出两种电压，当电流方向为从上到下时，电容电压为 $(M+N)U_{C0}$，当电流方向为从下到上时，电容电压为 $-MU_{C0}$。

故障回路 1 根据电流方向分为两种情况，当桥臂电流方向为从下到上时，等效电路图如图 8-15(b2) 所示，当桥臂电流方向为从上到下时，等效电路图如图 8-15(b1) 所示。

为了保证换流器的子模块全部闭锁，应确保构成的故障回路中级联电容输出电压反电势大于交流线电压幅值，借助二极管的反向不导通实现全部闭锁，即

$$\begin{cases} 2MU_{C0} \geqslant \sqrt{3}U_{ph} \\ (2M+N)U_{C0} \geqslant \sqrt{3}U_{ph} \end{cases} \tag{8-9}$$

在不考虑子模块冗余时，桥臂级联电容额定电压之和等于直流侧电压：

$$(M+N)U_{C0} = U_{dc} \tag{8-10}$$

根据混合型 MMC 的拓扑结构，分别得到上桥臂电压和下桥臂电压，即

$$\begin{cases} u_{pa} = \dfrac{U_{dc}}{2} - u_{va} - L_0 \dfrac{di_{pa}}{dt} \\ u_{na} = \dfrac{U_{dc}}{2} + u_{va} - L_0 \dfrac{di_{na}}{dt} \end{cases} \tag{8-11}$$

一般情况，电压调制比 k 的取值范围是 0.8～0.9，即

$$k = \dfrac{U_{ph}}{U_{dc}/2} \leqslant 1 \tag{8-12}$$

每个桥臂输出的电压范围为 $-MU_{C0} \sim (M+N)U_{C0}$。若忽略桥臂的电感压降，可得桥臂的电压约束为

$$\begin{cases} (M+N)U_{C0} \geqslant \dfrac{1}{2}U_{dc}(1+k) \\ -MU_{C0} \leqslant \dfrac{1}{2}U_{dc}(1-k) \end{cases} \tag{8-13}$$

令 $N_{num} = \dfrac{U_{dc}}{U_{C0}}$，由式(8-9)～式(8-12)可得每个桥臂上全桥子模块 M 的取值

范围。

$$\begin{cases} M \geqslant \dfrac{N_{\text{num}}}{2}(k-1) \\ M \geqslant \dfrac{\sqrt{3}N_{\text{num}}}{4}k \end{cases} \tag{8-14}$$

若 $k=0.9$，每个桥臂全桥子模块约占每个桥臂子模块总数的 40%。

由于混合直流输电电路闭锁后随着电流方向的改变故障回路的构成发生变化，本节以其中一种情况为例，图 8-16 为故障电流计算等效电路。

$$I_{\text{dc}}(s) = \frac{a_3 s^3 + a_2 s^2 + a_1 s + a_0}{b_4 s^4 + b_3 s^3 + b_2 s^2 + b_1 s + b_0} \tag{8-15}$$

$$
\begin{aligned}
a_0 &= \frac{(3M^2 + MN)U_{\text{dc}}(0)}{C_0} \\
a_1 &= (3M - N)U_{\text{dc}}(0)R_0 \\
a_2 &= [R_0 + L_0 M U_{\text{dc}}(0)]I_{\text{dc}}(0) \\
a_3 &= 3[2L_0 I_{\text{L}}(0) - L_{\text{L}} I_{\text{dc}}(0)]L_0 \\
b_0 &= \frac{2(M^2 + MN)U_{\text{dc}}}{C_0^2} \\
b_1 &= \frac{(4M + 2N)R_0 + (3M + 2N)R_{\text{L}}}{C_0} \\
b_2 &= \frac{(4M + 2N)L_0 + (3M + 2N)L_{\text{L}}}{C_0} + R_0(2R_0 + R_{\text{L}}) \\
b_3 &= 4R_0 L_0 + 3R_{\text{L}} L_0 + 3R_0 L_{\text{L}} \\
b_4 &= L_0(2L_0 + 3L_{\text{L}})
\end{aligned} \tag{8-16}
$$

在本节搭建的三端混合直流输电系统中，对 MMC 换流站直流侧单极接地故障进行仿真，直流电压、正极电流、桥臂电流和交流电流仿真结果如图 8-17 所示。故障为正极接地，发生在 5s 时，持续时间为 0.1s，距离换流站出口 1km，过渡电阻为 1Ω。图 8-17(a) 中 U_{dc} 为两极间的电压差，U_{dcp} 为正极电压，U_{dcn} 为负极电压。在图 8-17 中，在故障发生初期，子模块未闭锁，直流侧电流以电容放电为主，交、直流侧故障电流、桥臂电流迅速上升，正极电压迅速下降为 0。

为验证混合不同全桥子模块数量的 MMC 对直流故障电流的抑制情况，这里以 5 电平 MMC 为例，在 PSCAD/EMTDC 中分别搭建每个桥臂混有 25%、50%、

75%的全桥子模块的模型,进行仿真分析。图 8-18 表明,故障后迅速闭锁子模块,每个桥臂混有 40%以上全桥子模块时,电容电压给二极管提供一个反向电压,使其反向阻断,直流侧电流迅速降为 0,交流系统不再向直流故障点馈入电流,验证了式(8-15)的推导,考虑到全桥子模块的成本比半桥子模块要高,混入全桥子模块的比例越少越好。

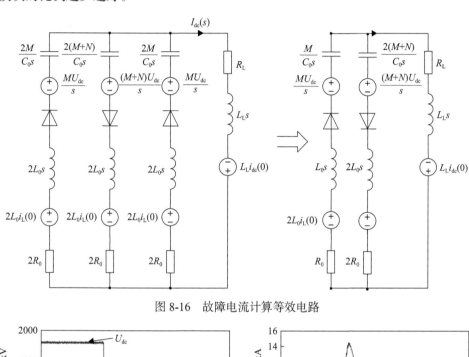

图 8-16　故障电流计算等效电路

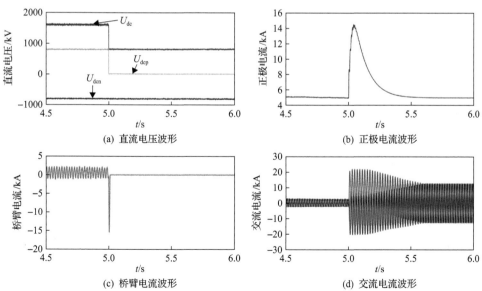

(a) 直流电压波形

(b) 正极电流波形

(c) 桥臂电流波形

(d) 交流电流波形

图 8-17　混合型 MMC 子模块闭锁后对直流电流的影响

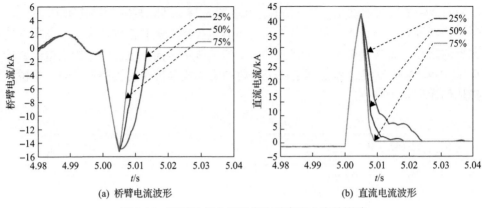

（a）桥臂电流波形　　　　　　　　　　（b）直流电流波形

图 8-18　不同比例全桥子模块对直流电流的影响

8.2　单换流器故障电流计算方法

单个 MMC 换流器的直流侧短路电流求解是 MMC-HVDC 电网故障电流计算的基础。当 MMC 直流线路发生故障时，流向故障点的短路电流由子模块电容放电电流和交流侧馈入电流共同组成，其中，子模块电容放电电流是短路电流的主要成分。现有研究求解短路电流时，忽略了交流侧馈入电流的影响，为了更准确地分析 MMC 直流侧短路故障特性，本节对比传统分析思路，基于 MMC 各部分的能量流动，推导单换流器故障电流解析表达式。

8.2.1　MMC 直流侧故障的传统分析思路及存在的问题

现有研究在求解短路电流时，将故障电路时域模型转化为复频域模型，假设 MMC 中六个桥臂中投入和旁路的子模块数目不变，进而转化为线性定常电路进行分析；并且认为交流侧三相电流对称，即交流电网三相电流之和为零，没有电流流入直流侧，直流线路电流等于三个相单元电流之和。因此，在传统故障电流求解过程中，将 MMC 等效为只计及换流站子模块电容及电感等储能元件放电的二阶欠阻尼放电回路，其短路电流解析表达式如式 (8-8) 所示。

在实际直流侧短路运行工况下，由于子模块的投切过程，MMC 的拓扑结构不断发生变化（MMC 是一个时变系统）。其一侧为三相交流线路，另一侧为直流线路，广义的基尔霍夫电流定律在此并不适用。此外，相比于正常运行工况，直流侧短路后交流侧馈入 MMC 的能量增大，在计算故障电流解析表达式时无法忽略。在此情况下，通过电路拓扑分析方式，难以准确求解故障电流。因此，本节将从故障后能量交换角度，对换流站闭锁前的故障暂态过程进行解析。

8.2.2　MMC 直流侧故障暂态过程中的能量交换分析

基于 MMC 工作原理，将交流侧馈入电流通过非线性充放电过程转化为直流线路电流，此时 MMC 对直流侧可视为处于放电状态，调制策略使上、下桥臂投入的子模块串联，则可得到 MMC 子模块电容放电等效回路，如图 8-19 所示。

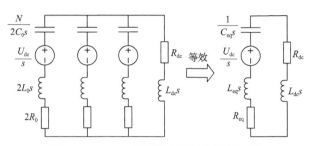

图 8-19　MMC 子模块电容放电等效电路

故障发生前，图 8-19 所示的放电电路为过阻尼稳态，交流侧通过 MMC 向直流侧馈入能量，MMC 中能量交换关系是非线性的。根据能量守恒关系，交流侧馈入 MMC 的能量减去 MMC 中的能量损耗应等于直流侧输出的能量，MMC 内部储能并没有改变，直流电压能够维持不变。

当 MMC 直流侧发生金属性短路故障时，直流侧负载突变为零。此时，图 8-19 所示电路放电特性发生改变，由过阻尼稳态变为欠阻尼放电状态，直流短路电流为桥臂子模块电容的放电电流。故障后交流侧能量仍会通过 MMC 馈入直流侧，能量交换过程呈非线性，直流侧故障后系统的能量交换过程如图 8-20 所示。

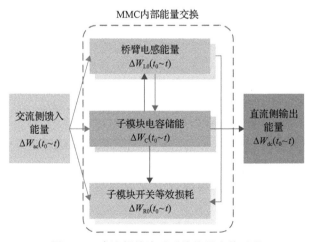

图 8-20　直流侧故障后系统能量交换过程

8.2.3　MMC 直流侧故障电流解析表达式推导

相比于正常运行，直流侧故障后系统能量有以下变化。

(1)桥臂子模块电容的快速放电使其储能迅速减少，同时导致直流侧故障电流快速上升。

(2)由于桥臂电流的增大，MMC 内部桥臂电感储能增加，同时桥臂等效损耗也有增加。

(3)桥臂电流增加以及电容电压的下降均导致交流侧馈入能量较正常运行时增加。

基于故障前后系统能量的变化情况，考虑将图 8-20 所示的能量交换过程进行简化。

(1)故障后，桥臂子模块电容的放电能量全部提供给直流侧，使直流侧电流迅速增加。

(2)交流侧馈入的能量一部分供给了桥臂电感的能量变化及 MMC 内部的损耗，另一部分馈入直流侧维持 MMC 正常运行时的直流电流 I_{dc0}。

上述简化实际是复杂能量交换过程的近似解耦。此时，分析故障后子模块电容储能的放电过程，可将 MMC 视为线性定常电路，则子模块电容储能放电电流可以表示为

$$i_{dc1}(t) = \frac{U_{dc}}{R_{con}} e^{-\frac{t}{\tau_{dc}}} \sin(\omega_{dc} t) \tag{8-17}$$

另外，故障后交流侧馈入直流侧的能量能够大致维持 MMC 正常运行时的电流 I_{dc0}。因此，MMC 直流侧短路电流表达式为

$$i_{dc\_fault}(t) = i_{dc1}(t) + I_{dc0} = \frac{U_{dc}}{R_{con}} e^{-\frac{t}{\tau_{dc}}} \sin(\omega_{dc} t) + I_{dc0} \tag{8-18}$$

对比式(8-8)和式(8-18)可以看出，本节推导得出的表达式更为简练，并具有更简明的物理含义，即故障电流为故障分量和系统正常运行分量之和。其中前项为短路电流故障分量，由故障后 MMC 桥臂子模块电容储能放电 $-\Delta W_C(t_0 \sim t)$ 产生，即系统空载时发生故障后的直流侧能量 $\Delta W_{dc\_empty}(t_0 \sim t)$，后项为系统的正常运行分量。因此，直流侧短路的故障电流转化为正常运行分量和故障附加分量的叠加，与交流电力系统短路电流计算方法趋同。

此外，虽然式(8-18)在形式上是两种分量的叠加，但该式是基于能量守恒关系由各部分能量的作用得出的，其理论基础并非线性电路的叠加定理。为了验证上述分析的正确性，接下来搭建单个换流阀输电模型对式(8-18)进行进一步的验证。

基于 PSCAD 对图 8-21 所示等效模型在不同负载工况下的短路电流进行仿真，其中，直流侧电压 U_{dc}=500kV，额定功率为 750MW。系统正常运行时，直流侧电流 I_{dc0}=1kA。MMC 参数如表 8-1 所示，线路模型采用集中参数模型，如表 8-2 所示。假设 t=1.5s 时在线路 100km 处发生直流侧故障。

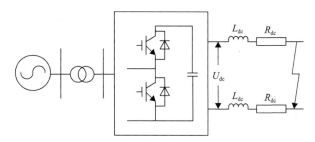

图 8-21　单个换流阀短路故障模型

表 8-1　MMC 主要参数

参数	子模块电容 C_0/mF	桥臂电感 L_0/mH	桥臂等效损耗电阻 R_0/Ω	子模块个数 N
数值	10	75	0.5	244

表 8-2　线路主要参数

参数	线路电阻/(Ω/km)	线路电感/(mH/km)	R_{dc}/Ω	L_{dc}/mH
数值	0.00995	0.86	0.8	200

短路故障发生后，MMC 子模块无法实现瞬时闭锁，在各子模块轮流充放电的非线性过程中，MMC 将交流侧馈入能量转移至直流输电线路。因此，本节从能量转移角度出发，计算故障初始时刻电容储存能量与故障后 10ms 时电容储存能量的差值，作为子模块电容 10ms 内的释放能量，同理计算故障后 10ms 内交流侧馈入能量变化量、子模块开关等效损耗、桥臂电感能量变化量、直流侧输出能量变化量。计算结果如表 8-3 所示。其中，以元件释放能量为负值，吸收能量为正值。

表 8-3　故障后 10ms 内系统各部分能量变化情况　　　（单位：MJ）

部位	变量名称	数值
交流侧	交流侧馈入能量变化量 ΔW_{ac}	−7.08
MMC 内部	子模块开关等效损耗 ΔW_{R0}	0.18
	桥臂电感能量变化量 ΔW_{L0}	3.11
	子模块电容储能变化量 ΔW_{C0}	−13.79
直流侧	直流侧输出能量变化量 ΔW_{dc}	17.58

系统正常运行时，由交流侧馈入直流侧的能量 $\Delta W_{\text{ac-dc\_normal}}$ 在 $t_0 \sim t$ 内能维持正常运行电流 I_{dc0}，而故障后交流侧馈入直流侧的能量不足以维持正常运行电流 I_{dc0}，因此 I_{dc0} 在故障后应呈一定衰减趋势。通过研究故障 10ms 内 MMC 的暂态特性，可得 $\Delta W_{\text{ac-dc\_normal}}$ 为 5MJ，故障后交流侧馈入直流侧的能量 $\Delta W_{\text{ac-dc\_fault}}$ 为 3.79MJ，近似认为 $\Delta W_{\text{ac-dc\_fault}}$ 等于 $\Delta W_{\text{ac-dc\_normal}}$，即该部分能量能够维持正常运行时的直流电流 I_{dc0}。因此，各部分能量变化关系能够对应前面的假设，可以使用式(8-18)对故障电流进行解析。

为了验证所推导解析表达式的正确性，在 MMC 直流侧不同负载工况下，基于式(8-18)求解故障电流，并与式(8-8)计算结果进行对比分析，如图 8-22 所示。

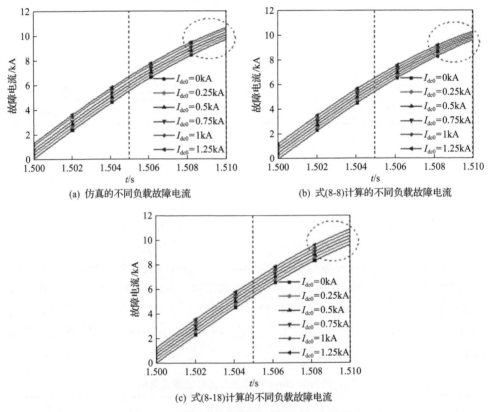

图 8-22　不同工况下两种解析方法与仿真对比

在不同负载工况下，式(8-8)计算的故障电流在故障后 7～10ms 更倾向于聚拢，式(8-18)计算结果与实际仿真结果变化趋势相同。为了更为详细地分析两种解析方式与仿真分析的差异，进一步分别求解不同负载工况下式(8-8)解析值、式(8-18)解析值与仿真结果的误差值，如图 8-23 所示。

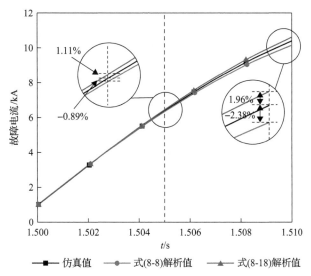

图 8-23　MMC 直流侧故障后解析结果与仿真结果比较

由图 8-23 可知，故障后 5ms 内解析值与仿真拟合较好，故障后 10ms 内仿真值与式(8-8)解析值最大绝对误差为 2.38%，仿真值与式(8-18)解析值最大绝对误差为 1.96%，计算精度得到有效提高，且随时间增大解析结果略大于仿真结果，符合前面做出的假设，表明式(8-18)可以准确有效地求解 MMC 直流侧短路故障电流。虽然本节提出的短路电流解析表达式相比于式(8-8)求解精度仅提升了约 0.42 个百分点，但是本节提出的求解思路简化了 MMC 直流侧故障电流的表达方法，并赋予了表达式中各部分物理意义。此外，本节提出的解析方法求解的短路电流略大于仿真值，可以更好地为断路器选型提供理论依据。

8.3　多换流器故障耦合机制分析与通用计算方法

在多端直流电网运行过程中，多换流器构成多个等效电压源，对直流故障点进行馈流。在故障电流计算的过程中，通常对故障计算进行线性化的等效。本节从双端系统发生金属性故障的耦合解耦计算和多端复杂网络拓扑简化两个角度出发，来分析直流系统在多换流阀耦合的情况下，如何进行故障电流的等效计算。为了简便、快速地求解短路电流，本节通过分析不同故障类型、不同接地形式的故障后换流站放电机制，提出了基于解耦分析短路电流通用计算方法，其中，重点研究非金属性工况下的耦合机理。

在 MMC-HVDC 系统直流短路电流的实用计算中，主要目标是在满足工程实用要求的准确度范围内更加方便、快捷地计算出短路电流，使之可以达到手工计算的程度。为此，在进行具体的分析和计算工作之前，需要明确以下简化假设：

（1）直流侧发生短路故障后，交流侧持续馈入的能量能够维持故障前直流电流的正常分量不变，只需对 MMC 子模块电容储能放电过程引起的短路电流故障分量进行分析，故障电流为故障分量和正常分量之和。

（2）计算时线路采用集中参数，线路电容可等效到线路两侧，与换流站等效电容合并。当线路较短时可忽略其对地电容、极间电容等参数对故障电流的影响。

（3）忽略单极接地故障时正、负极线路之间的耦合作用，认为正、负极网络相互独立，可将正常极从故障网络中除去。

以上假设能够抓住故障电流计算问题的主要矛盾，虽然会引起实用计算结果与实际结果之间的差异，但可使计算工作大为简化。

8.3.1　双端系统非金属性故障耦合机理

典型对称双极 MMC-HVDC 系统由两端换流站及直流线路组成，如图 8-24 所示，单侧换流站由上、下两个结构相同的半桥型 MMC 组成。其中图 8-24（a）为换流站分别接地的形式；图 8-24（b）为金属回线单侧接地的形式，系统中只存在右侧换流站一处接地点，左侧换流站通过金属回线连接至接地点。

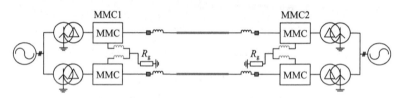

(a) 换流站分别接地的MMC-HVDC系统

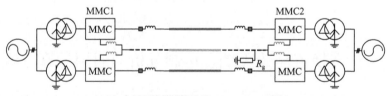

(b) 金属回线单侧接地的MMC-HVDC系统

■ 直流断路器　　── 直流线路
⌒⌒ 平波电抗器　　⌒⌒ 连接电抗器　　── 金属回线

图 8-24　对称双极 MMC-HVDC 系统基本结构

对于图 8-24（a）所示的 MMC-HVDC 系统，直流线路发生单极接地短路故障后，故障点两侧换流站均可通过各自的接地点形成故障电流通路，两侧系统之间不存在耦合关系，可以分别根据单侧换流站的放电回路由式（8-18）进行计算。

而对于图 8-24（b）所示的 MMC-HVDC 系统，由于只存在一个接地点，直流线路发生单极接地短路故障后，左侧换流站将通过金属回线与接地点之间形成放电回路，系统等效放电模型如图 8-25 所示。

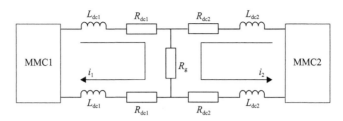

图 8-25　单侧接地系统的换流站放电电路

由图 8-25 可知，MMC1 和 MMC2 的放电电流均流经接地极和接地电阻 R_g，两端换流站均在 R_g 上产生压降。根据叠加原理，R_g 实际承受压降应等于两侧等效换流站分别放电时 R_g 承受压降之和。但是，当单独分析 MMC1 的放电作用时，MMC2 在 R_g 上的压降对 MMC1 的放电电流具有抑制作用；同理 MMC1 在 R_g 上的压降也对 MMC2 具有抑制作用，即两端换流站短路电流在接地电阻处存在耦合。因此，不能直接采用叠加定理计算两侧等效换流站的短路电流，需对两端换流站在 R_g 上的放电作用进行解耦。

8.3.2　双端系统非金属性故障解耦计算方法

直流线路发生单极接地短路故障后，左、右两侧 MMC 的放电回路在 R_g 上存在重叠关系，与两侧 MMC 独立放电回路中不同，R_g 上流过的电流由两侧 MMC 放电共同决定，R_g 两端电压 $u_g(t)$ 为

$$u_g(t) = \left(i_1(t) + i_2(t) \right) R_g \tag{8-19}$$

两侧 MMC 单端独立放电时，在各自放电回路中 R_g 上的电流仅由该 MMC 决定：

$$u_{g\text{-}1}(t) = i_1'(t) R_g \tag{8-20}$$

$$u_{g\text{-}2}(t) = i_2'(t) R_g \tag{8-21}$$

式中，$u_{g\text{-}1}(t)$、$u_{g\text{-}2}(t)$ 分别为左右侧 MMC 独立放电回路中接地电阻 R_g 两端电压；$i_1'(t)$、$i_2'(t)$ 分别为左右侧 MMC 独立放电回路中电流。

则应有 $u_{g\text{-}1}(t) < u_g(t)$、$u_{g\text{-}2}(t) < u_g(t)$，可见较单 MMC 独立放电回路而言，双端系统中两侧 MMC 的放电作用使得 R_g 两端的电压 u_g 增大，从而改变 MMC 的放电特性，降低了放电速度。

上述抑制过程在物理上是通过两个回路在共有电阻耦合产生的，在解析分析时可以通过改变两侧的接地电阻等效其抑制效果，从而实现单独计算两侧回路再叠加的方式得到解析表达式。具体地，在双端系统中，对于左侧 MMC 放电回路

而言，右侧 MMC 的放电电流使得 R_g 上的电压高于左侧 MMC 单端独立放电时的电压；由于电阻两端电压和其阻值成正比，在左侧 MMC 单端独立放电回路中，右侧 MMC 放电作用对左侧 MMC 放电作用的影响可以等效为增大了 R_g 的值，使其两端电压与双端系统中相同，右侧 MMC 放电分析同理。

　　由于 MMC 放电电流是实时变化的，两侧放电回路之间的耦合作用也随时间变化，耦合作用的变化体现在两侧回路单独放电电流比值的变化上，短路电流解耦计算步骤如下。

　　(1)根据式(8-18)求出两侧 MMC 独立放电回路中的电流表达式 $i_1'(t)$ 和 $i_2'(t)$，并代入式(8-20)、式(8-21)，求出两侧 MMC 单端独立放电时，各自放电回路中 R_g 两端电压 $u_{g\text{-}1}(t)$、$u_{g\text{-}2}(t)$。

　　(2)求解耦合工况下 MMC1 和 MMC2 分别单独作用于接地电阻的等效增益系数：

$$k_1(t) = \frac{u_{g\text{-}1}(t) + u_{g\text{-}2}(t)}{u_{g\text{-}1}(t)} = \left[I_{dc0\text{-}1} + \frac{U_{dc\text{-}1}}{R_{all\text{-}1}} e^{-\frac{t}{\tau_{dc\text{-}1}}} \sin(\omega_{dc\text{-}1} t) \right]^{-1}$$
$$\times \left[I_{dc0\text{-}1} + \frac{U_{dc\text{-}1}}{R_{all\text{-}1}} e^{-\frac{t}{\tau_{dc\text{-}1}}} \sin(\omega_{dc\text{-}1} t) + I_{dc0\text{-}2} + \frac{U_{dc\text{-}2}}{R_{all\text{-}2}} e^{-\frac{t}{\tau_{dc\text{-}2}}} \sin(\omega_{dc\text{-}2} t) \right] \tag{8-22}$$

$$k_2(t) = \frac{u_{g\text{-}1}(t) + u_{g\text{-}2}(t)}{u_{g\text{-}2}(t)} = \left[I_{dc0\text{-}2} + \frac{U_{dc\text{-}2}}{R_{all\text{-}2}} e^{-\frac{t}{\tau_{dc\text{-}2}}} \sin(\omega_{dc\text{-}2} t) \right]^{-1}$$
$$\times \left[I_{dc0\text{-}1} + \frac{U_{dc\text{-}1}}{R_{all\text{-}1}} e^{-\frac{t}{\tau_{dc\text{-}1}}} \sin(\omega_{dc\text{-}1} t) + I_{dc0\text{-}2} + \frac{U_{dc\text{-}2}}{R_{all\text{-}2}} e^{-\frac{t}{\tau_{dc\text{-}2}}} \sin(\omega_{dc\text{-}2} t) \right] \tag{8-23}$$

　　(3)通过等效增益系数计算解耦后 MMC1 和 MMC2 分别单独放电时，回路中等效接地电阻的阻值：

$$R_{g\_1}(t) = \left(1 + k_1(t)\right) \cdot R_g \tag{8-24}$$

$$R_{g\_2}(t) = \left(1 + k_2(t)\right) \cdot R_g \tag{8-25}$$

式中，$R_{g\_1}(t)$、$R_{g\_2}(t)$ 分别为 MMC1 和 MMC2 实际放电回路中的等效接地电阻。

　　(4)将修正后的 $R_{g\_1}(t)$、$R_{g\_2}(t)$ 分别代入左、右侧 MMC 单端独立放电回路中，此时各独立放电回路中 $R_{g\_1}(t)$、$R_{g\_2}(t)$ 两端电压即可等效看作双端系统中 R_g 两端电压 $u_g(t)$，即可使用修正后的独立放电回路等效计算图 8-25 所示电路中的放电电流。

通过式(8-24)、式(8-25)以及式(8-18)可直接得到 MMC-HVDC 系统直流侧短路电流解析表达式:

$$i_{\mathrm{dc\_fault}}(t) = i'_x(t) + I_{\mathrm{dc0}} = \frac{U_{\mathrm{dc}}}{R_{\mathrm{con\text{-}g\text{-}x}}} \mathrm{e}^{-\frac{t}{\tau_{\mathrm{dc\_g\text{-}x}}}} \sin(\omega_{\mathrm{dc\text{-}g\text{-}x}}t) + I_{\mathrm{dc0}} \tag{8-26}$$

式中, $R_{\mathrm{con\text{-}g\text{-}x}}$ 为修正后两侧 MMC 独立放电等效回路中的接地电阻, $x=1,2$; $\tau_{\mathrm{dc\_g\text{-}x}} =$

$\dfrac{4L_0 + 6L_{\mathrm{dc}}}{2R_0 + 3\left(R_{\mathrm{dc}} + R_{\mathrm{dc\text{-}g\text{-}x}}\right)}$, $\omega_{\mathrm{dc\text{-}g\text{-}x}} = \left\{ \left[2N\left(2L_0 + 3L_{\mathrm{dc}}\right) - C_0 \left(2R_0 + 3R_{\mathrm{dc}} + 3R_{\mathrm{dc\text{-}g\text{-}x}}\right)^2 \right] \cdot \left[4C_0 \cdot \right. \right.$

$\left. \left(2L_0 + 3L_{\mathrm{dc}}\right)^2 \right]^{-1} \Big\}^{0.5}$, $R_{\mathrm{all\text{-}g\text{-}x}} = \left\{ \left[2N\left(2L_0 + 3L_{\mathrm{dc}}\right) - C_0\left(2R_0 + 3R_{\mathrm{dc}} + 3R_{\mathrm{dc\text{-}g\text{-}x}}\right)^2 \right] \cdot \right.$

$\left. \left(36C_0\right)^{-1} \right\}^{0.5}$ 。

进一步,为了验证 8.2 节理论分析的正确性,本节对图 8-24(b) 单侧接地系统的仿真值、未解耦解析计算值、解耦解析计算值进行对比分析,分析结果如图 8-26 所示。从图 8-26 中可以看出,在故障初始阶段,三者之间的差异均较小;随着故障时间的延长,未解耦解析计算值与仿真值之间的误差逐渐增大,解耦解析计算值与仿真值之间的误差较小,说明推导的短路电流解析表达式能较好地拟合单极接地故障电流变化趋势。

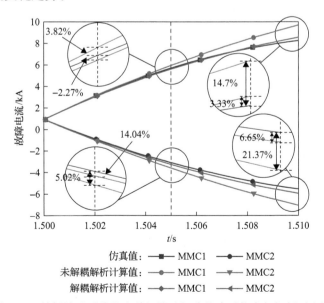

图 8-26　单侧接地系统发生单极接地短路故障时仿真与解析对比图

为了进一步分析上述三者之间的差异大小，分别求解不同故障点未解耦解析计算值、解耦解析计算值与仿真值的相对误差，如表 8-4 所示。

表 8-4　解耦/未解耦解析计算值与仿真值的相对误差

MMC	故障后时刻/ms	未解耦解析计算值与仿真值的 相对误差/%	解耦解析计算值与仿真值的 相对误差/%
MMC1	5	3.82	−2.27
	10	14.70	3.33
MMC2	5	14.04	5.02
	10	21.37	6.65

当使用未解耦解析计算方式求解故障电流时，故障后 10ms 计算值与仿真值相对误差均大于 14%，偏差较大，说明接地电阻的耦合作用对故障电流的计算产生较大影响。相比于未解耦解析计算方式，当使用解耦解析计算方式求解故障电流时，计算值与仿真值两者之间的误差低于 7%，且解耦解析计算的误差缩小为未解偶解析计算误差的约 1/4，表明解耦计算方式可以更加准确地表征短路后故障电流的变化趋势。

柔性直流输电系统发生双极非金属性故障时，故障电流特性与单端接地系统发生单极接地短路故障类似。设置 MMC1 出口处 1.5s 时发生双极非金属性短路故障，过渡电阻为 15Ω。故障点两侧的仿真值、未解耦解析计算值、解耦解析计算值的对比结果如图 8-27 所示。

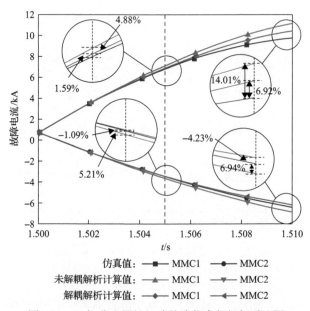

图 8-27　双极非金属性短路故障仿真与解析对比图

由图 8-27 可知，故障后 5ms 时未解耦解析计算值与仿真值的误差约为 5%，而解耦解析计算值与仿真值的最大误差仅为 1.59%；故障后 10ms 内未解耦解析计算值与仿真值的误差可达 14.01%，远高于解耦解析计算值与仿真值的最大误差 6.92%。

上述分析结果表明，本节所提出的非金属性故障耦合解耦分析方法更为精确有效，可以较为准确地表征单极接地短路故障特性，为柔性直流输电系统的设计和保护配置方案建立理论基础。

8.3.3 双端系统金属性故障通用计算方法

MMC-HVDC 系统发生金属性双极短路故障时，故障电流由正极换流站经正极线流出，经故障点后由负极线流回负极换流站，形成闭合回路，与系统接地方式无关，且各电气元件不存在耦合关系，短路电流计算方法与图 8-24(a) 系统单极接地故障时相同。此时，两侧换流站与正负极线等效电抗、电阻可串联等效为图 8-28 所示 RLC 电路，将对称双极 MMC-HVDC 系统参数代入式(8-18)，替换单阀 MMC 输电模型的参数，可直接求解故障点两侧的短路电流。

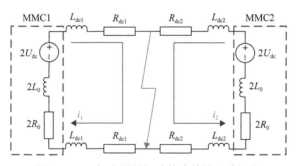

图 8-28 双极金属性短路故障等效电路拓扑

当系统发生带过渡电阻的双极短路故障时，短路电流计算方法与图 8-24(b) 系统单极接地故障时相同，可通过解耦计算求解。

图 8-24(a) 所示双端柔性直流输电系统发生单极接地短路故障时，由于两侧换流站分别接地，放电回路不存在耦合，故障原理与双极短路类似。设置系统 1.5s 时在 MMC1 出口处发生单极接地故障，并对比系统配置不同阻值的接地电阻对短路电流的影响，仿真与解析计算值对比结果如图 8-29 所示。故障后 5ms 内，两侧换流站仿真值与解析值之间的误差小于 2%；故障后 10ms 内，两侧换流站仿真值与解析值之间的最大误差为 5.84%，有效验证了式(8-18)计算方法的正确性。

由于双极短路故障与系统接地方式无关，设置图 8-24(a) 所示系统 1.5s 时在 MMC1 出口以及与 MMC1 相距 100km 处分别发生双极短路故障，仿真与解析值对比结果如图 8-30 所示。

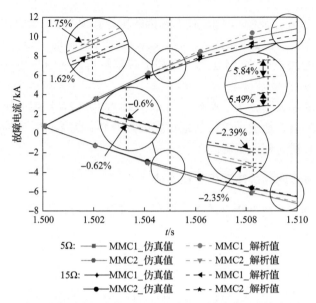

图 8-29　换流站分别接地系统发生单极接地短路故障时仿真与解析对比图

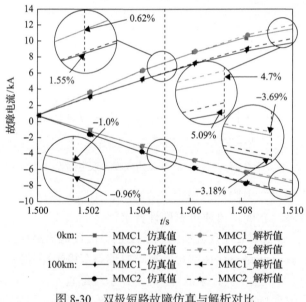

图 8-30　双极短路故障仿真与解析对比

　　图 8-30 中，故障两侧换流站仿真值与解析值均拟合较好，且故障后 10ms 内仿真值与解析值之间的相对误差最大为 5.09%，符合工程设计要求，证明本节所推导短路电流解析表达式能准确表征 MMC 闭锁前的故障电流变化趋势。

8.3.4　考虑直流网络影响的多换流器耦合机理与解耦计算

对于对称双极换流站,直流线路发生故障后换流站交流侧系统始终三相对称,对直流侧的故障电流无影响,可以直接将交流侧断开。对于换流器内部,单个桥臂中投入的子模块个数是不断变化的,其每一相的上、下桥臂投入子模块个数总和固定不变以尽量保持直流侧电压不变。根据现有研究,若认为故障后换流器闭锁前很短一段时间内(通常为 10ms 内)换流器中 6 个桥臂中投入和旁路的子模块数目不变,则在这段时间内换流站可化为一个线性定常电路。直流侧线路发生双极故障时,正极换流器和负极换流器通过两个电感串联,由此可以得到如图 8-28 所示等效电路,进而换流站可以简化为一个 RLC 串联电路。

直流线路短路故障后整个直流电网将变成一个由电阻、电感、电容和直流电源组成的线性电路,可以利用电路理论列写状态方程进行求解。由于换流站出口电流初值和线路电流的初值因直流电网的运行工况不同而存在差异,因此在对直流电网进行分析时只考虑故障后换流站中子模块电容的放电电流,相应分析换流站出口电流的故障分量和线路电流的故障分量,与正常运行时分量相加得到故障后电流全量。根据现有研究,将前面换流站等值电路时域模型变换成复频域中的运算电路模型,通过列写回路电压方程求出直流侧短路电流表达式,再经过拉普拉斯逆变换求解出故障后单端换流站出口电流故障分量时域表达式。

张北柔性直流输电网络结构如图 8-31 所示,换流站主要参数如表 8-5 所示。在直流电网中,各换流站存在并联关系,对于张北柔性直流电网中换流站的并联关系,以两站并联为例进行分析。

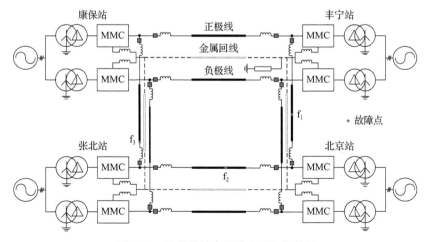

图 8-31　张北柔性直流输电网络拓扑图

表 8-5　系统参数表

参数		北京站	丰宁站	张北站	康保站
换流器容量/(MV·A)		1500	750	1500	750
交流测电压/kV		525	525	230	230
直流侧电压/kV		500	500	500	500
变压器	容量/(MV·A)	1700	850	1700	850
	变比	525/290	525/290	230/290	230/290
子模块电容/mF		2.46	1.31	2.46	1.31
桥臂电抗/mH		50	100	50	100
出口电抗/mH		100	100	100	100

　　根据前面分析,将两个换流站通过线路并联后在复频域中等值电路如图 8-32 所示,其中 U_{dc} 表示故障前换流站正极阀侧电压;C_{sum1}、L_{sum1}、R_{sum1} 表示左侧换

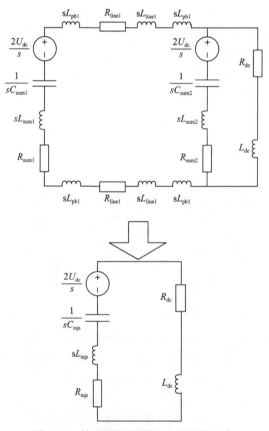

图 8-32　换流器闭锁前换流站等值电路

流站等效站内参数；C_{sum2}、L_{sum2}、R_{sum2} 表示右侧换流站等效站内参数；L_{pb1} 表示两个换流站之间的平波电抗器；L_{line1}、R_{line1} 表示两个换流站之间的线路电感和电阻；R_{dc} 和 L_{dc} 分别表示并联换流站外直流线路的等效电阻和电感。换流站通过并联后对外等值参数也随之发生变化。

图 8-32 中，下面子图的变量计算如下：

$$\begin{cases} C_{eqs} = C_{sum1} + C_{sum2} \\ L_{eqs} = (L_{sum1} + 4L_{pb1} + 2L_{line1}) \mathbin{/\!/} L_{sum2} \\ R_{eqs} = (R_{sum1} + 2R_{line1}) \mathbin{/\!/} R_{sum2} \end{cases} \tag{8-27}$$

并联的换流站中子模块电容对故障点的放电路径重合导致的耦合作用如图 8-33 所示，其中 I_{ZBf}、I_{KBf} 分别表示仅考虑单个换流站放电作用时，张北站和康保站子模块电容的放电电流，I_{ZBf-1}、I_{KBf-1} 分别表示张北站和康保站子模块电容放电之间的相互耦合关系，I_f 表示两站并联后的放电电流，则 I_f 可通过式(8-18)求解得出。由此可见，并联换流站子模块电容对故障点的放电回路重叠造成的耦合作用与换流站及放电回路中的线路参数有关。

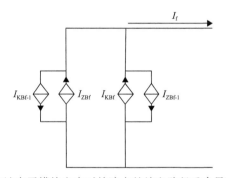

图 8-33　并联的换流站中子模块电容对故障点的放电路径重合导致的耦合作用示意图

由于直流电网的环状结构，各换流站之间并联关系复杂，无法具体对换流站并联结构进行等效计算；同时直流电网中存在多个储能器件，通过复频域运算电路求解短路电流，或通过叠加所有换流站对故障点的放电电流求解短路电流，两种方式均十分困难。因此需要通过新的角度分析并解析故障电流，从而得出一种实用计算方法。

本节以张北柔性直流电网为研究对象，根据前面分析，由于张北柔性直流电网为"口"字形结构，故障后的线路电流的故障分量由各个换流站中子模块电容储能放电共同提供，各换流站通过线路并联存在相互耦合关系，且该耦合关系无法被解耦，这给故障电流的实用计算造成了很大困难。

本节将另辟蹊径，从线路故障电流产生本质及影响因素入手，仍然以前面所述康保—丰宁直流线路上发生的双极故障为例，将故障后康保—丰宁正负极线路两端分别看作两个二端口，如图 8-34 所示。

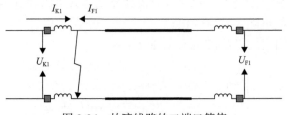

图 8-34　故障线路的二端口等值

图 8-34 中，U_{K1}、U_{F1} 分别为故障线路正负极左、右侧形成二端口两端电压，I_{K1}、I_{F1} 分别为故障点左、右侧流过的故障电流。

由前面分析可知，由于故障后各换流站向故障线路提供电流故障分量的实质是子模块电容储能的释放，同时，线路两端的电压由四个换流站子模块储能共同维持。随着各换流站子模块电容储能的释放，故障线路两端阀侧电压下降，导致故障电流变化率下降。若仅关注故障闭锁前 5～10ms 以内的故障电流变化，可以对拓扑进行简化，仅保留故障线路两侧的换流站，或者将环网拆成开式网络，若线路二端口两端电压 U_{K1}、U_{F1} 变化不大，即线路二端口特性变化不大，简化前后换流站中子模块电容对故障线路产生的放电作用近似相同，即可使用简化后的拓扑结构等效计算原拓扑中的故障线路电流。

如图 8-35 所示，首先仅保留故障线路两端的换流站，认为这两个换流站故障后提供全部的线路短路电流，将原环网简化为两端网络。等效的两端网络同真实四端环网相比，故障电流的差异仅由放电过程中故障线路二端口电压下降不同导致。下面对图 8-35 所示两端网络进行仿真验证。设康保站为定有功功率控制模式，丰宁站为定直流电压控制模式，两者均工作在稳定运行状态，1.5s 时刻在康保站平波电抗器后发生双极短路故障。

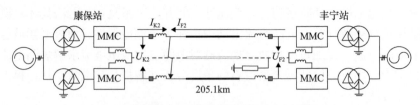

图 8-35　故障线路及其两端换流站组成的两端网络

两端网络与原环网线路上两个二端口电压仿真结果比较如图 8-36(a) 所示。从中可以看出，线路电流故障分量仅由故障线路两端换流站子模块电容储能提供，与由四个换流站子模块电容储能共同提供相比，故障线路二端口电压相差并不大，故障后 10ms 内变化趋势基本相同。同时，如图 8-36(b)所示，线路电流的故障分量在故障后 5ms 内相差不大。而在故障后 5～10ms 内，由于两端网络中故障线路两端换流站子模块电容储能比原拓扑四个换流站少，换流站子模块电容储能持续放电导致两端网络中换流站阀侧电压下降速度比原拓扑中快，使子模块电容放电速度随两站储能释放而减慢，导致两端网络线路电流的故障分量小于原环网。

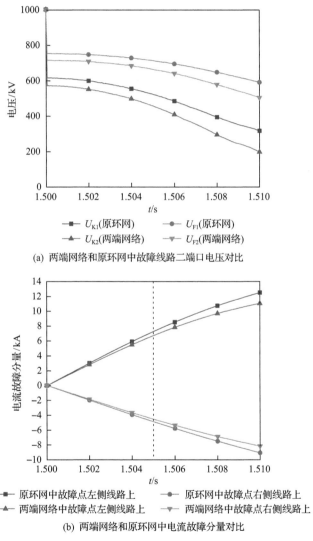

(a) 两端网络和原环网中故障线路二端口电压对比

(b) 两端网络和原环网中电流故障分量对比

图 8-36　两端网络和原环网仿真结果对比

两端网络等效电路图如图 8-37(a)所示，由于两端网络中康保站和丰宁站对故障点的放电回路相互独立，则可以直接求出

$$I_{K2} = I_K = 13.25e^{-0.48t}\sin(107.79t) \qquad (8\text{-}28)$$

$$I_{F2} = I_F = -10.81e^{-2.26t}\sin(87.87t) \qquad (8\text{-}29)$$

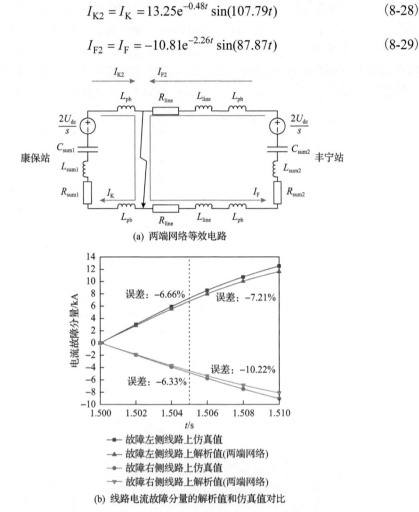

(a) 两端网络等效电路

(b) 线路电流故障分量的解析值和仿真值对比

图 8-37　两端网络等效电路及其故障电流解析值和仿真值对比

　　解析值和仿真值对比如图 8-37(b) 所示。可以看出，在故障后 5ms 和 10ms 时近似解析结果与原环网仿真结果误差均不大。

　　必须强调的是，上述等效方式不是认为故障线路上的短路电流在原环网中仅由故障线路两端换流站提供，而是认为故障时两端网络和原环网在故障线路二端口产生的电压偏差不大，两端网络中线路故障电流能够近似等效原环网中线路的故障电流，因此故障电流可以用两端网络计算。

　　对于张北柔性直流电网环网拓扑结构，换流站通过线路与故障线路两端换流站并联的实质是改变了故障线路两端等效换流站的容量及站内参数。很显然，上述将环网等值为两端网络产生误差的原因主要是提供故障电流的等效换流站的容量变小，使得两端网络中换流站提供短路电流的能力随着电容电压的下降较原始环网降低。

　　张北柔性直流电网故障后换流站并联结构复杂，难以进行并联关系分析并进行等效解析计算。由于故障后非故障线路上的电流变化很小，本节进一步考虑故障后保留 4 个换流站，而直接将环网从不同的非故障线路进行拆分，将环网变为开式网络后进行解析计算。图 8-38 所示为从非故障线路进行的三种拆分结构。

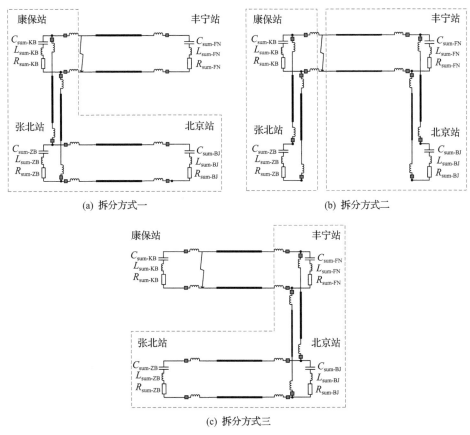

图 8-38　不同非故障线路拆分的三种等效拓扑

　　分别对图 8-38 所示三种拓扑中换流站并联后的故障线路的电流进行解析计算，结果如图 8-39 所示。

　　通过与两端网络解析计算对比，可知原环网三种不同拆分方式下，经过换流站归算后的解析计算结果在 5ms 和 10ms 时的误差均不大，因此使用环网拆分的近似解析方法同样能够较为准确地描述换流站闭锁前线路故障电流的变化趋势。

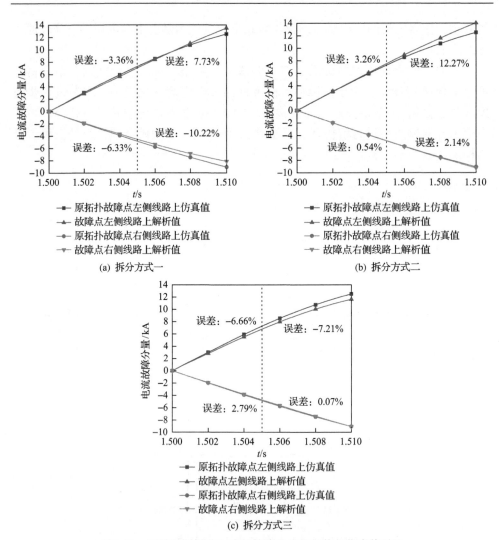

图 8-39　三种不同拆分方式的故障电流解析值与仿真值对比

　　为了验证故障线路及其两端换流站组成的两端网络近似解析计算方法及环网拆分近似解析计算方法的适用性，将故障点分别设置在丰宁—北京线路中点处（f_1）、张北—北京线路距北京站 100km 处（f_2）、康保—张北线路张北站侧平波电抗器出口处（f_3），如图 8-31 所示，1.5s 时发生双极短路故障。

　　使用前面所述直流电网简化两端网络后对线路电流故障分量进行计算的方法，分别解析计算 f_1、f_2、f_3 故障后线路电流的故障分量，与原环网精确仿真结果对比，如图 8-40 所示。可以看出，在故障 5ms 和 10ms 内解析计算结果与精确仿真结果基本一致，误差的绝对值均小于 12%，能够较好地描述线路电流故障分量的变化趋势。

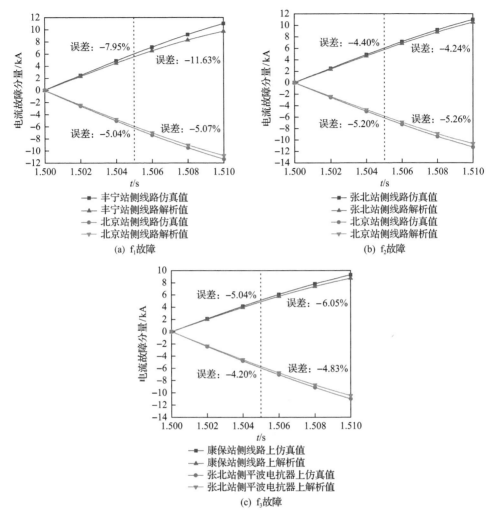

图 8-40 f_1、f_2、f_3 故障时故障电流解析值和仿真值对比

使用前面所述方法将对原直流环网通过不同拆分方式变为开式网络后进行解析计算，对比结果如图 8-41～图 8-43 所示。可以看出，三种拆分方式的解析结果之间虽然差别不大，但是拆分方式二即由环网中离故障点最远的线路进行拆分时，解析结果与仿真结果拟合程度最好(尤其是 5ms 的误差)。

但通过环网拆分的解析方式需根据具体直流电网的结构和参数进行具体分析，且对原环网不同拆分方式后等效并联换流站的解析计算结果与使用两端网络直接解析计算结果相差不大，说明非故障线路两端换流站并联后对故障线路电流的影响并不大。对于结构复杂的直流电网拓扑，利用故障线路及其两端换流站组成的双端网络等效计算原拓扑中的线路电流故障分量便捷性、通用性更强。

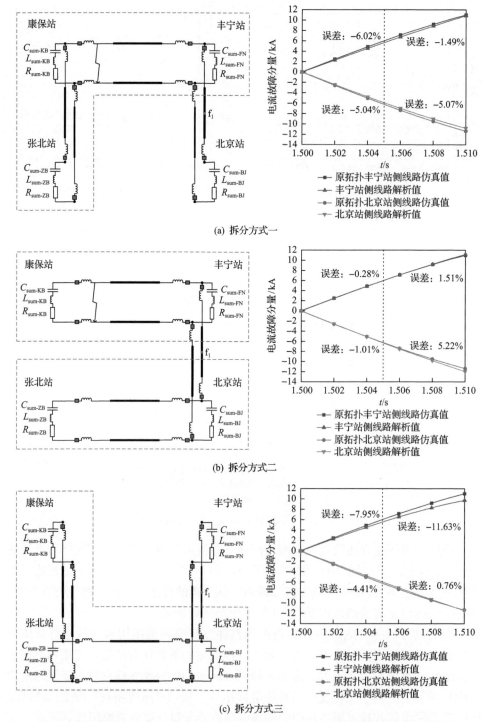

(a) 拆分方式一

(b) 拆分方式二

(c) 拆分方式三

图 8-41 f_1 处故障时三种不同拆分方式的等效拓扑及故障电流解析值与仿真值对比

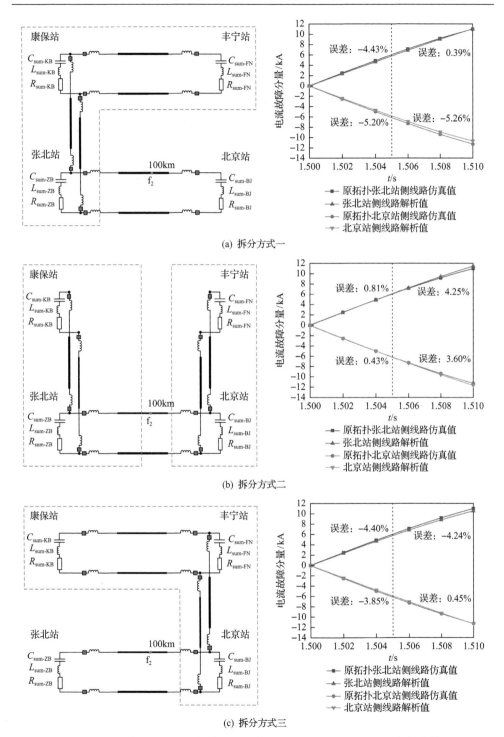

(a) 拆分方式一

(b) 拆分方式二

(c) 拆分方式三

图 8-42　f_2 处故障时三种不同拆分方式的等效拓扑及故障电流解析值与仿真值对比

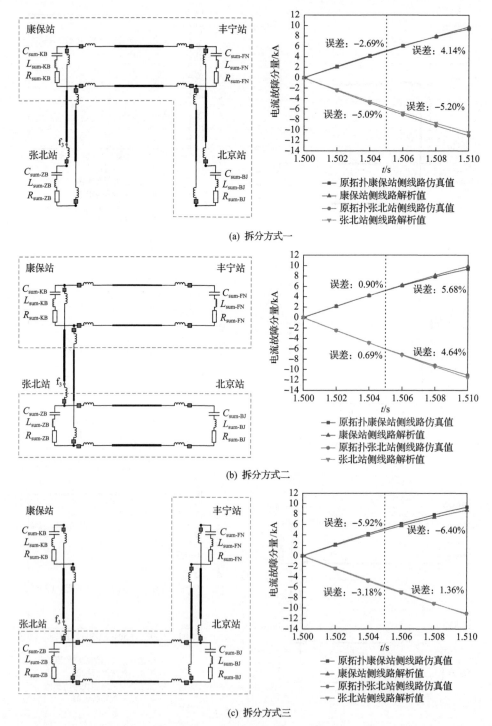

图 8-43　f_3 处故障时三种不同拆分方式的等效拓扑及故障电流解析值与仿真值对比

8.4　本章小结

本章分析了不同类型子模块的 MMC 故障后等效回路，依次解决了单端系统电流解析表达式改进、耦合双端系统的解耦和复杂多端电网系统的拓扑近似简化问题，在此基础上系统地提出了柔性直流电网短路电流的工程实用计算方法。主要研究内容如下：

(1) 首先研究了半桥型 MMC、全桥型 MMC 和混合型 MMC 闭锁前、闭锁时以及进入不控整流阶段的等效放电回路。从能量交换角度对单个 MMC 的故障暂态电流进行重新解析，通过分析故障后交流侧馈入功率的变化以及系统能量的交换过程，进一步对能量交换过程进行了合理简化，得出了单个 MMC 直流侧故障电流的改进解析表达式，仿真算例表明，与传统单个 MMC 直流短路电流计算方法的误差(10%以上)相比，改进解析公式将计算误差降低到 2%以下。

(2) 针对相邻两个换流站的放电电流存在耦合的工况，分析了单侧换流站放电电流与接地电阻分流的耦合关系，提出采用等效增益系数计算两侧换流站单独作用时各自的等效接地电阻阻值，进而实现了两侧放电回路的解耦，得到了双端系统故障电流的解析表达式。仿真算例表明，与传统未解耦解析计算方法的计算误差(15%以上)相比，本章提出的解析公式将计算误差降低到 7%以下。

(3) 针对多端复杂电网短路电流计算问题，根据故障点位置将复杂电网分为近端、次近端和远端网络，提出仅保留近端换流站和对近端、次近端换流站进行先拆后并的两种简化等效方法，将复杂电网转化为双端系统，然后采用前述双端系统计算公式得到短路电流。

本章提出的柔性直流电网故障电流通用计算方法具有较完备的理论基础，无须复杂数值计算即可得到复杂多端柔性直流系统的短路电流表达式，可为限流、保护系统的设计提供理论支撑。

第9章 采取限流措施后的直流电网故障特性

9.1 故障限流措施的分类与工作原理

直流电网故障限流措施主要可分为三类：①将故障电流转移到旁路支路，直到故障被切除(通常由交流断路器实现)；②触发受控的交流侧故障，以便抑制从交流侧馈入的故障电流；③在故障回路中注入足够的反向直流电压，以快速抑制直流电流。针对这三类故障限流措施，目前国内外已提出了一些设备拓扑和控制方法，如直流断路器、具有限流功能的换流器、故障限流器、直流变压器和潮流控制器等。然而，涉及直流电网中故障电流抑制特性的理论分析仍需深入研究。对于直流电网而言，由于其电气元件种类繁多、电网结构复杂、电力电子设备的非线性特性等，以及不同限流措施的结构拓扑各异，针对采取限流措施后故障电流特性的研究尚未有成熟的分析方法。开展采取限流措施的直流电网特性研究，为故障电流的抑制提供技术支持，对于未来直流电网故障电流快速上升问题的解决具有重要的理论和实践意义。

模块化多电平换流器具有可扩展性强、谐波含量低、能够提供无功支撑等优点，是构建直流电网的核心元件，其中，基于半桥型子模块的换流器是目前使用最普遍的拓扑结构之一。然而，采用半桥型子模块的换流器不具备处理直流故障的能力，当直流侧发生故障时，子模块电容迅速放电，故障电流上升率高，若无其他措施，则在故障后几毫秒即可达到换流器桥臂电力电子器件的耐流极限，对换流器造成严重损坏。换流器闭锁是一种传统的直流故障保护方案，但是半桥型MMC 闭锁后仍无法阻断交流侧向故障点注入电流，此外，这种闭锁方法会失去对换流器的控制，导致功率传输中断，并且由于换流器闭锁后重新启动需较长时间从而延长了直流系统的宕机时间，不利于直流电网的不间断运行。

由换流器故障后的电流暂态过程可知，故障回路中的电阻和电感以及换流器出口电压是影响直流故障电流的三个关键因素，通过增设限流设备和换流器主动限流两条技术路线可实现对柔性直流系统故障电流的抑制。限流设备可以增大故障回路中的阻抗，降低直流电网的故障电流上升率，换流器主动限流可以充分发挥柔性直流系统的控制能力，降低换流器出口电压，抑制故障电流。

限流设备在故障电流上升的过程中动作，以达到抑制故障电流上升率或切断故障电流的目标。关于限流设备的技术要求主要有以下几个方面：

(1)在电网正常运行时，能够对外表现为零阻抗或低阻抗，对系统基本没有影响，功率损耗低；

（2）故障发生时，能够快速动作，反应时间尽可能短，动作后呈现出高阻抗以有效地限制短路电流水平；

（3）故障切除后具有自动复位和多次连续动作能力，工作可靠性高；

（4）动作时不引起系统暂态振荡、过电压，不影响继电保护动作特性；

（5）设备的成本及运行费用低，可靠性高，维修量小。

换流器主动限流控制则是直流线路发生短路故障时，换流器主动减少其故障电流应力或故障电压应力的过程。在故障穿越期间，换流器处于可控状态，无须切断交直流系统的连接，换流器在主动限流控制策略下可主动调节其直流侧端口输出电压以自适应外部直流电压的变化，从而限制故障电流的上升。

9.1.1　限流设备

限流设备主要包括故障限流器以及具备限流功能的直流断路器、具备限流功能的 DC/DC 变换器和具备限流功能的潮流控制器。其中，故障限流器和具备限流功能的直流断路器是最典型的直流系统保护装备，具备限流功能的 DC/DC 变换器和具备限流功能的潮流控制器虽具备一定的故障电流抑制能力，但效果相对较弱。

9.1.1.1　故障限流器

故障限流器可分为被动式故障限流器和主动式故障限流器两大类。被动式故障限流器是指在直流电网线路中串入限流电抗器，从而在发生短路故障时限制故障电流。这种被动式故障限流器不具备主动动作的能力，在系统正常工作时，电抗器也串在线路中，产生不必要的损耗。而主动式故障限流器只在直流电网发生短路故障时，才将限流装置接入系统中，从而可降低系统正常运行时的损耗。

主动式故障限流器是目前故障限流器的主要研究趋势，根据其在正常工作模式时呈现低阻抗状态，而在故障时呈现高阻抗状态的特点，主动式故障限流器可主要分为超导故障限流器（superconducting fault current limiter，SFCL）和基于电力电子器件的故障限流器。

1）超导故障限流器

SFCL 集检测、触发、限流于一身，响应速度快，可自动恢复，被誉为是最理想的故障限流器之一[1,2]，其一般串联在电网中，可以安装在变压器、线路和母联等关键位置。SFCL 利用超导体的超导（S）/正常（N）态的相互转换特性来工作。当系统正常运行时，超导体处于超导态，具有零电阻性及完全排磁通效应，阻抗极低接近于零，因此 SFCL 产生的损耗非常小，对电网的影响也较小；而在系统发生短路故障时，它会转变为正常态，阻抗从零变为预定数值，抗磁性完全消失，

SFCL 由于能瞬间自触发形成高值阻抗，可以快速地限制短路电流的峰值和稳态值。在继电保护装置动作切除故障后，超导体又可以恢复到超导态。SFCL 对系统正常运行时的影响甚微，但在故障时刻又可以迅速增大其阻抗值遏制故障电流，故障切除后又可以自动恢复原状。

　　根据不同限流阻抗类型，SFCL 可分为电阻型、电感型和混合型。基于超导体基本特性，可将 SFCL 分为失超型和非失超型。根据工作原理，SFCL 主要有六种类型，包括：电阻型、桥路型、饱和铁心型、磁屏蔽型、磁通约束型和混合型。超导故障限流器的分类如图 9-1 所示[3]。

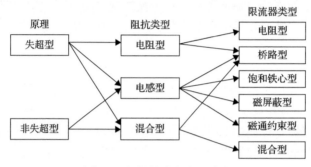

图 9-1　超导故障限流器分类

2) 基于电力电子器件的故障限流器

　　基于电力电子器件的故障限流器利用了电力电子器件的高可控特性，具有响应速度快、体积小等优点。其基本工作原理为正常工作时，限流电抗器不接入主回路中，当发生短路故障时，利用电力电子器件的通断，将限流电抗器接入主回路中，从而达到限流的目的。

　　文献[4]提出一种电容换相混合式故障限流器，拓扑结构如图 9-2 所示。该故障限流器分为两个主要支路，分别为通态低损耗支路和主限流器，其工作原理为发生故障后断开通态低损耗支路 IGBT，触发 T_3 和 T_4，待通态低损耗支路电流 i_{Load} 为 0 后，触发 T_2，并且持续触发 T_1，此时换相电容 C_c 通过 T_2、L_2 向故障点放电，T_1 因为承受换相电容反压而截止，流经 T_4 的电流逐渐向 T_2 转移，T_4 电流降为 0 后自动关断，待电容电压为 0 后，T_1 导通，L_1 连入电路，待电容反向充满电后，T_3 电流降为 0 且承受反压关断，全部故障电流均流过 L_1 和 L_2，实现了故障限流器全部投入。该故障限流器仅需半控器件即可实现限流效果，在电力电子开关方面极大程度地节约了成本，电容在工作过程中起到关键作用。

　　文献[5]提出一种混合式故障限流器拓扑，其结构如图 9-3 所示。同样该故障限流器包含通流支路和主限流器两部分。当故障发生后，关断通流支路，电流转移至晶闸管支路。待超快速机械开关(ultra fast disconnector，UFD)达到额定开距后，给 T_{3a} 和 T_{4a} 导通信号，则 T_{3a} 因承受正压而导通，C_a 开始放电，电流迅速由 T_{2a} 支路向 C_a 支路转移，当 T_{2a} 中电流为零时，电容 C_a 没有放电完毕，则 T_{2a} 承受 C_a 提供的一定时间的反压后自行关断。当 C_a 上电压降为零后，继续被反向充电，则 T_{4a} 因承受着正压而导通，限流电抗被投入故障回路中，C_a 继续被充电，其两端电压高于系统电压时，限流器所在线路电流开始下降，直到 T_{3a} 中电流降为零，C_a 充电结束，故障电流完全转移至限流电感回路中，抑制故障电流上升。

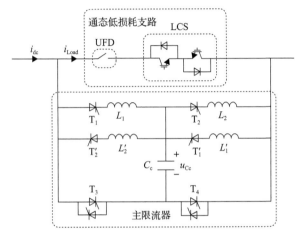

图 9-2　电容换相混合式故障限流器拓扑

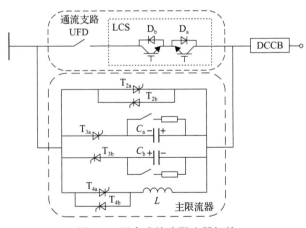

图 9-3　混合式故障限流器拓扑

文献[6]提出一种基于耦合电感的故障限流器拓扑结构，如图 9-4 所示，L_1 和 L_2 为异名端相互连接的耦合电感。当发生故障(负荷被短路)时，迅速触发 T_1，采用自然换流技术，使机械旁路开关 S_1 打开而退出运行，电流从 S_1 换流到 T_1，随后断开 T_1 并交替触发导通 T_2 和 T_3，对应的耦合电抗器中的两个电抗器 L_1、L_2

也将交替工作，由于耦合电抗器互感的存在，每一次切换都将显著降低电流初始值，从而限制短路电流的增长速度。

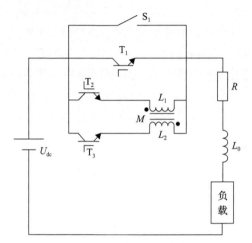

图 9-4　基于耦合电感的故障限流器拓扑

9.1.1.2　具有限流功能的直流断路器

高压直流断路器一般分为 3 类，即机械式、全固态式以及混合式 DCCB[7,8]。混合式 DCCB 兼具前两者的优点，通态损耗小且开断速度快，是构成直流电网保护的关键设备之一[9]，国内外学者对其拓扑优化及系统应用等方面进行了深入的研究。对比分析 DCCB 及故障限流器可总结出，两者的工作方式具有相似之处：将故障电流转移至另一条支路进行限流或开断[10]，即两种装置具备一体化可集成的前提条件。为降低直流断路器分断故障电流的压力，目前已有一些具备故障限流能力的直流断路器拓扑，其基本拓扑是在传统混合式 DCCB 的基础上增加限流支路，使 DCCB 兼备故障限流及开断的能力。

文献[11]提出一种具备限流功能的混合式直流断路器(current-limiting hybrid DCCB，CL-HDCCB)拓扑，如图 9-5 所示。为满足双向限流能力，断路器主体采用二极管组构成桥式电路。断路器主要由四部分构成：通流支路、限流支路、断流支路和旁路支路。

在直流电网稳态运行时，通流支路导通，限流支路、断流支路和旁路支路均处于关断状态。当发生直流短路故障时，上层控保系统检测到故障后，控制 CL-HDCCB 动作，同时导通限流支路晶闸管 T_1 和断流支路 IGBT，负荷转换开关 (load commutation switch，LCS) 中的 IGBT 收到关断信号后立即关断，S 开始动作，待到 S 达到额定开距，向 T_2 和 T_3 施加触发信号，T_2 因承受正向电压而导通，电容 C_L 开始放电，T_1 由于承受反压可自行关断。C_L 放电结束后继续被反向充电，

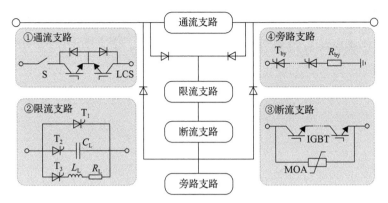

图 9-5 CL-HDCCB 主电路拓扑

T_3 因承受正向电压而导通，限流电抗 L_L 和限流电阻 R_L 开始投入故障回路，C_L 继续被充电，其两端电压高于系统电压时，直流电流开始下降，直到 C_L 所在支路电流降为零，C_L 充电结束，限流阻抗完全投入故障回路中。断路时闭锁断流支路 IGBT 的同时导通旁路支路的晶闸管 T_{by}，将直流线路电抗快速旁路，实现故障隔离，避雷器动作，故障侧电流逐渐衰减至 0。避雷器吸收的能量主要来自非故障侧，故障侧电抗储存的能量将通过泄能电阻 R_{by} 耗散，直至故障侧电流衰减至 0，故障清除完毕。

文献[12]提出一种阻容型限流式直流断路器拓扑，如图 9-6 所示，主要包括 1 个断路阀段、2 个限流阀段以及 3 组电抗器。在系统正常运行时，断路阀段支路 1 的 UFD 闭合，与其相串联的 IGBT 组导通，该支路处于低损耗导通状态，而支路 2 和 3 处于高阻态断路状态。限流阀段亦是如此，电流流经支路 1。此时，整个断路器的 3 个电抗器并联，呈现低电抗状态。当系统检测到疑似故障发生时，断路器立即进入限流状态：开通断路阀段支路 3 的所有 IGBT 和限流阀段支路 3 的反并联晶闸管组 VH，同时关断各阀段支路 1 中的所有 IGBT。线路电流从各阀段支路 1 逐渐转移到支路 3，等待流过 UFD 的电流降至零时，打开各阀段的 UFD，线路电流就完全流过支路 3。当限流阀段支路 3 中的电容 C 充电时，晶闸管保持正向导通。待电容向电阻放电，电压降到一定值时，晶闸管组两端的电压将呈现反压状态，持续一定时间后，晶闸管组就会被关断。此时，3 条支路的电抗器由并联状态完全转变成串联状态，呈现大电抗限流状态，立即达到限制线路电流上升率的效果。经过数毫秒的检测延时后，根据确认结果进行断路操作或将断路器恢复正常运行。若故障判断结果是永久性故障，则进行断路操作：首先，将断路阀段支路 3 的所有 IGBT 关断；其次，将限流阀段重新投入低损耗运行，三串联电抗回到并联，呈现小电抗状态，加快耗散故障电流能量。若此时故障判断的结果是暂时性故障，则首先进行断路操作，等待故障消失，再进行重合闸操作：断路操作类似于永久性故障情况，而重合闸操作只需要将断路阀段进行常规重合闸操作即可（先闭合 UFD，再导通 IGBT 组），因为在上一次断路操作中限流阀段已进行重合闸。

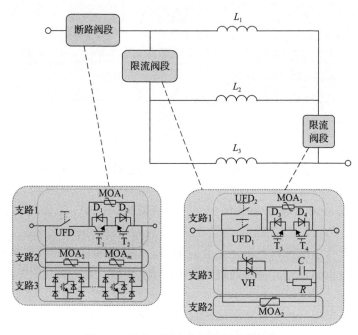

图 9-6　阻容型限流式直流断路器拓扑

文献[13]提出一种具有限流能力的高压直流断路器拓扑，如图 9-7 所示，主要分为主回路、限流装置回路、电流转移回路和能量吸收回路 4 个部分。根据故

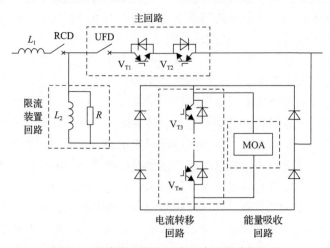

图 9-7　具有限流能力的高压直流断路器拓扑

障电流流通路径，断路器分为 3 个工作阶段，即故障检测阶段 $t_0 \sim t_1$、电流转移阶段 $t_1 \sim t_2$、能量吸收阶段 $t_2 \sim t_3$。假设在 t_0 时刻发生故障，$V_{T3} \sim V_{Tm}$ 处于关断状态，V_{T1}、V_{T2} 处于闭合状态，电流从主回路流向故障点，在 t_1 时刻，关断 V_{T1}、V_{T2}，给 $V_{T3} \sim V_{Tm}$ 触发信号；在 t_1 时刻后，电流从电流转移回路流向故障点，UFD 断开，与故障检测阶段相比，电流流通回路上多了 1 台限流装置，由于存在电感 L_2，主回路电流转移到电流转移回路时会产生一定的延迟，故障电流的上升速度变慢，有助于为故障检测赢得更多时间，以减小误判的概率；在 t_2 时刻，$V_{T3} \sim V_{Tm}$ 关断，在 t_2 时刻后，电流流过能量吸收回路，金属氧化物避雷器(metal oxide arrester，MOA)吸收电感释放的能量，在 t_3 时刻电流降为 0，剩余电流动作保护器(residual current operated protective device，RCD)断开，防止避雷器热过载。

9.1.1.3　具有限流功能的 DC/DC 变换器

在直流电网中不同电压等级的直流线路需要通过高压大容量 DC/DC 变换器实现互联。目前，国内外学者陆续提出若干具备故障阻断能力的高压大容量 DC/DC 变换器拓扑。这些拓扑根据是否具备电气隔离[14]，分为隔离型[15,16]和非隔离型[17-22]两大类。隔离型拓扑采用交流变压器进行隔离，变比大且具有自然的故障阻断能力，但元器件数目较多且功率损耗较大，而直流输电过程中不同电压等级线路之间的互联变比较小，因此主要考虑非隔离型拓扑。

文献[17]提出了一种 LCL 谐振式模块化多电平 DC/DC 变换器，利用 LCL 谐振网络连接高低压侧 MMC 可同时实现两换流器的零无功功率运行，提高了装置容量的利用率。当直流侧发生短路故障时需闭锁 MMC 中子模块实现故障电流抑制。

文献[18]提出以 IGBT 作为换流开关的混合级联 DC/DC 变换器，通过控制换流开关使储能桥臂在不同直流侧充放电，从而实现高压侧和低压侧的功率转换，但由于 IGBT 存在反并联二极管，只能实现低压侧的故障阻断。文献[19]采用晶闸管和反并联二极管串联作为换流开关，同样只能实现低压侧的故障阻断。在此基础上，文献[20]将反并联的二极管更换为晶闸管，提出了一种具备故障阻断能力的 DC/DC 变换器拓扑，其拓扑结构如图 9-8 所示，其中，U_L 和 I_L 分别代表低压侧电压和电流，U_H 和 I_H 分别代表高压侧电压和电流，i_{La}、i_{Lb} 和 i_{Lc} 分别代表低压侧流经 abc 三相反并联晶闸管的电流，i_{Ha}、i_{Hb} 和 i_{Hc} 分别代表高压侧流经 abc 三相反并联晶闸管的电流，i_{Pa}、i_{Pb} 和 i_{Pc} 分别代表 abc 三相桥臂电流。该拓扑利用晶闸管的阻断能力实现直流故障保护，当检测到故障信号后立即闭锁子模块和晶闸管，具有成本低、效率高且能进行故障阻断等优点。

文献[21]令 MMC 直接输出直流电压，形成模块化多电平 DC/DC 变换器，在桥臂间注入交流电压和电流来实现上下桥臂的功率交换，为实现故障阻断功能，上桥臂子模块需要采用全桥子模块。文献[22]提出了基于 HBSM 和自阻型子模块（SBSM）的自耦型 DC/DC 变换器，其结构如图 9-9 所示，3 组 MMC 串联构成高压侧桥臂，MMC2 的直流侧抽出构成低压侧，E_1 和 E_2 分别代表低压和高压直流系统，B_1 为交流公共母线。研究发现：若 MMC 采用 HBSM，发生低压侧故障时，HBSM 的电容可以被串联进故障回路中，完成故障的阻断；但当高压侧故障时，低压侧可以通过 HBSM 中的下部二极管向高压侧放电。因此，将高压侧的子模块部分替换为 SBSM 使换流器也具备了对高压侧故障的阻断能力。

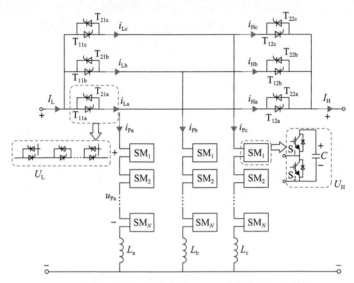

图 9-8　具备故障阻断能力的 DC/DC 变换器拓扑结构

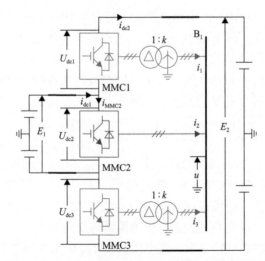

图 9-9　基于 HBSM 和 SBSM 的自耦型 DC/DC 变换器

9.1.1.4　具有限流功能的潮流控制器

多端直流输电系统中，主要有两种方案可实现潮流控制：改变线路电阻或改变线路两端电压。文献[23]提出一种具有限流功能的模块化直流潮流控制器（modular DC power flow controller，M-DCPFC），其拓扑结构如图 9-10 所示（I_{AC} 代表交流环流），包含三个完全相同的桥臂，每个桥臂由 n 个全桥子模块以级联方式构成，子模块输出端连接一组反并联晶闸管。M-DCPFC 有两种工作模式：潮流控制模式和故障限流模式，在潮流控制模式下晶闸管始终关断。

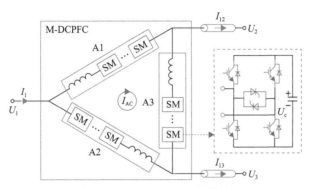

图 9-10　M-DCPFC 拓扑结构

在直流侧短路故障发生后，M-DCPFC 经过两个阶段分别实现故障限流功能和自我保护功能：①封锁子模块的开关器件，使各个桥臂处于不可控整流状态，故障电流通过续流二极管对直流侧电容进行充电蓄能，吸收部分故障能量；②待故障电流将电容电压充到保护上限值时，导通子模块输出端并联的晶闸管进行换流，M-DCPFC 被旁路。该电路通过①阶段来输出负电压，起到故障限流作用；通过②阶段来保护直流侧电容，②阶段对故障电流无影响。

文献[24]提出一种具备故障限流及断路功能的复合型直流潮流控制器，其拓扑结构如图 9-11 所示。它主要由具有限流功能的潮流控制器部分和断路器部分组成。该装置的主要功能有直流电网线路的潮流控制、直流故障电流限制和故障线路切除。正常工作状态，即稳态情况下，机械开关 UFD_1、UFD_2 闭合，2 组开关管 V_{1a}、V_{1b} 闭合，4 组反并联晶闸管 T_{1a}/T_{1b}~T_{4a}/T_{4b} 关断，断路部分闭锁，潮流控制部分工作。当某条线路上发生接地故障时，闭锁潮流控制功能，根据故障线路及其电流方向，通过控制 4 组开关管 V_{11}~V_{14} 及 8 个开关管 V_1~V_8 的开通与关断，将电感 L 串联进故障线路进行限流。断路器部分投入工作，实现故障支路的切除。

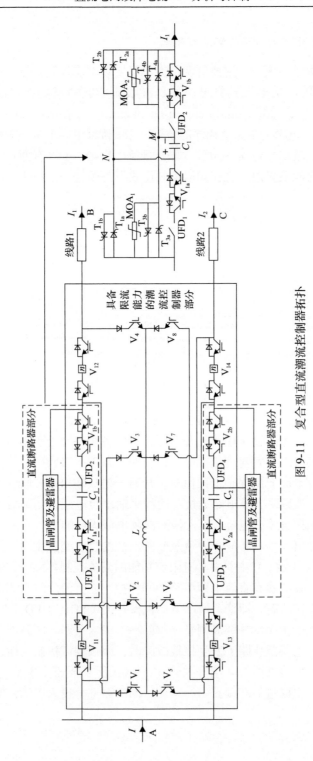

图 9-11 复合型直流潮流控制器拓扑

9.1.2　换流器主动限流控制

换流器主动限流可依靠具有故障阻断能力的换流器，通过优化单个 SM 的拓扑实现直流侧故障电流的阻断。具有故障阻断能力的子模块一般是利用二极管的单向导通性，将子模块电容引入故障回路并提供反电势以快速阻断故障电流。全桥子模块是一种具备故障阻断能力的子模块，通过将电容反极性地接入故障电流流通回路中实现故障电流的阻断。FBSM 的拓扑结构如图 7-7(b) 所示，由 4 个 IGBT、4 个反并联二极管以及 1 个电容器组成。通过控制 IGBT 的导通与关断，可以输出 0、$\pm U_C$ 3 个电平状态。当 FBSM 处于闭锁状态时，无论流经功率模块的电流方向为正抑或为负，子模块电容均为充电状态，从而为放电回路提供反电势以切断故障点弧道，利用这一特性，可以实现换流器闭锁保护策略。该策略的优点在于：能够在不跳开交流断路器的前提下，依靠换流器自身实现直流故障快速清除。

基于 FBSM，文献[25]提出一种全桥型 MMC 故障穿越控制保护策略。在故障穿越期间，换流器处于可控状态，能够避免电容电压发散，无须切断交直流系统的连接；在故障清除后能够立即恢复正常运行，具备暂时性和永久性直流故障穿越能力。该全桥型 MMC 故障穿越控制保护策略的控制目标如下：第一，正负极间电压为零；第二，桥臂能量和电容电压均衡。文献[26]利用全桥型 MMC 直流母线电压在一定范围内可控的特性，提出一种降低直流母线电压以实现直流侧单极对地短路和双极短路故障穿越的保护策略。该策略中，桥臂能量均衡依赖于桥臂电流的直流分量，当发生双极直流短路故障时，直流母线电压调整为零。

针对具备直流侧故障电流阻断能力的 SM 使用器件数量较多的问题，研究人员提出了采用 HBSM 与 FBSM 混合级联的方案，以期获得最优的经济效益，由此得到了混合型 MMC，其每个桥臂都由 HBSM 和 FBSM 混合组成，各桥臂中 HBSM 和 FBSM 的数量符合一定的设计原则。文献[27]通过引入直流故障状态信号 S_{dc}（正常运行时，S_{dc} 为 1；一旦检测到直流故障，S_{dc} 置 0）实现混合型 MMC 的故障穿越。文献[28]基于 LCC-MMC 混合直流输电系统提出了混合型 MMC 直流故障穿越的优化控制策略，即在系统检测到直流线路故障时，直流电流指令值设置为 0。这种故障处理方式能够较好地应对两端柔性直流输电系统的直流故障。文献[29]提出了一种基于混合型 MMC 的主动限流控制器，直流故障发生后，主动限流控制器可主动调节换流器直流侧端口输出电压以自适应外部直流电压的变化，从而限制故障电流的上升。

将 2 个 HBSM 通过钳位电路或是交叉连接可构成具备故障阻断能力的子模

块，其故障阻断原理与 FBSM 相似，通过将电容反向串联进故障回路，从而达到阻断故障电流的目的。文献[30]通过钳位电路将 2 个 HBSM 连接起来，构成了钳位双子模块（CDSM），如图 7-7(d)所示。故障时闭锁换流器内所有的 IGBT，可将电容反向串联进故障回路，实现故障电流的阻断。相比于 FBSM，CDSM 减少了电力电子器件的使用，降低了成本，但是由于 CDSM 中的两个子模块在正常运行和故障期间呈现出不同的连接形式，结构上呈现出一定的耦合性，从而增加了控制和均压的复杂度，此外，其故障电流的阻断能力不对称，反方向故障时故障阻断能力比正方向要弱。类似地，通过钳位电路连接 HBSM，文献[31]提出了三电平的子模块（three-level submodule，TLSM），文献[32]提出了交叉连接型子模块（CCSM），将 2 个 HBSM 通过 2 个 IGBT 反向并联二极管连接。

此外，通过对单个 HBSM 结构的改进，可使正反向故障时子模块电容都能被反向串联进故障回路，实现故障电流的阻断。文献[33]提出了一种二极管钳位型子模块（DCSM），每个子模块包含 2 个电容，可输出 4 个电平，如图 7-7(c)所示。故障后立即闭锁换流器所有的 IGBT，利用 D_1 和 D_2 的单向导通性，使正反向故障时，故障电流回路中均有反向串联的电容，实现故障电流的阻断。文献[34]提出一种增强自阻型子模块，可输出 3 个电平，其拓扑结构如图 9-12 所示，故障时立即

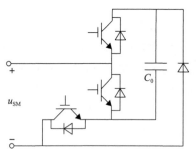

图 9-12　增强自阻型子模块拓扑结构

闭锁换流器所有的 IGBT 即可实现故障电流的阻断，且具备对称的正反方向故障阻断能力文献[35]利用 2 个反并联的逆阻型 IGBT 替代了 HBSMF 管的传统 IGBT 及其反并联二极管，提出了一种逆阻型子模块。

除了对换流器拓扑进行改进使其具备故障阻断能力，通过改进半桥型 MMC 的控制策略也可以使其具有抑制故障电流的能力。文献[36]提出一种适用于半桥型 MMC 的自适应限流控制策略。该控制策略通过在直流故障期间快速改变投入的子模块数量，从而快速降低换流器直流电压，达到抑制故障电流的目的。限流环节仅在故障情况下投入，其原理为：比较换流器直流母线电压以及与该直流母线相连的所有直流线路的电压所构成的电压序列，将其中的最小值作为控制信号，再将控制信号除以系统电压的额定值，得到该限流环节的输出，并将其作为调制系数，使得换流器出口的电压自适应于直流故障点电压的变化，在特殊情况下等于故障点电压。文献[37]提出了基于虚拟阻抗的过电流抑制策略，基于通用的双闭环矢量控制策略，将实际电路元件的特性映射入控制系统，通过调整换流器的有功功率输出来达到抑制过电流水平的目的。

9.2　基于暂态能量流的 MMC-HVDC 电网故障限流器位置及参数优化

9.2.1　限流措施优化概述

现阶段，半桥结构 MMC 因其低损耗特性，较其他结构应用更为广泛，同时，由于其无法通过闭锁来清除故障电流，对于采用半桥子模块的 MMC 换流站而言，限流措施的有效应用尤为重要。

对于半桥子模块 MMC，其单极接地故障情况下，换流站闭锁前，故障电流主要由子模块电容放电电流和交流电源三相短路电流构成。电容放电电流上升极快，可以在 1ms 后达到 10kA 数量级，同时，电容电压迅速跌落，其放电回路可以等效为一个典型的二阶电路，如图 9-13 所示，R_{dcf} 为 MMC 直流侧出口至故障点的电阻。

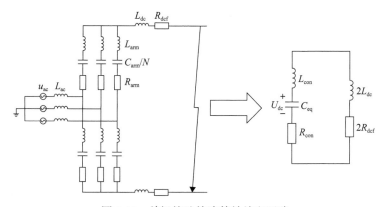

图 9-13　单极接地故障等效放电回路

由于直流系统放电回路阻抗低，因此，基本的限流措施就是在故障情况下，增加放电回路阻抗。同时，故障限流器闭锁后，电感续流，故障电流衰减时间很长，同样需要高阻抗来抑制并使其迅速衰减以保护换流站和线路。

现有的限流措施主要是在故障后，通过提高故障后放电回路的阻抗来抑制故障电流，耗散故障能量的同时追求稳态损耗最低。由于直流断路器切断电流能力的限制，故障限流器一般配合直流断路器使用，限制故障电流使其达到断路器切断范围。依据使用器件的不同，故障限流器主要可分为超导故障限流器和基于可控电力电子器件的故障限流器两种。SFCL 因其超导特性，稳态时表现为低阻抗，故障后迅速转换为高阻抗抑制故障电流。基于可控电力电子器件的 FCL，稳态时不改变系统阻抗，在故障后利用电力电子器件在故障回路中接入高阻抗抑制故障电流。两种故障限流器均通过增加故障后回路阻抗的方式抑制故障电流。

　　故障限流器需要和直流断路器配合使用，其参数选择需要一定的依据，同时故障限流器的位置选择也需要考量，合适的故障限流器参数能够平衡故障限流器承压和故障电流抑制效果，期望用最低的成本获得最高的故障电流抑制效果，为故障限流器的工程应用提供参考。因此，本章基于暂态能量流的抑制率和抑制效率来优化 FCL 的参数和与安装位置。

　　据此，基于第 7 章张北柔性直流输电系统参数，在 PSCAD 中搭建了四端电网系统，分别就典型的电阻型和电感型故障限流器进行仿真分析。在换流站 1 正极直流出口处设置单极接地故障。

9.2.2　基于暂态能量流的故障限流器位置及参数限流效果分析

　　本节采用与第 7 章相同的方法对故障限流器位置及参数进行限流效果分析和优化[38]，暂态能量流抑制率和抑制效率的定义等此处不再赘述。直流电网要求 DCCB 在 10ms 内切断故障回路，而故障限流器是配合直流断路器使用的，同时为了将稳态情况作为对比，这里采用故障前 3ms 和故障后 10ms，即 0.997～1.01s 时间内的数据进行分析。其中，暂态能量流采用的积分步长 $\Delta t = t - t_0 = 1\text{ms}$。在实际柔性直流输电系统中故障限流器安装位置可分为直流出口处安装和桥臂处安装，故障限流器类型可分为电感型故障限流器和电阻型故障限流器。这里将安装于直流出口处的电阻型故障和电感型故障限流器分别称为限流方式 1 和限流方式 2，将安装于桥臂处的电阻型故障和电感型故障限流器分别称为限流方式 3 和限流方式 4。

9.2.2.1　直流出口处故障限流器效果分析

　　在换流站 1 和换流站 4 两站直流侧正负极出口处均安装电阻型和电感型故障限流器，设置正极金属性接地故障(接地电阻为 0.01Ω)，则负极故障限流器故障情况下不投入使用。仿真系统中，设定 $t=1\text{s}$ 的时候在换流站 1 出口处发生单极接地故障，考虑故障定位判别以及故障限流器的动作时间，设定故障限流器在故障后 3.5ms 动作，即 1.035s 接入限流电阻。限流电阻设置为 5～100Ω，间隔 5Ω，共 21 组，电感设置为 0.05～1H，参数间隔 50mH，共 21 组。

　　图 9-14 是限流方式 1 下的暂态能量流抑制效果随电阻值变化的曲线，图 9-15 是限流方式 2 下的暂态能量流抑制效果曲线。

　　从图 9-14(a)中可以看出，换流站 1 交流侧暂态能量流抑制率随着电阻的增加呈现负向增大趋势，使得能量增速提升，表明电阻增加不利于故障能量的抑制。图 9-14(b)中，当 FCL 的电阻值在 30Ω 以内时，桥臂电容暂态能量流抑制率呈线性上升趋势。而当 FCL 的电阻值大于 30Ω 时，暂态能量流抑制率增速明显放缓，并维持在 8.8%左右。从图 9-14(b)中桥臂电容暂态能量流抑制效率可以得到，电阻数值在 30Ω 内时，抑制效率维持在 0.3%/Ω 的较高水平。上述内容可作为限流电阻选取的标准，这里 FCL 电阻的取值范围为 30～35Ω。

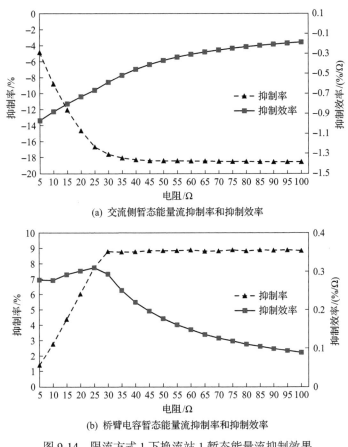

(a) 交流侧暂态能量流抑制率和抑制效率

(b) 桥臂电容暂态能量流抑制率和抑制效率

图 9-14　限流方式 1 下换流站 1 暂态能量流抑制效果

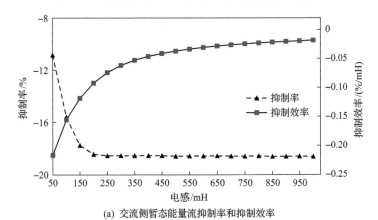

(a) 交流侧暂态能量流抑制率和抑制效率

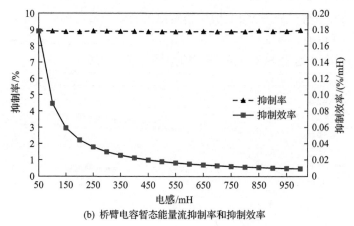

(b) 桥臂电容暂态能量流抑制率和抑制效率

图 9-15　限流方式 2 下换流站 1 暂态能量流抑制效果

图 9-15 说明由于安装位置相同，与限流方式 1 相同，电感型 FCL 同样对交流侧能量馈入也起到促进作用。但是，图 9-15(b) 中桥臂电容暂态能量流抑制率在整个电感取值范围内都保持在 8.9% 不变，从而导致其抑制效率随电感值增加迅速下降。考虑一定的裕量，FCL 电感取值应尽可能小，这里取值范围取 0~50mH，具体参数选择将由后续优化给出。

9.2.2.2　桥臂处限流效果分析

将故障限流器安装在换流站桥臂上是另外一种较为常用的方法，同样对电阻型和电感型两种基本限流措施进行相应的分析，以获得相应的参数选择范围。

限流方式 3 和限流方式 4 下换流站 1 暂态能量流抑制效果展现在图 9-16 和图 9-17 中。

图 9-17(a) 中可以明显看出，在限流电感小于 150mH 时，其对交流系统暂态能量流具有抑制作用，且在 50mH 时抑制效率最高，为 0.065%/mH，100mH 时抑

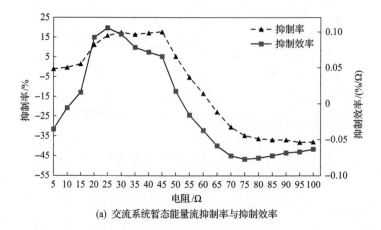

(a) 交流系统暂态能量流抑制率与抑制效率

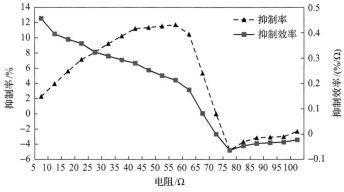

(b) 桥臂电容暂态能量流抑制率与抑制效率

图 9-16 限流方式 3 下换流站 1 暂态能量流抑制效果

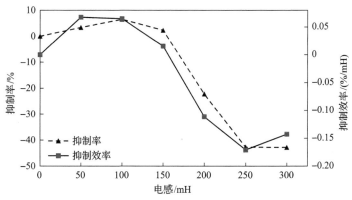

(a) 交流系统暂态能量流抑制率与抑制效率

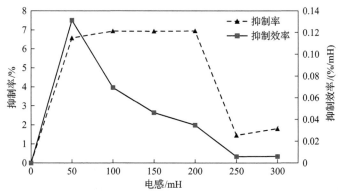

(b) 桥臂电容暂态能量流抑制率与抑制效率

图 9-17 限流方式 4 下换流站 1 暂态能量流抑制效果

制率最高(6.5%)。图 9-17(b)中,桥臂电容暂态能量流抑制率在 FCL 电感取值为 50～200mH 范围内保持 6.9%的较高水平,随着电感增加,抑制率呈现断崖式下跌。同时，桥臂电容暂态能量流抑制效率在 FCL 取值为 50mH 时达到最大值 0.131%/mH，随后迅速下降。因此，限流方式 4 的 FCL 电感参数选择范围同限流方式 2，为 0～50mH，具体取值也需要进一步优化获得。

9.2.3 基于暂态能量流的故障限流器位置及参数优化模型和优化结果讨论

基于 9.2.2 节对系统输出侧的 TEF 的分析，可以看出故障限流器对直流侧故障的影响较大。故障条件下能量的波动越剧烈则系统故障越严重，而故障限流器对 TEF 的抑制效果明显，从这个角度出发可以提出故障限流器的优化方法。

9.2.3.1 故障限流器位置及参数优化模型

1) 优化模型

本小节采用的优化模型如式 (9-1) 所示，与第 7 章相同，此处不再展开说明。

$$\begin{cases} \max f = \alpha f_1(X_1, X_2, X_3) + \beta f_2(X_1, X_2, X_3) + \eta f_3(X_1, X_2, X_3) \\ g_i(X_1, X_2, X_3) \leqslant 0, \quad i = 1, \cdots, m \\ X_1 \in S_1, \quad X_2 \in S_2, \quad X_3 \in S_3 \end{cases} \tag{9-1}$$

2) 优化目标函数

本小节采用的优化目标函数如式 (9-2) 所示，其意义与第 7 章相同。

$$\begin{aligned} f_1(X_1, X_2, X_3) &= \lambda^*_{1Zi}(X_1, X_2, X_3) + k^*_{1\lambda Zi}(X_1, X_2, X_3) \\ f_2(X_1, X_2, X_3) &= \lambda^*_{2Zi}(X_1, X_2, X_3) + k^*_{2\lambda Zi}(X_1, X_2, X_3) \\ f_3(X_1, X_2, X_3) &= \lambda^*_{3Zi}(X_1, X_2, X_3) + k^*_{3\lambda Zi}(X_1, X_2, X_3) \end{aligned} \tag{9-2}$$

3) 优化变量

式 (9-3) 给出了优化变量的表达式：

$$\begin{aligned} X_1 &= [0, 1] \\ X_2 &= [R_1, R_2, \cdots, R_i] \\ X_3 &= [L_1, L_2, \cdots, L_j] \end{aligned} \tag{9-3}$$

式中，0 代表故障限流器安装在直流线路出口处，1 代表故障限流器安装在换流站桥臂处；i 为在一个安装位置的故障限流器阻抗的变量总数。

4) 约束条件

约束条件主要是故障限流器中 IGBT 的电压应力和避雷器的储能，同时要考虑现有的故障限流器参数设计。则对参数范围的限制为

$$0 \leqslant R \leqslant 100\Omega$$
$$0 \leqslant L \leqslant 1\text{H}$$
$$(9\text{-}4)$$

同时为了发挥半桥子模块的优势，保证故障条件下功率的传输，子模块的 IGBT 需要不闭锁，即故障期间桥臂电流必须在 IGBT 的闭锁限值以下，即

$$|I_{\text{arm}}| < I_{\text{block}} \tag{9-5}$$

式中，I_{arm} 为换流站三相桥臂电流的最大值；I_{block} 为 IGBT 闭锁限值。

9.2.3.2　故障限流器位置及参数优化结果分析

图 9-18 显示了限流方式 1 下故障 10ms 内交流侧 TEF、桥臂电容 TEF 及相邻线路 TEF 的总值与各自的占比。其中 D_{ac0}、D_{C0}、D_{line0} 表示故障限流器阻抗为 0Ω（下标中 10、20、100 表示故障限流器阻抗为 10Ω、20Ω、100Ω）时，交流侧 TEF、桥臂电容 TEF 及相邻线路 TEF 各自的占比。

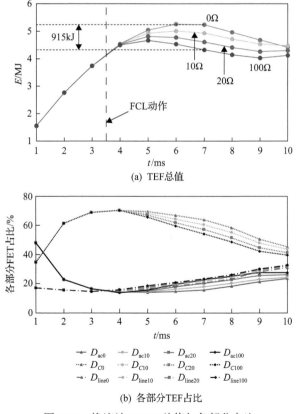

(a) TEF 总值

(b) 各部分 TEF 占比

图 9-18　换流站 1 TEF 总值与各部分占比

在稳态下，不考虑桥臂电容中能量的波动，根据潮流分析和时域仿真可得，换流站 1 的直流出口处能量中相邻线路提供的能量和换流站 1 交流侧提供的能量分别占 23% 和 77%。在故障发生 1ms 后，交流侧的 TEF 占比迅速下降到不足 20%，桥臂电容 TEF 及相邻线路 TEF 占比相应增加。在故障限流器在 3.5ms 投入运行之前，四组实验的每个部分的 TEF 占比是相同的。但是在 FCL 投入运行后，桥臂电容的 TEF 占比会降低，而对应于交流侧的 TEF 占比会增加，差异保持在 10 个百分点以内，对于相邻线路 TEF 的占比，它先下降然后逐渐上升并大于稳态值。这是由于一旦发生故障，就会从附近的换流站释放大量的瞬态能量，而线路中的 TEF 受直流电抗的限制，并且存在一定的延迟。由于故障位置附近的换流站消耗了大量瞬态能量，因此相邻线路 TEF 开始成为主要组成部分。从图 9-18(a) 可以看出，TEF 总值受故障限流器限制。在 10ms 内，能量释放侧 TEF 总值的最大下降值为 915kJ，约为故障限流器投入运行前的 TEF 的 17.8%。此外，这四个限流方式下 TEF 各个部分中所占的比例基本相同。根据上面的分析，权重因子 α、β、η 可以是 0.2、0.6 和 0.2。

确定权重因子后，IGBT 闭锁限值 I_{block} 选取为 6kA。

按照上述优化方法对四种限流方式分别进行优化，其优化结果为：电阻型故障限流器安装在换流站桥臂处最佳，最优取值为 35Ω；电感型故障限流器安装在直流出口处最佳，最优取值为 50mH。

9.2.3.3　限流位置及参数优化结果测试

由 9.2.3.2 节的分析可知，限流方式 2 和 3 分别是电阻型故障限流器和电感型故障限流器中更好的限流方案，因此，选择这两种方案来测试与 DCCB 相结合的直流短路故障电流的抑制效果。

在限流方式 2 下，将故障限流器电感值分别设为 0mH、50mH、150mH 和 300mH 用于测试和比较。图 9-19 为在限流方式 2 下选取不同故障限流器电感值时换流站 1 正极站的直流故障电流、直流电压和桥臂电流的演化趋势。

由图 9-19 可以看出，故障限流器可以抑制和延迟直流故障电流的上升，从而留出足够的时间使 DCCB 触发运行。50mH 的故障限流器使换流站的桥臂电流在故障清除时间内小于其阻断值，因此，换流站在整个故障清除过程中都不会闭锁，从而保证了一定的功率传输。但是，无故障限流器(故障限流器电感值设为 0)使桥臂电流超过了闭锁阈值，这证明了参数优化的效果。

表 9-1 是故障发生后直流侧电流的进一步数据分析，包括直流电流峰值及其在 7.5ms 内的上升速率。当限流器电感从 50mH 增加到 300mH 时，每个 FCL 的直流电流峰值分别降低 17.1%、32.5% 和 33.1%，并且直流电流上升速率下降到无限流器时的 1/6。在拐点时间之后，限流器为 50mH 和 150mH 的直流电流峰值继

续以无故障限流器的直流电流峰值的 1/2 和 1/3 的速度上升。从直流电流峰值的角度来看，当电感参数较大且超出优化参数的范围时，故障抑制效果的改善受到限制，因此参数优化是有效的。限流器为 50mH 时，直流故障电流在 7.5ms 内保持在 15kA 以内。考虑到一定的裕度，DCCB 的分断电流可以设置为 15kA。

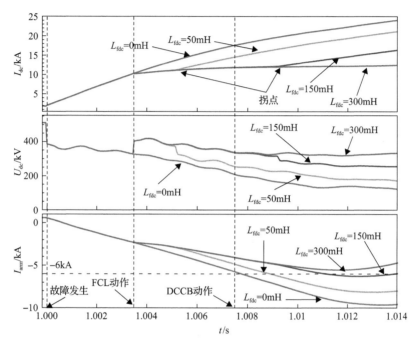

图 9-19　限流方式 2 下换流站 1 正极站的故障演化

表 9-1　限流方式 2 下换流站 1 正极站的直流侧故障电流数据

限流器电感值/mH	直流电流峰值/kA	峰值时间/s	拐点时间/s	直流电流上升率/(kA/ms)
0	17.51		—	2.23
50	14.52		1.0051	0.38/1.42[a]
150	11.82	1.0075	1.0093	0.38/0.85[a]
300	11.71		—	0.38[a]

a FCL 动作后电流拐点前后两种故障电流上升率。

　　在限流方式 3 下，将故障限流器电阻值分别设为 0Ω、15Ω、35Ω 和 60Ω 用于测试和比较。图 9-20 显示了在限流方式 3 下选取不同故障限流器电阻值时换流站 1 正极站的直流故障电流、直流电压和桥臂电流的演化。

　　由图 9-20 可知，在故障限流器作用之后，直流电流的上升速度要慢得多。与方式 2 相比，方式 3 下的直流电压骤降是由于电流上升速率的突然下降导致的直流电感压降引起的，并且直流电压在 DCCB 断开时间内接近零。这降低了交流电压和交流能量。在单极对地故障情况下，35Ω 和 60Ω 的限流器满足 IGBT 的电流限制，可以实现功率传输，但 15Ω 的 FCL 则不能达到该限流值。表 9-2 是故障发生后直流短路电流的特征数据。

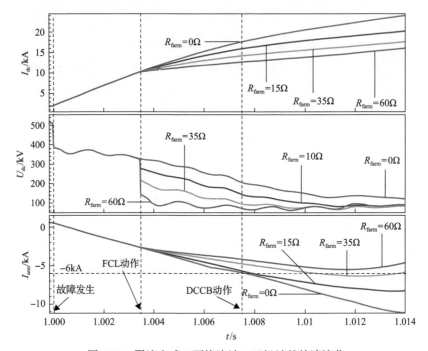

图 9-20　限流方式 3 下换流站 1 正极站的故障演化

表 9-2　限流方式 3 下换流站 1 正极站的直流侧故障电流数据

限流器电阻值/Ω	直流电流峰值/kA	峰值时间/s	直流电流上升率/(kA/ms)
0	17.51		2.23
15	16.11	1.0075	1.2[a]
35	14.13		0.35[a]
60	12.38		0.04[a]

a FCL 动作后故障电流上升率。

从表 9-2 可以看出，当故障限流器电阻为 15Ω、35Ω 和 60Ω 时，直流电流的峰值分别降低了 8.0%、19.3% 和 29.3%，而上升速率降低至无故障限流器的约 1/2、1/6 和 1/56。但是，60Ω 的限流器压降太大，不利于故障恢复。在 DCCB 断开期间，35Ω 的故障限流器下直流电流小于 15kA，则 DCCB 分断电流阈值可以选择为 15kA。

综上，安装在直流侧的两种故障限流器中，限流电感目标值 f 更大，对 TEF 的限流效果更好，此时限流电感为 50mH。而安装在换流站桥臂处的两种故障限流器中，限流电阻目标值更大，对 TEF 的限流效果更好，此时限流电阻为 35Ω。所以，限流方式 2 和 3 的效果更好。进一步比较两种方式的目标值，可以发现限流方式 3 的目标值更高。所以故障限流器最佳的选择是将 35Ω 的电阻型故障限流器安装在换流站桥臂处。

9.3　采取限流措施后的直流电网故障电流特性

9.3.1　限流设备等效建模

9.1.1 节对现有直流电网故障限流设备的工作原理和特性进行了分析总结，由于不同限流设备的拓扑结构和运行方式不同，难以用统一的模型对每种限流设备进行等效，尤其是在限流设备投入过程中，可能包含多种电力电子器件的投切，涉及多个暂态过程。根据典型限流设备工作原理和限流路径的分析，可以将限流设备的等效模型大致分为三类，即等效为限流电感、耗能电阻或反电动势电容，如图 9-21 所示，其余故障限流器则等效为这三类等效模型串联或并联的形式。此外，对于基于电力电子器件的故障限流器，其基本工作原理为利用电力电子器件的通断将限流电抗器接入主回路中，其中涉及控制电力电子器件投切，在限流设备投入的暂态过程中故障回路会发生变化，因此需要根据故障限流器的工作模式对其进行分段等效，在每一个阶段，其等效模型也可分为限流电感、耗能电阻或反电动势电容，以及三者串联或并联的形式。下面对几种典型限流设备的等效建模方法进行分析。

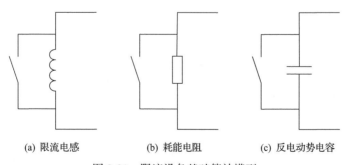

(a) 限流电感　　　　　　(b) 耗能电阻　　　　　　(c) 反电动势电容

图 9-21　限流设备基础等效模型

超导故障限流器在电网正常运行时呈现低阻抗，而电网发生故障时，又能呈现高阻抗，它的等效阻抗 Z_{FCL} 为电阻型或电感型，分别对应电阻型超导故障限流器和电感型超导故障限流器，具体可以表述如下[39]：

$$Z_{FCL} = Z_m \left[1 - \exp(-t/T_{sc}) \right] \tag{9-6}$$

式中，Z_m 为超导故障限流器正常态的最大阻抗值；T_{sc} 为超导态到正常态转变的时间常数，约为 1ms，在求取起始次暂态短路电流中，t 为百分之几秒，因此 Z_{FCL} 约为 Z_m。

磁通耦合型故障限流器主要由不同线圈形状和电路拓扑结构的电感组成，可等效为限流电感，其等效阻抗模型如图 9-22 所示，系统正常运行时，开关 S_1 和 S_2 闭合，等效电感处于超导状态，故障限流器在电网正常运行时的等效阻抗为

$$Z = j\omega\left(L_1 L_2 - M^2\right)\big/\left(L_1 + L_2 + 2M\right) \tag{9-7}$$

式中，L_1、L_2 和 M 为线圈的自感和互感。等效阻抗可进一步表示为

$$Z = j\omega L_2\left(1 - k^2\right)n^2\big/\left(n^2 + 2kn + 1\right) \tag{9-8}$$

式中，k 和 n 定义为线圈的耦合系数和变比，其值为

$$k = M\big/\sqrt{L_1 L_2} \tag{9-9}$$

$$n = \sqrt{L_1/L_2} \tag{9-10}$$

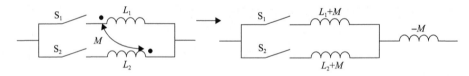

图 9-22　磁通耦合型故障限流器的等效阻抗模型

当 k 接近于 1 时，故障限流器等效阻抗几乎为 0，可以实现无感耦合，对系统主电路不会产生影响。当故障发生时，开关 S_1 或 S_2 检测到故障并断开，由于两个绕组之间的磁通不再相互抵消，因此无感耦合状态将被破坏，此后呈现高阻抗接入系统限制故障电流，等效阻抗为

$$Z_{FCL} = j\omega L_1 \text{ 或 } Z_{FCL} = j\omega L_2 \tag{9-11}$$

在此基础上，文献[40]提出了一种改进的磁通耦合型故障限流器，如图 9-23 所示，为电感和电阻并联的类型，检测到故障发生后，S_1 迅速断开，其等效模型为

$$Z_{FCL} = \left[R_{MOA}j\omega L_2 + \left(n\omega L_2\right)^2\left(k^2 - 1\right)\right]\big/\left(R_{MOA} + n^2 j\omega L_2\right) \tag{9-12}$$

式中，R_{MOA} 为 MOA 的电阻。当 $R_{MOA} \gg n^2\omega L_2$ 时，故障限流器等效模型可以近似为

$$Z_{\text{FCL}} \approx j\omega L_2 \tag{9-13}$$

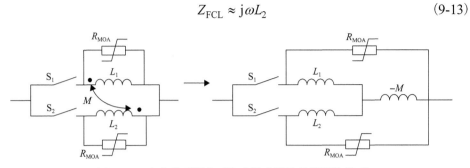

图 9-23　改进磁通耦合型故障限流器的等效阻抗模型

在文献[4]提出的电容换相混合式直流故障限流器中，根据故障限流器的工作方式，将其分为五个阶段进行等效。第一阶段：将主电路电流转移到主限流器中由 T_3 和 T_4 组成的晶闸管支路，如图 9-24(a)所示，忽略此过程中电力电子器件的导通电阻时，可以认为故障限流器对于系统故障电流没有任何影响，此时故障限流器等效阻抗为 0。第二阶段：触发 T_2，并且持续触发 T_1，此时换相电容 C_c 通过 T_2、L_2 向故障点放电，T_1 因为承受换相电容反向电压而截止，流经 T_4 的电流逐渐向 T_2 转移，如图 9-24(b)所示(T_4 的虚线表示该支路电流在下降)，此换相过程对于换流站故障电流没有影响，此时故障限流器等效阻抗仍为 0。

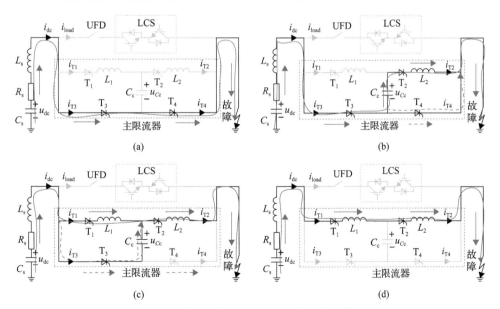

图 9-24　电容换相混合式直流故障限流器工作过程

第三阶段：T_4 电流降为 0 后，承受换相电容反向电压而自动关断，故障限流器进入电容和电感串联放电过程，实现第一次换相，此时故障限流器等效阻抗为

$$Z_{FCL} = j\omega\left(L_2 - 1\big/\omega^2 C_c\right) \qquad (9\text{-}14)$$

第四阶段：待换相电容上的电压减小到 0，故障电流继续给换相电容反向充电，此时 T_1 承受正向电压而导通，故障电流逐渐由 T_3 向 T_1 转移，如图 9-24(c) 所示，此时故障限流器等效模型为电容与电感并联后再与电感串联的形式，其等效阻抗为

$$Z_{FCL} = j\omega\left[L_2 - L_1\big/\left(\omega^2 L_1 C_c - 1\right)\right] \qquad (9\text{-}15)$$

第五阶段：待 T_3 电流下降为 0 后，T_3 承受换相电容反向电压而关断，电抗器 L_1、L_2 串联接入故障回路中，实现第二次换相，如图 9-24(d) 所示，故障限流器动作过程完成，等效阻抗为

$$Z_{FCL} = j\omega\left(L_1 + L_2\right) \qquad (9\text{-}16)$$

在文献[23]提出的具备限流功能的潮流控制器中，当发生线路故障后，潮流控制器通过自身的过电流保护或者上层控制下发的过流保护指令，闭锁子模块中的开关器件，将子模块电容引入故障回路，电容充电的同时输出负压，其等效模型为反电动势电容，等效阻抗为

$$Z_{FCL} = -j\frac{N}{\omega C_0} \qquad (9\text{-}17)$$

式中，C_0 为单个子模块电容；N 为子模块个数。

对于含有非线性元件的限流设备，通过其外特性分析得到等效阻抗模型，如图 9-25 和式(9-18)所示。例如，直流断路器动作时主要依靠在故障回路中串入 MOA 对故障电流进行抑制和清除，MOA 也可以有效地保护电力系统中的设备，避免其遭受过电压而损坏。MOA 呈现出非线性电阻特性，通过其外特性分析可以得到 MOA 的 $U\text{-}I$ 曲线，利用 MOA 的 $U\text{-}I$ 特性曲线来模拟其等效模型。

图 9-25　限流设备外特性分析

$$Z_{FCL} = \frac{\Delta u}{\Delta i} = \frac{\mathrm{d}\left(u_j - u_k\right)}{\mathrm{d}i_k} \qquad (9\text{-}18)$$

9.3.2　考虑换流器主动限流控制的等效建模

由 9.1.2 节的分析可知，换流器主动限流的本质是降低换流器出口电压，从而

抑制故障电流的发展。根据换流器的拓扑结构和运行方式，利用基尔霍夫电压定律（KVL），可以得到式（9-19）：

$$L_{arm}\frac{dI_{jp}}{dt} + R_{arm}\left(I_{jp} + I_{jn}\right) + L_{arm}\frac{dI_{jn}}{dt} = U_{dc} - \left(U_{jp} + U_{jn}\right) \tag{9-19}$$

式中，L_{arm} 和 R_{arm} 分别为换流器桥臂电感和桥臂电阻，该桥臂电阻为单个桥臂的 IGBT 和二极管的导通电阻之和；I_{jp} 和 I_{jn}（j=a, b, c）分别为换流器三相上桥臂电流和三相下桥臂电流；U_{jp} 和 U_{jn} 分别为各相上桥臂子模块电压之和及下桥臂子模块电压之和；U_{dc} 为直流侧电压。

根据式（9-19），将三相等式相加，并考虑到 $I_{ap}+I_{bp}+I_{cp}= I_{an}+I_{bn}+I_{cn}=I_{dc}$（$I_{dc}$ 为直流侧电流），可以得到：

$$\frac{2}{3}L_{arm}\frac{dI_{dc}}{dt} + \frac{2}{3}R_{arm}I_{dc} = U_{dc} - U_{armph} \tag{9-20}$$

式中

$$U_{armph}=U_{ap} + U_{an} = U_{bp} + U_{bn} = U_{cp} + U_{cn} \tag{9-21}$$

基于式（9-21），可以得到考虑主动限流控制的换流器等效电路，如图 9-26 所示，换流器等效为受控电压源与阻抗串联的形式，其中受控电压源是每一相上下桥臂子模块的电压之和，L_{dc} 和 R_{dc} 分别为直流侧等效电感和电阻，L_{con} 和 R_{con} 分别为换流器等效电感和电阻，其值为

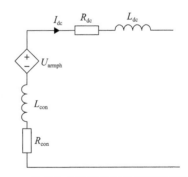

$$L_{con} = \frac{2L_{arm}}{3} \tag{9-22}$$

图 9-26　考虑主动限流控制的换流器等效电路

$$R_{con} = \frac{2R_{arm}}{3} \tag{9-23}$$

9.3.3　限流措施的故障电流抑制特性

本节通过搭建两端半桥型 MMC-HVDC 系统对限流措施的故障电流抑制特性进行分析。在该两端系统中，整流侧采用定直流电压和定无功功率控制，逆变侧采用定有功功率和定无功功率控制，MMC-HVDC 系统仿真模型参数如表 9-3 所示。

表 9-3　MMC-HVDC 系统仿真模型参数

参数	数值
直流电压/kV	±420
额定功率/MW	1250
交流电压/kV	450
频率/Hz	50
变压器/kV	525/450
变压器接地	Yn/yn
平波电抗器/mH	20
子模块个数(2N)	60
桥臂电感/mH	140
交流侧线路长度/km	10
线路电阻/(mΩ/km)	12.73
线路电感/(mH/km)	0.9937
线路电容/(nF/km)	12.74
直流线路长度/km	200

当不考虑任何限流措施以及换流器闭锁时，双极短路故障下直流线路故障电流的仿真值和计算值如图 9-27 所示，计算值是基于单端 MMC 故障电流计算方法所得的。图 9-27 表明直流线路电流在几毫秒内上升到较高水平，必须采取限流措施抑制故障电流。在 $t=1.213\text{s}$，即子模块电容完全放电时刻，直流线路故障电流达到峰值，约为 50kA，然后故障电流开始衰减。

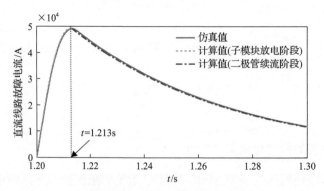

图 9-27　双极短路故障下直流线路故障电流仿真值和计算值

由 MMC 故障电流的计算公式可知，故障过程的电阻 R 和电感 L 是影响直流故障电流的两个关键因素，与此对应的是电感型和电阻型两种类型的故障限流器[41]，通过增加故障后回路阻抗的方式抑制故障电流是目前最常见的限流手段，因此，研究这两种元件对故障电流发展的影响是很重要的。由 9.3.1 节限流设备的等效建模可知，限流设备可以等效为限流电感或耗能电阻，在分析限流设备的故障电流抑制特性时，忽略限流设备具体的拓扑结构和工作方式，将其用等效模型表示。本节通过分析限流电感和耗能电阻对故障电流发展的影响，得到两者对故障电流的抑制特性。

　　基于两端 MMC-HVDC 系统，图 9-28 分别显示了不同限流电感和耗能电阻下直流故障电流的变化，并与未附加限流电感或耗能电阻的电流进行了对比。图 9-28(a)显示限流电感可减缓故障电流的上升速度，但会增加续流电流衰减到其预期水平所花费的时间。图 9-28(b)显示，耗能电阻可降低故障电流峰值和加速续

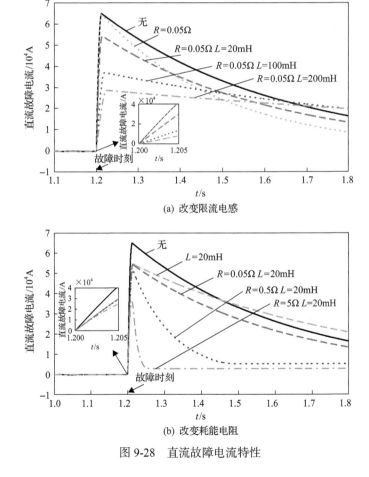

(a) 改变限流电感

(b) 改变耗能电阻

图 9-28　直流故障电流特性

流电流的衰减。由两者的特性可知，限流电感有助于减缓故障电流的上升速度、降低故障电流峰值，电感值越大，电流峰值越低、限流时间越长，耗能电阻有助于降低故障电流峰值，电阻值越大，电流峰值越低、衰减速度越快。采用耗能电阻时，故障电流较快达到峰值，而采用限流电感时，故障电流较长时间被限制在其峰值下，因此，在故障初期，限流电感在抑制故障电流上升率方面具有更好的性能。此外，表 9-4 对一组限流电感和耗能电阻在故障电流上升率、故障电流峰值、故障电流衰减速率、子模块电容释放能量、桥臂电感储能、交流侧馈入电流占比等方面进行了对比。

表 9-4　限流电感和耗能电阻抑制特性对比

对比项	100mH 限流电感	5Ω 耗能电阻
故障电流上升率	较低	较高
故障电流峰值	较低	较高
故障电流衰减速率	较慢	较快
子模块电容释放能量	较少	较多
桥臂电感储能	较少	较多
交流侧馈入电流占比	较少	较多

　　虽然限流电感能降低故障电流上升率，但会影响系统的动态响应速度并延长续流电流衰减时间，综合限流电感和耗能电阻的故障电流抑制特性，并考虑换流器 IGBT 闭锁的情况，对采用限流电感和耗能电阻的组合限流特性进行分析。考察在不同时刻投入耗能电阻或限流电感时，故障电流在 IGBT 闭锁前后的抑制特性。将限流方案分为电阻组和电感组，如表 9-5 所示：前者标有 "a"、"b" 和 "c"，后者标有 "d"、"e"、"f"、"g" 和 "h"。具体地，表 9-5 中列出了相关的条件说明，其中 "√" 表示电阻或电感投入故障回路中，"×" 表示不投入电阻或电感。首先，忽略限流电感，由图 9-29(a) 可以看出，"ag" 方案在限制故障电流方面有较好的性能。因此，在接下来的方案中选择了具有 "a" 的条件。图 9-29(b) 描述了基于不同限流电感投入方案的性能，其中 "ad" 具有最低故障电流水平。然而，"ad" 方案对实际工程并不适用，因为大电感将影响系统正常运行状态下的动态响应速度。因此，"af" 方案更接近优化的故障限流方案，其中耗散电阻可以消耗故障回路中的能量，并且在检测到故障时投入限流电感可以限制电流的上升率，在 IGBT 闭锁之后切除限流电感可以加速续流电流的衰减。

表 9-5 故障限流方案分类

限流方案	序号	故障发生	故障检测	IGBT 闭锁
耗能电阻	a	×	√	√
	b	×	√	×
	c	×	×	×
限流电感	d	√	√	×
	e	×	√	√
	f	×	√	×
	g	×	×	×
	h	√	√	√

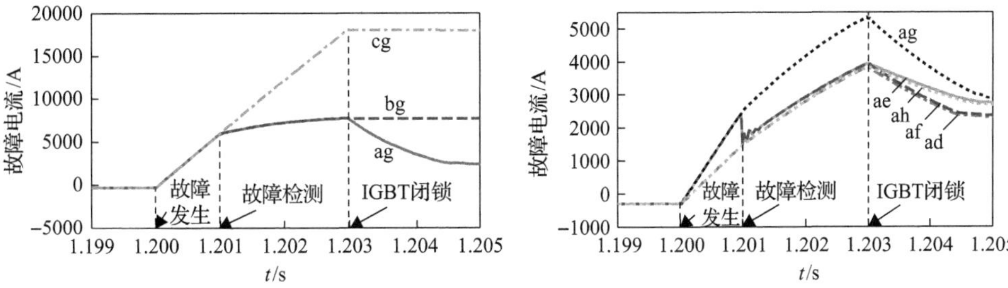

(a) 不投入限流电感，改变耗能电阻　　　　(b) 不同限流电感投入方案

图 9-29　不同限流方案的比较

9.3.4　采取限流措施的直流电网故障电流分布特性

基于四端半桥型 MMC-HVDC 双极直流电网，本节对采取限流措施后故障电流在直流电网中的分布特性进行了分析，通过对采取限流措施前后各支路故障电流以及各换流站平均子模块电容电压的比较，分析限流措施对典型故障在直流电网中分布特性的影响。

由 9.3.3 节可知，投入限流设备可增大故障回路阻抗，故障过程的电阻 R 和电感 L 是影响直流故障电流的两个关键因素，因此，在分析采取限流设备的直流电网故障电流分布特性时，主要关注限流电感和耗能电阻对电流分布特性的影响。系统正常运行时不投入限流设备，当发生直流故障时，仅在故障线路投入限流设备。

1) 极间短路故障

在换流站 S1 和换流站 S2 中点处设置极间短路故障 F1（故障点位于 f），即换流站 1 和换流站 2 之间的正极架空线和负极架空线发生极间短路故障，如图 9-30

所示。限流设备采用分布式配置，即在每条线路的两端装设限流设备。短路故障发生 2ms 后，故障线路两端限流设备动作，在正极和负极投入 200mH 限流电感，非故障线路的限流设备不动作，得到故障后 10ms 内各支路故障电流和各换流站平均子模块电容电压的变化值，分别如表 9-6 和表 9-7 所示。

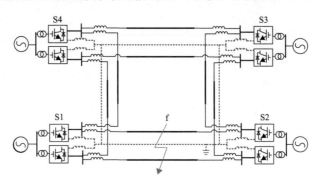

图 9-30　四端半桥型 MMC-HVDC 双极直流电网示意图

表 9-6　极间短路故障各支路故障电流　　　　（单位：kA）

支路号	电流初始值	故障后 10ms 电流值	电流变化量 Δi
1-f	2.47	9.1	6.63
f-2	2.47	−5.93	−8.4
2-3	−0.58	−2.73	−2.15
3-4	−1.82	−1.79	0.03
4-1	−0.46	1.71	2.17

表 9-7　极间短路故障各换流站平均子模块电容电压　　　（单位：p.u.）

换流站编号	电压初始值	故障后 10ms 电压值	电压变化量 Δu
S1	0.95	0.84	−0.11
S2	0.98	0.88	−0.1
S3	0.99	0.92	−0.07
S4	1	0.91	−0.09

根据表 9-6 中各支路电流变化量可以得到故障后暂态电流的空间分布变化，如图 9-31 所示。将投入限流电感前后各支路故障电流变化量以及各换流站平均子模块电容电压变化量进行对比，结果分别如图 9-32 和图 9-33 所示。

由图 9-32 和图 9-33 可以看出，发生直流故障并在故障后 2ms 时投入限流电感后，故障支路及其相邻支路均向故障点馈入电流。与故障点相邻的两换流站 S1 和 S2 中子模块电容放电速度较快，故障支路 1-f 和 f-2 的故障电流变化量较大，相邻支路 2-3 和 4-1 的故障电流变化量较小，而远离故障点的支路 3-4 的电流几乎没有变化，远离故障点的两换流站 S3 和 S4 中子模块电容放电速度也较慢。限流

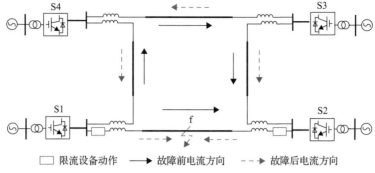

□ 限流设备动作　　→ 故障前电流方向　　--▶ 故障后电流方向

图 9-31　极间短路故障暂态电气量空间分布示意图

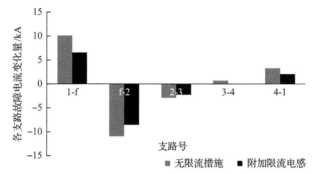

图 9-32　附加限流电感前后各支路故障电流变化量(极间短路故障)

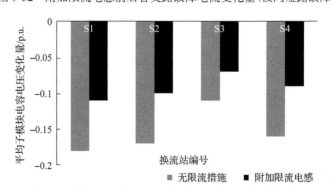

图 9-33　附加限流电感前后平均子模块电容电压变化量

电感对各支路故障电流的变化均有抑制作用，对故障支路的电流变化影响较大，对故障点相邻支路及远离故障点支路的电流变化影响较小，同时由于限流电感对电压的支撑作用，各换流站子模块电容放电速度均减缓。

2)单极接地故障

在换流站 S1 和换流站 S2 中点处设置单极接地故障 F2(故障点位于 f)，即换流站 S1 和换流站 S2 之间的正极架空线发生单极接地故障，故障发生 2ms 后，正极故障线路两端限流设备动作，在正极线路投入 200mH 限流电感，负极和非故障线路的限流设备不动作，得到故障后 10ms 内各支路故障电流和各换流站平均子模块电容电压的变化值，分别如表 9-8 和表 9-9 所示，图 9-34 为故障后暂态电流的空间分布变化示意图。将投入限流电感前后各支路故障电流变化量进行对比，结果如图 9-35 所示。由于双极直流电网采用两个换流器串联的接线方式，发生单极接地故障时非故障极仍能正常运行，由表 9-9 可知，非故障极换流站平均子模块电容电压下降得非常少，这里只将投入限流电感前后正极各换流站平均子模块电容电压变化量进行对比，结果如图 9-36 所示。

表 9-8　单极接地故障各支路故障电流　　　　（单位：kA）

	电流	1-f	f-2	2-3	3-4	4-1
正极线路	电流初始值	2.48	2.48	−0.58	−1.82	−0.47
	故障后 10ms 电流值	6.41	−3.56	−1.62	−1.89	0.84
	电流变化量 Δi	3.93	−6.04	−1.04	−0.07	1.31
负极线路	电流初始值	−2.45	−2.45	0.53	1.82	0.46
	故障后 10ms 电流值	−2.67	−2.67	0.93	2.17	0.49
	电流变化量 Δi	−0.22	−0.22	0.4	0.35	0.03

表 9-9　单极接地故障各换流站平均子模块电容电压　　　　（单位：p.u.）

	电压	S1	S2	S3	S4
正极	电压初始值	0.95	0.98	0.99	1.0
	故障后 10ms 电压值	0.88	0.88	0.93	0.96
	电压变化量 Δu	−0.07	−0.1	−0.06	−0.04
负极	电压初始值	0.95	0.98	0.99	1.0
	故障后 10ms 电压值	0.94	0.98	0.99	1.0
	电压变化量 Δu	−0.01	0	0.00	0.00

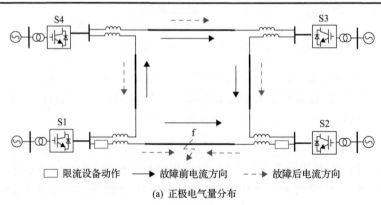

　□ 限流设备动作　　➡ 故障前电流方向　　⇢ 故障后电流方向

(a) 正极电气量分布

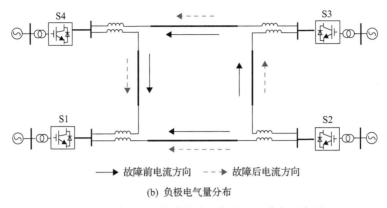

(b) 负极电气量分布

图 9-34　单极接地故障暂态电气量空间分布示意图

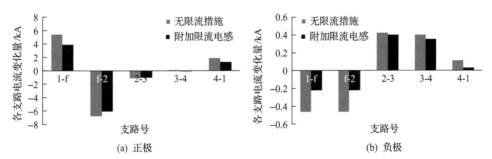

图 9-35　附加限流电感前后各支路故障电流变化量(单极接地故障)

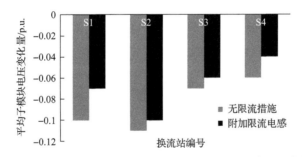

图 9-36　附加限流电感前后正极换流站平均子模块电容电压变化量

　　与双极短路故障类似,故障极的故障支路及其相邻支路均向故障点馈入电流,
如图 9-34(a)所示。故障支路的两换流站 S1 和 S2 中子模块电容放电速度较快,
正极故障支路 1-f 和 f-2 的故障电流变化量较大,远端正极两换流站 S3 和 S4 的子
模块电容放电速度较慢,故障支路的相邻支路 2-3 和 4-1 故障电流变化量较小,
且远离故障点的正极故障支路 3-4 的故障电流几乎没有变化。由图 9-35(a)可知,
限流电感对各支路故障电流的变化均有抑制作用,对故障支路的电流变化影响较
大,对相邻支路及远离故障点支路的电流影响较小。这一特征与双极短路故障相

同，各支路故障电流变化及换流站子模块电容电压变化均与柔性直流电网中各换流站的分布相关。通过图 9-35(b)可知，故障后非故障极支路电流变化很小，维持在正常运行时的范围，上下浮动不超过 1kA。虽然负极没有投入限流电感，但由于正极故障回路的阻抗增加，故障电流得到抑制，同时减缓了换流器子模块电容放电速度，使非故障极回路电流的变化进一步减小，但该作用几乎可以忽略。投入限流电感后，负极支路的故障电流基本不变，上下浮动不超过 0.5kA，非故障极换流站电容电压基本不变。

9.3.5　一种基于限流电感和耗能电阻的故障限流方案

本节在 9.3.4 节故障电流限制特性分析的基础上提出了如图 9-37 所示的故障限流电路[42]。在正常运行时，串联的 IGBT，即 T_1 和 T_2 导通。检测到故障时，T_1 和 T_2 通过信号关断，将耗能电阻 R_{FCL} 和电抗器 L_{FCL} 投入故障回路中。L_{FCL} 可通过双向并联晶闸管 T_3 和 T_4 旁路。MOA 保护电路元件免受浪涌电流和过电压的影响。此外，由于 L_{FCL} 上的浪涌电压，晶闸管可以作为稳压器。

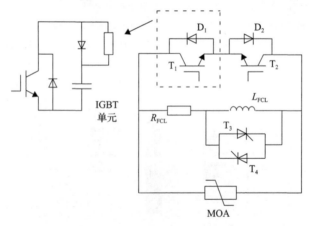

图 9-37　故障限流电路结构拓扑

考虑到零电压开关并降低损耗，IGBT 由缓冲电容、缓冲电阻和二极管组成的缓冲电路保护。考虑到故障隔离涉及故障限流和 DCCB 的操作，将该故障限流电路与 DCCB 动作进行协调配合，可进一步为确定限流电路的参数设置提供依据。现有的 DCCB 拓扑虽然通流路径和详细结构不尽相同，但在正常通流状态下，它们的结构基本可以等同于理想断路器，在故障状态下，可以等同于金属氧化物避雷器[42-44]。

该限流电路与 DCCB 的动作时序如图 9-38 所示。在正常运行状态下，T_1 和 T_2 和 DCCB 主断路器导通，而 T_3、T_4 关断。当发生故障时，T_1、T_2 和 DCCB 主断路器在检测到故障之前保持导通状态(图 9-38(a))。当检测到故障时，T_1 和 T_2

关断，在故障电路回路中投入限流电路，并且 DCCB 主断路器由于操作时间延迟而保持导通[45]（图 9-38（b））。此时，故障电流峰值和上升速度受到限流电路的限制，降低了换流器中 IGBT 和二极管的过电流应力，并降低了 DCCB 在切除容量方面的要求。一旦换流器在过流保护下闭锁，T_3 和 T_4 就导通以旁路限流电感，并且 DCCB 主断路器断开（图 9-38（c））。因此，耗能电阻与 DCCB 中的 MOA 共同承担故障电流，由于回路中电感的减小，故障电流熄灭速度加快。当故障电流水

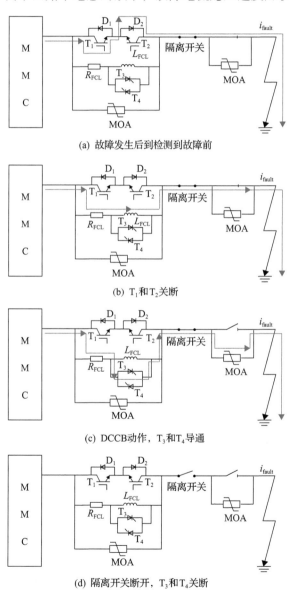

(a) 故障发生后到检测到故障前

(b) T_1 和 T_2 关断

(c) DCCB 动作，T_3 和 T_4 导通

(d) 隔离开关断开，T_3 和 T_4 关断

图 9-38　故障隔离时序

平下降后，故障电流将通过隔离开关切断，T_1、T_2、T_3 和 T_4 切换到正常状态。

该限流电路旨在降低 DCCB 对故障电流切除容量和隔离速度的要求。为了达到设计目标，需考虑以下几个因素。

(1) 当主断路器断开时，直流线路电流 I_{dc} 的峰值必须限制在 DCCB 的最大遮断电流 I_{B_max} 之下。

(2) 故障电流上升速率 (dI_{dc}/dt) 必须低于 DCCB 承受的最大电流变化率 $((di/dt)_{B\_max})$。

(3) 由于续流二极管在闭锁 IGBT 之后仍会承受过电流，因此，DCCB 需要在故障电流达到其最大值之前动作，也就是说，在 IGBT 闭锁之前，主断路器必须断开，从而有利于系统恢复和重启。从故障发生到 DCCB 动作之间的时间 (t_{op}) 必须低于从故障发生到 IGBT 闭锁的时间 (t_{bl})。具体地，t_{op} 包含故障检测时间 (t_{fd}) 和 DCCB 动作时间 (t_{B_op})。

根据上述要点，可以获得以下约束条件：

$$\max(I_{dc}) < I_{B\_max} \tag{9-24}$$

$$\max(dI_{dc}/dt) < (di/dt)_{B\_max} \tag{9-25}$$

$$t_{bl} > t_{op} = t_{fd} + t_{B\_op} \tag{9-26}$$

目前已有混合型直流断路器通过测试，其可在 2ms 内断开最大值为 9kA 的故障电流[45]。因此，在本书中将 I_{B_max} 设定为 9kA，DCCB 动作时间 t_{B_op} 设置为 2ms，$(di/dt)_{B\_max}$ 设定为 9kA/2ms=4.5kA/ms。在不使用通信的情况下，基于小波算法已将 HVDC 系统发生直流故障的故障检测时间减少到 1ms 以内[46]，因此，故障检测时间 t_{fd} 设置为 1ms，则从故障发生到 IGBT 闭锁的时间 t_{bl} 必须大于 1ms+2ms=3ms，此外，将桥臂电流 I_{arm} 的阈值设定为 2000A，可得到最终约束条件：

$$\max(I_{dc}) = I_{dc}(t)\big|_{t=3ms} < I_{B\_max} = 9kA \tag{9-27}$$

$$\max(dI_{dc}/dt) < 4.5kA/ms \tag{9-28}$$

$$I_{arm}(t)\big|_{t=3ms} < 2kA \tag{9-29}$$

单端 MMC 故障电流计算公式表示换流器等效电容和电感决定了故障电流的发展以及电容的放电时间，故障电流上升速度在前 1ms 时间内是最快的，因此，前 1ms 内的故障电流变化率必须受到式 (9-28) 的限制。在将限流电路投入故障回路之前，故障电流仅通过平波电抗器进行限制，平波电抗器决定了最大故障电流上升率。由于 DCCB 所承受故障电流变化率 (4.5kA/ms) 的限制，可以使用单端 MMC 故障电流计算公式获得平波电抗器的最小取值，基于 9.3.3 节两端半桥型

MMC-HVDC 模型，理论上平波电抗器的最小取值为 41.2mH，通过仿真结果得到的是 43mH，误差仅为 4.2%，考虑到留有一定裕度，将平波电抗器设定为 50mH。在检测到故障后，将投入故障限流电路以限制故障电流上升速度和幅值，故障电流上升率进一步降低，因此，通过选择适当的平波电抗器即可满足约束条件式(9-28)。

将耗能电阻 R_{FCL} 设定为 50Ω，限流电感 L_{FCL} 设定为 100mH，对故障限流电路的限流效果进行初始仿真分析。这里只比较表 9-5 中列出的"af"和"ah"方案。如图 9-39 所示，图中的 af 线表示故障在 1.2s 时刻发生，在 1ms 后检测到故障，这里忽略了故障限流电路的 IGBT 延迟。Δt_1 时间段内的故障电流变化率约为 4kA/ms，符合混合型直流断路器所承受最大故障电流变化率的限制。故障限流电路在 1.201s 时投入故障回路中，由于 L_{FCL} 的存在，根据磁链守恒定律，故障电流会发生突变，急剧下降 ΔI_1。在 Δt_2 期间故障电流上升率低于 Δt_1 期间的故障电流上升率，1.203s 时刻故障电流大约限制在 6.6kA，远低于 DCCB 的最大遮断电流。此外，当主断路器断开时，L_{FCL} 被晶闸管旁路，可以加快故障电流的下降。初始仿真结果表明约束条件式(9-27)决定了 L_{FCL} 和 R_{FCL} 最小值的选取，同时，对 L_{FCL} 和 R_{FCL} 参数匹配的研究也是十分必要的。在故障电路参数未改变的情况下，1.201s 时刻的故障电流为 4kA，根据图 9-39 可得

$$4kA - \Delta I_1 + \Delta I_2 < 9kA \tag{9-30}$$

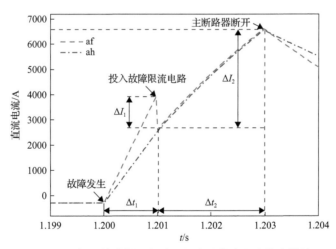

图 9-39　投入故障限流电路后的直流线路电流仿真结果

ah 线和 af 线在 Δt_2 期间几乎相同，因此，可以利用两条电流曲线的差值来获得 ΔI_1。根据单端 MMC 故障电流计算公式，ΔI_1 表示为

$$\Delta I_1 = I_{dc\_af}(t)\Big|_{t=1ms} - I_{dc\_ah}(t)\Big|_{t=1ms} \tag{9-31}$$

式中，$I_{dc\_af}(t)$ 和 $I_{dc\_ah}(t)$ 分别为采用"af"和"ah"方案时的直流侧电流。此外，由于图 9-39 中的两条电流曲线在 1.203s 时刻具有几乎相同的值，式 (9-30) 可以简化为

$$I_{dc\_ah}(t)\big|_{t=3ms} < 9kA \tag{9-32}$$

等效电阻 R_{eq_ah} 和等效电感 L_{eq_ah} 分别由式 (9-33) 和式 (9-34) 获得，在单端 MMC 故障电流计算的基础上，可以计算 1.203s 时刻的故障电流 I_{dc_ah}。如果 R_{FCL}=20Ω，则 L_{FCL} 必须大于 43.6mH，才能在 t=1.203s 时将故障电流限制在 9kA 以下。通过仿真得到了与 R_{FCL}=20Ω 匹配的最小 L_{FCL}(L_{FCL_min})，如图 9-40 所示。比较定 R_{FCL} 和不同 L_{FCL} 的故障电流仿真结果，投入限流电路后的故障电流 (L_{FCL_min}= 43.6mH，R_{FCL_min}=20Ω) 在 1.203s 时达到 9106A，理论计算的误差率约为 1.2%，在合理范围内。

$$R_{eq\_ah} = \frac{2}{3}R_{arm} + R_f + 2R_{dc} + R_{FCL} \tag{9-33}$$

$$L_{eq\_ah} = \frac{2}{3}L_{arm} + 2L_{dc} + L_{FCL} \tag{9-34}$$

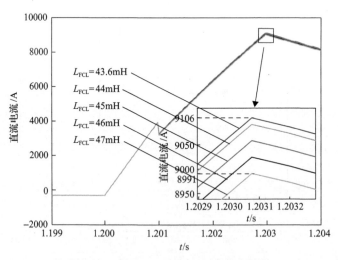

图 9-40　定 R_{FCL}、改变 L_{FCL} 的仿真结果

为满足约束条件式 (9-29)，设置 R_{FCL}=20Ω 时，L_{FCL_min} 的计算值为 219mH。表 9-10 显示了 L_{FCL_min} 取 219mH 时的桥臂电流仿真值，此时最大桥臂电流为 2023.5A，这可能会导致 IGBT 闭锁，计算方法的误差归因于桥臂之间的循环电流。当 R_{FCL} 设置为 20Ω，L_{FCL_min} 取 225mH 时，六个桥臂的电流在 1.203s 时都限制在

2kA 以下。因此，考虑留有一定的裕度，将 L_{FCL_min} 设置为 250mH，R_{FCL}=20Ω。

表 9-10　R_{FCL}=20Ω、L_{FCL_min} 取不同值时的桥臂电流仿真值

桥臂电流	L_{FCL_min}=219mH	L_{FCL_min}=225mH
A 相上桥臂电流	1712.7A	1668.3A
A 相下桥臂电流	2023.4A	1999.2A
B 相上桥臂电流	2023.5A	1999.1A
B 相下桥臂电流	1704.4A	1680.2A
C 相上桥臂电流	1876.5A	1834.3A
C 相下桥臂电流	1858.7A	1852.3A

将该限流方案与单独基于耗能电阻或限流电感的方案进行比较，耗能电阻和限流电感的取值仍为 R_{FCL}=20Ω，L_{FCL}=250mH。

1）限流能力

根据文献[47]中的故障限流方法，可以通过并联的晶闸管限制交流侧馈入电流，本节主要基于子模块电容放电电流来比较限流能力，因此，在仿真中，DCCB 动作时通过导通该并联晶闸管来消除交流馈入电流。如图 9-41 所示，这里比较了在不同限流方案下的桥臂电流和直流线路电流的仿真结果。采用基于电阻的方法后桥臂电流峰值限制在大约 6kA（图 9-41（a）），基于电感和本节所提限流电路的桥臂电流峰值限制在 2kA 以下（图 9-41（c）和图 9-41（e））。基于电阻的方法具有最差的限流性能，将直流线路电流限制在大约 18kA（图 9-41（b）），相反，基于电感和本节所提限流电路可以将线路电流抑制在 5.5kA 以下（图 9-41（d）和图 9-41（f））。然而，在主断路器断开后，基于电感方法的线路电流仍保持在较高水平。总的来说，本节所提限流电路在限制故障电流方面具有较好的性能，且可以在主断路器断开时加速故障电流的衰减，因此，可以长时间保护续流二极管和 IGBT 免于过电流，降低故障电流的隔离速度。

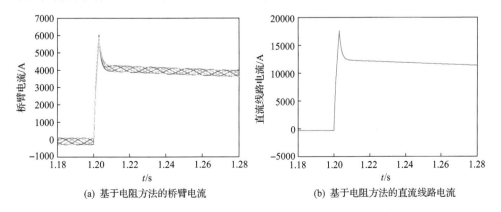

(a) 基于电阻方法的桥臂电流　　　　　　　　　(b) 基于电阻方法的直流线路电流

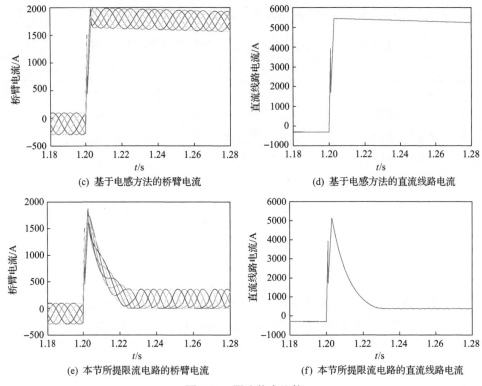

(c) 基于电感方法的桥臂电流　　　　　　(d) 基于电感方法的直流线路电流

(e) 本节所提限流电路的桥臂电流　　　　　(f) 本节所提限流电路的直流线路电流

图 9-41　限流能力比较

本节所提限流电路的应用，可以降低对 DCCB 切除故障能力的要求，表 9-11 对有限流电路故障情况和没有限流电路的情况进行了比较。L_{FCL_min} 和 R_{FCL} 在测试电路中设置为 250mH 和 20Ω。表 9-11 中显示的结果表明，在限流电路的作用下，故障发生 3ms 时刻断路器遮断电流需求从 12.4kA 减少到 5.1kA（降低 58.9%），验证了本节所提限流电路的有效性，该限流电路降低了断路器遮断电流需求，有助于降低保护成本和加快故障清除。

表 9-11　限流电路的有效性验证

有无限流电路	故障发生 3ms 时刻断路器遮断电流需求/kA
无	12.4
有	5.1

2) 成本

本节所提故障限流电路的主要成本在于限流电感 L_{FCL}、耗散电阻 R_{FCL}、半导体开关和避雷器。与混合 DCCB 的主断路器类似，IGBT 的数量取决于故障限流电路上的电压，避雷器的数量和参数选择也由保护要求决定。该故障限流电路可视为辅助电路，通过将故障电流限制在可接受的水平来分担能量吸收和电压。虽然故障限流电路中的 IGBT 和避雷器会产生额外的成本，但可以降低 DCCB 的切除容量，使 HVDC 系统可以确保故障被隔离。由图 9-41 中的仿真结果可知，基于电阻的方法在断开故障期间具有比本节所提限流电路更高的故障电流水平，从而导致了开断容量、避雷器和冷却系统的额外成本。因此，鉴于其在限流能力方面的优势，将本节所提故障限流电路用于系统保护可能是经济的。此外，较低的故障电流峰值也代表了对 DCCB 遮断能力的投资减少。基于电感方法的主要支出取决于 SFCL 电感技术，其可以在不影响系统动态响应速度的情况下限制故障电流。然而，SFCL 设备的不成熟导致了在系统恢复和重启方面满足保护要求的成本增加。此外，与所提出的故障限流电路相比，基于电感的方法需要能量耗散元件以加速故障电流熄灭，从而增加了成本。总体来看，综合考虑经济效率和限流性能，该故障限流电路值得考虑应用于实际项目中。

3）功率损耗

本节所提故障限流方案采用 50mH 的平波电抗器，从而导致了正常运行状态下的功率损耗。考虑到 2mH 电抗器的电阻值等于 18.9mΩ[48]，功率损耗 P_{L} 表示为

$$P_{\mathrm{L}} = \frac{4I_{\mathrm{dN}}^2 R_{\mathrm{L}} L_{\mathrm{r}}}{P_{\mathrm{cableN}}} \times 100\% \tag{9-35}$$

式中，I_{dN} 为额定直流线路电流；R_{L} 为每毫亨电抗器的电阻值，$R_{\mathrm{L}}=0.00945\Omega/\mathrm{mH}$；$L_{\mathrm{r}}$ 为平波电抗器；P_{cableN} 为额定直流线路功率。因此，与额定直流线路功率相比，本节所提限流方案中的平波电抗器会导致 0.135% 的功率损耗，经济效益较高。

4）故障电流影响分析

图 9-42 分别显示了 R_{FCL} 和 L_{FCL} 对直流线路电流的影响。当 R_{FCL} 增加但 L_{FCL}

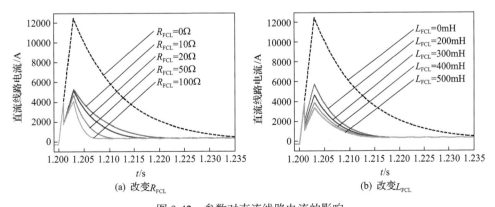

图 9-42　参数对直流线路电流的影响

保持在 250mH 时, 对 DCCB 切除能力的要求降低, 故障电流熄灭加速。当 L_{FCL} 增加但 R_{FCL} 保持在 20Ω 时, 故障电流的峰值减小, 随着电感的继续增大, 故障电流衰减的时间几乎不受影响。尽管该故障限流电路包含电感 L_{FCL}, 但在主断路器动作后可以通过晶闸管将其旁路, 因此, 故障电流熄灭速度不会因为大电感而延迟。因此, 本节所提方案中的 L_{FCL} 几乎不影响系统动态响应或故障电流衰减。故障电流水平受到大 R_{FCL} 和 L_{FCL} 的限制, 并且在低故障电流水平下, 电流衰减时间也会减少。

5) 能量吸收影响分析

由于并联晶闸管对交流馈入电流的隔离作用, DCCB 断开时的故障电流主要是平波电抗器续流电流, 其路径如图 9-43 所示。储存在平波电抗器中的能量 E_L 如式 (9-36) 所示。

$$E_L = 1/2 L_r I_{dc}^2(t_{op}) \tag{9-36}$$

式中, $I_{dc}(t_{op})$ 为 DCCB 动作时通过直流线路的故障电流。

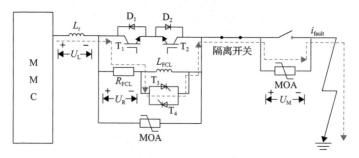

图 9-43　断开故障电流时电流流通路径

R_{FCL} 吸收的能量 E_R 可表示为

$$E_R = \int (U_R^2 / R_{FCL}) dt = \int (R_{FCL} I_{dc}^2) dt \tag{9-37}$$

式中, U_R 为 R_{FCL} 两端电压值。

DCCB 的 MOA 中吸收的能量 E_M 可以表示为

$$E_M = E_L - E_R \tag{9-38}$$

由图 9-44 可知, R_{FCL} 的值越大, MOA 吸收的能量越小, 这是由于 DCCB 动作时的故障电流水平较低, 并且与 R_{FCL} 共同承担能量的吸收。类似地, L_{FCL} 的值越大, MOA 吸收的能量越小, 因为当主断路器断开时, L_{FCL} 越大, 故障电流水平越低, 同时储存在 L_r 中的能量也减少。总的来说, R_{FCL} 和 L_{FCL} 可以将故障电流限制到较低的水平，以减少 DCCB 的 MOA 吸收的能量。然而，在故障限流阶段和故障电流熄灭阶段，DCCB 和限流电路在能量消耗方面存在一个平衡，因此，必须考虑限流性能与限流电路的缓冲电路和冷却系统的额外成本之间的权衡。

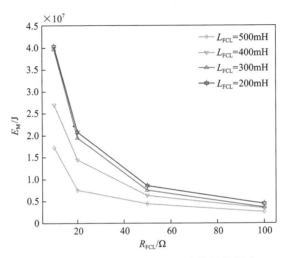

图 9-44　电路参数对避雷器吸收能量的影响

9.4　采取限流措施的直流电网故障电流计算

9.4.1　考虑换流器主动限流控制的故障电流计算

由 9.3.2 节的分析可知，换流器主动限流的本质是降低换流器出口电压，从而抑制故障电流的发展，换流器可等效为受控电压源与阻抗串联的形式，而针对考虑换流器主动限流控制的故障电流计算，就是建立该受控电压源与控制器的关系。

在所有具备故障阻断能力的子模块拓扑中，基于 FBSM 的 MMC（包括 FBSM 和 HBSM 组成的混合型 MMC）是唯一商业化应用于直流电网的拓扑结构[49]，如在我国的昆柳龙柔性直流输电工程中，为保证直流故障的清除能力，接收端换流器选用了混合型 MMC。因此，本节以混合型 MMC 为例分析考虑换流器主动限流控制的故障电流计算，由于全桥型 MMC 相当于混合型 MMC 的特例，该计算方法同样适用于全桥型 MMC。混合型 MMC 的拓扑结构如图 9-45 所示。

混合型 MMC 交流输出电压为

$$u_j = M_{ac} \frac{U_{dcN}}{2} \cos\left(\omega t + \theta_{uj}\right) \tag{9-39}$$

式中，M_{ac} 为交流调制比；U_{dcN} 为换流器额定直流电压；θ_{uj} 为 MMC 交流输出电

压相位角。混合型 MMC 上下桥臂输出电压之和为

$$U_{\text{armph}} = U_{jp} + U_{jn} = M_{\text{dc}}U_{\text{dcN}} \tag{9-40}$$

式中，M_{dc} 为直流调制比，M_{dc} 的调节范围取决于桥臂中半桥子模块和全桥子模块之间的数量配比。由式(9-40)可知，U_{armph} 的值由 M_{dc} 决定，而 M_{dc} 的动态变化与换流器控制策略的具体实现形式强相关，因此，U_{armph} 以及故障后直流电流的动态特性受混合型 MMC 控制的影响。

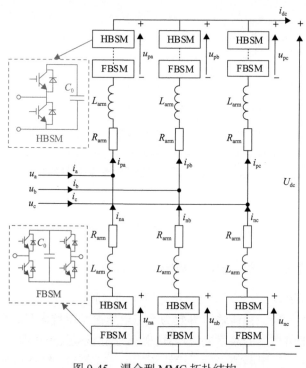

图 9-45　混合型 MMC 拓扑结构

混合型 MMC 的控制策略如图 9-46 所示，主要包含交流控制回路和直流控制回路，其中，U_{dcref}、P_{ref}、$U_{\text{sd}}^{\text{ref}}$、$U_{\text{cavg}}^{\text{ref}}$、$Q_{\text{ref}}$ 和 $U_{\text{sq}}^{\text{ref}}$ 分别代表直流电压参考值、有功功率参考值、交流电压直轴分量参考值、子模块平均电容电压参考值、无功功率参考值和交流电压交轴分量参考值，标注 pu 代表对应的是标幺值，M_{d} 和 M_{q} 分别为控制器在 d 轴和 q 轴的调制比分量，L_{pu} 代表混合型 MMC 交流侧等效电感与 1/2 桥臂电感之和的标幺值，m_{a}、m_{b} 和 m_{c} 代表控制器的三相调制比，E_{diff} 代表换流器内部不平衡电压降。通过控制上、下桥臂各相输出电压的交流分量，混合型 MMC 交流侧输出三相正弦电压。通过控制上、下桥臂输出电压的直流分量之和，混合型 MMC 直流侧输出恒定的直流电压。混合型 MMC 采用交直流解耦控

制，实现了交流电压和直流电压的解耦以及直流侧和交流侧的独立控制，因此，在分析混合型 MMC 直流侧动态特性时，可以忽略交流系统和交流控制回路。

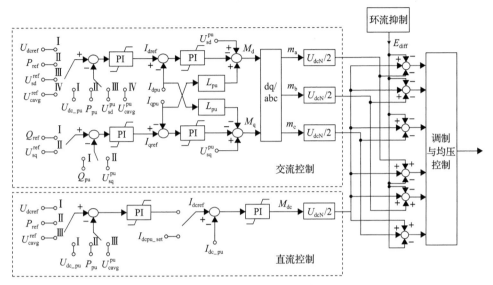

图 9-46　混合型 MMC 控制策略

在混合型 MMC 的直流控制回路中，外环控制直流电压、有功功率或者平均子模块电容电压，在与实际测量值进行比较后经过 PI 控制器得到内环直流电流参考值 I_{dcref}，如图 9-46 控制方式 Ⅰ～Ⅲ所示，直流电流参考值与直流电流测量值进行比较后通过 PI 控制器得到直流调制比 M_{dc}，此外，直流电流参考值也可直接设定，如图 9-46 中 $I_{\text{dcpu\_set}}$ 所示。基于混合型 MMC 控制策略，U_{armph} 可表示为

$$U_{\text{armph}} = U_{\text{dcN}}\left[k_{pi}\left(I_{\text{dcref}} - I_{\text{dc\_pu}} \right) + k_{ii}\int \left(I_{\text{dcref}} - I_{\text{dc\_pu}} \right)\mathrm{d}t \right] \tag{9-41}$$

式中，k_{pi} 和 k_{ii} 分别为内环直流电流 PI 控制器比例系数和积分系数；$I_{\text{dc\_pu}}$ 为直流电流标幺值。由式 (9-41) 可以看出，U_{armph} 由换流器的控制决定，包括 PI 控制器参数和内环电流参考值，而内环电流参考值受外环控制影响，此外，故障电流对 U_{armph} 有反馈作用，因此，基于混合型 MMC 的等效模型，可以建立直流故障发生后控制参数与故障电流的定量关系，得到故障电流的计算表达式。

故障发生后，在换流器出口电压下降为零之前（即 $M_{\text{dc}}>0$），故障电流 I_{dc} 一直处于上升状态。当换流器出口电压下降为零时（即 $M_{\text{dc}}=0$），I_{dc} 达到峰值。混合型 MMC 可以通过主动限流控制，使 M_{dc} 快速衰减，从而降低换流器出口电压，达到抑制故障电流的目的。由于 M_{dc} 的动态变化取决于控制策略的实现形式，对考虑换流器主动限流控制的故障电流进行计算时需依据具体的主动限流策略，这里以直流电流控制模式为例对故障电流的计算进行分析。文献[50]和[51]提出直流电流控制的主动限流策略,如图 9-47 所示,即混合型 MMC 检测到故障后切换至直流电流控制,内环电流参考值不再由外环 PI 控制器得到,而是直接切换为设定值或者设定曲线。

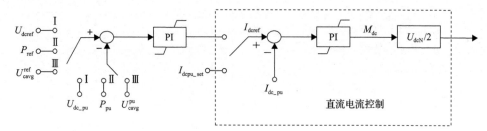

图 9-47　混合型 MMC 直流电流控制

当发生直流故障时,基于 9.3.2 节换流器等效模型,故障电流满足

$$L\frac{\mathrm{d}I_{\mathrm{dc}}}{\mathrm{d}t} + RI_{\mathrm{dc}} = U_{\mathrm{armph}} - U_{\mathrm{f}} = M_{\mathrm{dc}}U_{\mathrm{dcN}} - U_{\mathrm{f}} \tag{9-42}$$

$$L = L_{\mathrm{con}} + L_{\mathrm{dc}} \tag{9-43}$$

$$R = R_{\mathrm{con}} + R_{\mathrm{dc}} \tag{9-44}$$

式中,U_{f} 为故障点电压。由于直流线路发生金属性短路故障后,U_{f} 从稳态值突变为零,对直流控制回路而言相当于一个阶跃扰动,因此 U_{f} 可以表示为

$$U_{\mathrm{f}} = -\frac{U_{\mathrm{dcN}}}{s} \tag{9-45}$$

基于混合型 MMC 控制策略,M_{dc} 可以表示为

$$M_{\mathrm{dc}} = k_{pi}\left(I_{\mathrm{dcref}} - i_{\mathrm{dc\_pu}}\right) + k_{ii}\int\left(I_{\mathrm{dcref}} - i_{\mathrm{dc\_pu}}\right)\mathrm{d}t \tag{9-46}$$

根据式(9-41)~式(9-46),利用复频域分析,可以得到直流电流控制模式下混合型 MMC 等效电路的整体结构图,如图 9-48 所示,其中 I_{dcN} 为额定直流电流。根据图 9-48,考虑直流电流的初值 $I_{\mathrm{dc}}(t_0)$,得到故障电流的复频域关系表达式:

$$I_{\mathrm{dc}}(s) = \frac{I_{\mathrm{dcref}}P_{\mathrm{dcN}}(sk_{pi} + k_{ii})}{sG} + \frac{sI_{\mathrm{dcN}}LI_{\mathrm{dc}}(t_0) + P_{\mathrm{dcN}}}{G} \tag{9-47}$$

$$G = s^2LI_{\mathrm{dcN}} + s\left(RI_{\mathrm{dcN}} + U_{\mathrm{dcN}}k_{pi}\right) + U_{\mathrm{dcN}}k_{ii} \tag{9-48}$$

$$P_{\text{dcN}} = U_{\text{dcN}} I_{\text{dcN}} \tag{9-49}$$

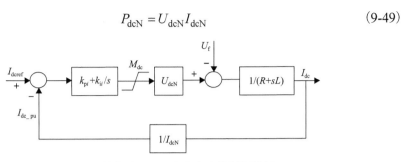

图 9-48 混合型 MMC 直流电流控制回路图

基于式(9-47)进行拉普拉斯逆变换，即得到故障电流的解析表达式：

$$I_{\text{dc}}(t) = I_{\text{dcref}} I_{\text{dcN}} \left[1 - \beta \sin\left(\omega \sqrt{1-\xi^2}\, t + \varphi \right) \right] + \frac{P_{\text{dcN}} \left(1 + k_{pi} I_{\text{dcref}} \right) \omega}{k_{ii} U_{\text{dcN}}} \beta \sin\left(\omega \sqrt{1-\xi^2}\, t \right)$$

$$- I_{\text{dc}}(t_0) \beta \sin\left(\omega \sqrt{1-\xi^2}\, t - \varphi \right) \tag{9-50}$$

$$\xi = \frac{R I_{\text{dcN}} + U_{\text{dcN}} k_{pi}}{2} \sqrt{\frac{1}{k_{ii} L P_{\text{dcN}}}} \tag{9-51}$$

$$\omega = \sqrt{\frac{k_{ii} U_{\text{dcN}}}{L I_{\text{dcN}}}} \tag{9-52}$$

$$\varphi = \arctan \frac{\sqrt{1-\xi^2}}{\xi} \tag{9-53}$$

$$\beta = \frac{e^{-\xi\omega t}}{\sqrt{1-\xi^2}} \tag{9-54}$$

为了验证上述考虑换流器主动限流控制的故障电流计算方法，搭建单端混合型 MMC 仿真模型，其中混合型 MMC 桥臂中半桥子模块和全桥子模块的配置比例为 1∶1，其参数如表 9-12 所示。假设 1.3s 时刻在直流线路上发生故障电阻为 0.01Ω 的双极短路故障，只有平波电抗器用于限制直流故障电流，经过 2ms 的故障检测时间后，混合型 MMC 于 1.302s 时刻切换至直流电流控制，直流电流参考值设为 0。图 9-49 所示为故障电流仿真值与计算值结果，由图 9-49 可知该换流器等效模型可用于考虑换流器主动限流控制的故障电流计算，同时计算结果与仿真结果一致，具有较高的计算精度。

表 9-12　　混合型 MMC 仿真模型参数

参数	数值
额定直流电压/kV	500
额定直流电流/kA	1.5
单桥臂子模块个数	244
桥臂电感/mH	50
平波电抗器/mH	225
内环直流电流 PI 控制器比例系数	0.3
内环直流电流 PI 控制器积分系数	20

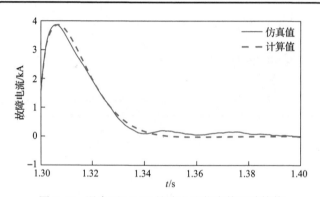

图 9-49　混合型 MMC 故障电流仿真值和计算值

9.4.2　考虑限流设备的故障电流计算

第 8 章针对单换流站的故障电流计算进行了分析, 给出了单换流站在直流故障下故障电流的解析表达式, 并在多端直流系统中, 提出了直流电网故障电流简化计算方法。对于结构复杂的直流电网拓扑, 利用第 8 章提出的简化计算方法, 可以将原直流电网简化为故障线路及其两端换流站组成的双端等效系统进行解析计算。当采用附加限流设备的方法对故障电流进行抑制时, 通常只在故障线路投入限流设备, 限流设备的投入不影响换流站的等效模型, 此外, 由 9.3.4 节的分析可知, 限流设备主要对故障支路电流的变化产生影响, 因此, 当直流电网故障电流计算满足第 8 章提出的拆分方法时, 可以在简化的等效两端网络基础上对采取限流设备的故障电流进行计算。

结合限流设备等效模型, 对于电感型限流设备, 采用限流设备后线路故障电流的解析方程表示为

$$I_{dc}(t) = \frac{U_{dc}e^{-\xi_1\omega_1 t}\sin\left(\omega_1\sqrt{1-\xi_1^2}\,t\right)}{\omega_1\left(L_{con}+L_{dc}+L_{FCL}\right)\sqrt{1-\xi_1^2}} - \frac{I_{dc}(t_{1+})}{\sqrt{1-\xi_1^2}}e^{-\xi_1\omega_1 t}\sin\left(\omega_1\sqrt{1-\xi_1^2}\,t-\varphi_1\right)$$

(9-55)

$$\omega_1 = \sqrt{\frac{1}{\left(L_{con}+L_{dc}+L_{FCL}\right)C_{con}}}$$

(9-56)

$$\xi_1 = \frac{R_{con}+R_{dc}}{2}\sqrt{\frac{C_{con}}{L_{con}+L_{dc}+L_{FCL}}}$$

(9-57)

$$\varphi_1 = \arctan\frac{\sqrt{1-\xi_1^2}}{\xi_1}$$

(9-58)

式中，C_{con} 为半桥型 MMC 等效电容，$C_{con}=6C_0/N$；L_{FCL} 为限流设备等效电感。投入等效电感瞬间，电流会发生突变，根据磁链守恒定律，$I_{dc}(t_{1+})$ 的值为

$$I_{dc}(t_{1+}) = \frac{L_{con}+L_{dc}}{L_{con}+L_{dc}+L_{FCL}}I_{dc}(t_1)$$

(9-59)

式中，$I_{dc}(t_1)$ 为限流设备在 $t=t_1$ 时刻投入时的故障电流。

对于电阻型限流设备，采用限流设备后线路故障电流的解析方程表示为

$$I_{dc}(t) = \frac{U_{dc}e^{-\xi_2\omega_2 t}\sin\left(\omega_2\sqrt{1-\xi_2^2}\,t\right)}{\omega_2\left(L_{con}+L_{dc}\right)\sqrt{1-\xi_2^2}} - \frac{I_{dc}(t_1)}{\sqrt{1-\xi_2^2}}e^{-\xi_2\omega_2 t}\sin\left(\omega_2\sqrt{1-\xi_2^2}\,t-\varphi_2\right)$$

(9-60)

$$\omega_2 = \sqrt{\frac{1}{\left(L_{con}+L_{dc}\right)C_{con}}}$$

(9-61)

$$\xi_2 = \frac{R_{con}+R_{dc}+R_{FCL}}{2}\sqrt{\frac{C_{con}}{L_{con}+L_{dc}}}$$

(9-62)

$$\varphi_2 = \arctan\frac{\sqrt{1-\xi_2^2}}{\xi_2}$$

(9-63)

对于电容型限流设备，采用限流设备后线路故障电流的解析方程表示为

$$I_{dc}(t) = \frac{(U_{dc} - U_{FCL})e^{-\xi_3\omega_3 t}\sin\left(\omega_3\sqrt{1-\xi_3^2}\,t\right)}{\omega_3\left(L_{con}+L_{dc}\right)\sqrt{1-\xi_3^2}} - \frac{I_{dc}(t_1)}{\sqrt{1-\xi_3^2}}e^{-\xi_3\omega_3 t}\sin\left(\omega_3\sqrt{1-\xi_3^2}\,t-\varphi_3\right)$$

$$(9\text{-}64)$$

$$\omega_3 = \sqrt{\frac{C_{con}+C_{FCL}}{\left(L_{con}+L_{dc}\right)C_{con}C_{FCL}}}$$

$$(9\text{-}65)$$

$$\xi_3 = \frac{R_{con}+R_{dc}}{2}\sqrt{\frac{C_{con}C_{FCL}}{\left(L_{con}+L_{dc}\right)\left(C_{con}+C_{FCL}\right)}}$$

$$(9\text{-}66)$$

$$\varphi_3 = \arctan\frac{\sqrt{1-\xi_3^2}}{\xi_3}$$

$$(9\text{-}67)$$

式中，C_{FCL} 为限流设备等效电容；U_{FCL} 为等效电容两端电压。

9.4.3 采取限流措施的直流电网故障电流计算

当直流电网故障电流计算不满足第 8 章提出的拆分方法时，需要构建直流电网等效电路模型，列写支路电流、电容电压微分方程，在此基础上对附加限流设备后的直流电网故障电流进行分析计算。

为了描述直流电网中的故障电流，对直流电网的节点和支路进行了定义。将与换流站相连的节点定义为实节点，与换流站不直接相连、仅连接直流线路的节点定义为虚拟节点，它们均被定义为 n_i。$B_{ij}(i,j=0,1,2,\cdots)$ 表示节点 n_i 和 n_j 之间的支路，在 B_{ij} 支路从 n_i 流向 n_j 的电流为 i_{ij}。R_{ij} 和 L_{ij} 分别为 B_{ij} 的等效电阻和电感。C_{ei}、R_{ei} 和 L_{ei} 分别为 MMC_i 等效模型的电容、电阻和电感。u_i 为 MMC_i 的等效电容电压。MMC_i 和故障点注入直流网络的电流分别为 i_{ci} 和 i_f，其参考方向为从负极指向正极。直流架空线路使用等效 RL 串联电路来模拟。

以四端 MMC-HVDC 直流电网为例，当系统发生双极短路故障时，基于图 9-50 所示的故障时刻直流电网等效电路模型和文献[52]提出的针对对称单极直流电网直流线路双极短路故障电流计算方法，可以建立故障时支路电流和电容电压的状态方程，如式 (9-68) 所示。

$$\begin{cases} A\cdot U = R\cdot I + L\cdot\dot{I} \\ \dot{U} = C\cdot I \end{cases}$$

$$(9\text{-}68)$$

式中，$U=[u_1\ u_2\ u_3\ u_4]^T$ 为电压矩阵，由换流站等效电容电压构成；$I=[i_{10}\ i_{02}\ i_{23}\ i_{34}\ i_{41}]^T$ 为电流矩阵，由各输电线路电流构成；关联矩阵 A 中，行对应等效电路的线

路电流支路，列对应等效电路的节点，A 中的元素表示为

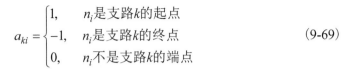

$$a_{ki} = \begin{cases} 1, & n_i\text{是支路}k\text{的起点} \\ -1, & n_i\text{是支路}k\text{的终点} \\ 0, & n_i\text{不是支路}k\text{的端点} \end{cases} \tag{9-69}$$

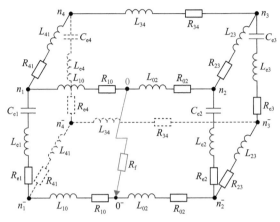

图 9-50　四端环网等效故障回路示意图

式 (9-68) 中 R 和 L 是方阵，它们的行和列对应于支路电流。R 的对角线元素包含了支路电流在列写 KVL 方程时回路中全部电阻之和，如支路电流 i_{ij} 对应的对角线元素是 $2R_{ij} + R_{ei} + R_{ej}$，对于流经故障点的支路电流，如 i_{i0}，对角线元素为 $2R_{i0} + R_{ei} + R_f$，R_f 为故障点接地电阻。非对角线元素表示对应两支路电流共同流经的换流站的等效电阻，其符号取决于支路电流的参考方向，i_{ij} 对应可能出现的非对角元素如表 9-13 所示，其中 k 和 q 是除 i、j 的任意节点，对于流经故障点的支路电流，将相应的 R_{ei} 或 R_{ej} 改为 R_f。

表 9-13　电阻矩阵的非对角线元素

非对角线对应支路电流	i_{ik}	i_{ki}	i_{jk}	i_{kj}	i_{kq}	i_{qk}
非对角线元素	R_{ei}	$-R_{ei}$	$-R_{ej}$	R_{ej}	0	0

在回路方程里，电阻和电感是成对出现的，所以电感矩阵 L 的结构与 R 相同，不同之处在于 R 中的电阻被电感所取代。虚拟节点未与换流站直接相连，缺少电压与支路电流的关系，导致未知量与求解方程数目不匹配，因此在矩阵方程中需要消除虚拟节点，消除方法如文献 [52] 所述。在矩阵 C 中，行对应等效电路节点，列对应支路电流。关联矩阵 A、电阻矩阵 R、电感矩阵 L、电容矩阵 C 分别为

$$A = \begin{bmatrix} 1 & 0 & 0 & 0 \\ 0 & -1 & 0 & 0 \\ 0 & 1 & -1 & 0 \\ 0 & 0 & 1 & -1 \\ -1 & 0 & 0 & 1 \end{bmatrix} \tag{9-70}$$

$$R = \begin{bmatrix} R_{e1} + 2 \cdot R_{10} + R_f & -R_f & 0 & 0 \\ -R_f & 2 \cdot R_{02} + R_{e2} + R_f & -R_{e2} & 0 \\ 0 & -R_{e2} & R_{e2} + 2 \cdot R_{23} + R_{e3} & -R_{e3} \\ 0 & 0 & -R_{e3} & R_{e3} + 2 \cdot R_{34} + R_{e4} \\ -R_{e1} & 0 & 0 & -R_{e4} \end{bmatrix}$$

$$\begin{bmatrix} -R_{e1} \\ 0 \\ 0 \\ -R_{e4} \\ R_{e4} + 2 \cdot R_{41} + R_{e1} \end{bmatrix}$$

$$\tag{9-71}$$

$$L = \begin{bmatrix} L_{e1} + 2 \cdot L_{10} & 0 & 0 & 0 & -L_{e1} \\ 0 & 2 \cdot L_{02} + L_{e2} & -L_{e2} & 0 & 0 \\ 0 & -L_{e2} & L_{e2} + 2 \cdot L_{23} + L_{e3} & -L_{e3} & 0 \\ 0 & 0 & -L_{e3} & L_{e3} + 2 \cdot L_{34} + L_{e4} & -L_{e4} \\ -L_{e1} & 0 & 0 & -L_{e4} & L_{e4} + 2 \cdot L_{41} + L_{e1} \end{bmatrix} \tag{9-72}$$

$$C = \begin{bmatrix} -\dfrac{1}{C_{e1}} & 0 & 0 & 0 & \dfrac{1}{C_{e1}} \\ 0 & \dfrac{1}{C_{e2}} & -\dfrac{1}{C_{e2}} & 0 & 0 \\ 0 & 0 & \dfrac{1}{C_{e3}} & -\dfrac{1}{C_{e3}} & 0 \\ 0 & 0 & 0 & \dfrac{1}{C_{e4}} & -\dfrac{1}{C_{e4}} \end{bmatrix} \tag{9-73}$$

根据线路故障对状态方程中的状态变量和系数矩阵进行适当修改，可得到投入限流设备后系统的状态空间方程，进而求解线路故障电流。以图 9-51 所示的两种基础故障限流器拓扑为例进行分析，分别为阻容型故障限流器和阻感型故障限流器。

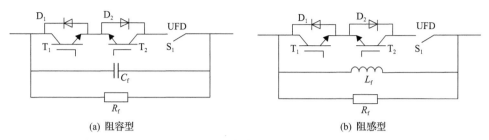

(a) 阻容型　　　　　　　　　　　　　　　　　(b) 阻感型

图 9-51　故障限流器拓扑

在限流过程中，故障限流器两端电压的平稳变化，有利于限流过程的平稳过渡，阻容型元件和阻感型元件具有平滑故障限流器电压上升率的特性。对于阻容型故障限流器，在故障发生后，将其正常通流支路的 LCS 和 UFD 关断，故障电流就转移至 $R_f//C_f$ 所在的支路，故障限流器两端电压随着 C_f 的充电而上升，即故障限流器进入限流状态。同样地，阻感型故障限流器有两条并联支路，限流支路由电感 L_f 与电阻 R_f 并联组成，在故障发生后，将其正常通流支路的 LCS 和 UFD 关断，故障电流转移至 $L_f//C_f$ 所在的支路，故障限流器进入限流状态。

假设每条输电线路的两个端口均安装故障限流器，当发生如图 9-50 所示的双极短路故障时，以故障回路 1—0—0$^-$—1$^-$为例，投入阻容型故障限流器后，故障回路微分方程为

$$u_1 = \left(R_{e1} + 2R_{10} + R_f\right) \cdot i_{10} + \left(L_{e1} + 2L_{10}\right) \cdot \frac{\mathrm{d}i_{10}}{\mathrm{d}t} - R_f \cdot i_{02} - R_{e1} \cdot i_{41} - L_{e1} \cdot \frac{\mathrm{d}i_{41}}{\mathrm{d}t} + 2u_{F10} \tag{9-74}$$

$$i_{10} = C_{f10} \cdot \frac{\mathrm{d}u_{F10}}{\mathrm{d}t} + \frac{u_{F10}}{R_{f10}} \tag{9-75}$$

式中，u_{F10} 为线路 1—0 上的故障限流器两端电压；C_{f10} 和 R_{f10} 分别为线路 1—0 上故障限流器的电容值和电阻值。考虑故障限流器投入后，状态方程中增加了状态变量 U_{FCL}，U_{FCL} 由故障限流器两端电压值构成，同时需要增加相应的状态方程，对式(9-68)进行修正，得到

$$\begin{cases} A_1 \cdot U_1 = R_1 \cdot I_1 + L_1 \cdot \dot{I}_1 + 2 \cdot U_{FCL} \\ I_1 = C_{FCL} \cdot \dot{U}_{FCL} + R_{FCL} \cdot U_{FCL} \\ \dot{U}_1 = C_1 \cdot I_1 \end{cases} \tag{9-76}$$

未知变量矩阵 U_{FCL}、系数矩阵 C_{FCL}、R_{FCL} 表示如下：

$$U_{FCL} = \begin{bmatrix} u_{F10} & u_{F02} & 0 & 0 & 0 \end{bmatrix}^T \tag{9-77}$$

$$C_{FCL} = \begin{bmatrix} C_{f10} & 0 & 0 & 0 & 0 \\ 0 & C_{f02} & 0 & 0 & 0 \\ 0 & 0 & C_{f23} & 0 & 0 \\ 0 & 0 & 0 & C_{f34} & 0 \\ 0 & 0 & 0 & 0 & C_{f41} \end{bmatrix} \tag{9-78}$$

$$R_{FCL} = \begin{bmatrix} \dfrac{1}{R_{f10}} & 0 & 0 & 0 & 0 \\ 0 & \dfrac{1}{R_{f02}} & 0 & 0 & 0 \\ 0 & 0 & \dfrac{1}{R_{f23}} & 0 & 0 \\ 0 & 0 & 0 & \dfrac{1}{R_{f34}} & 0 \\ 0 & 0 & 0 & 0 & \dfrac{1}{R_{f41}} \end{bmatrix} \tag{9-79}$$

由于非故障线路上的限流器不动作，未知变量矩阵 U_{FCL} 中相应的电压值置 0，当其他线路上发生故障时，对 U_{FCL} 进行适当修正即可。

同样地，投入阻感型故障限流器后，此时故障回路 $1—0—0^-—1^-$ 的微分方程如式 (9-74) 和式 (9-80) 所示。

$$\frac{di_{10}}{dt} = \frac{1}{R_{f10}} \cdot \frac{du_{F10}}{dt} + \frac{u_{F10}}{L_{f10}} \tag{9-80}$$

对式 (9-68) 进行修正，得到

$$\begin{cases} A_1 \cdot U_1 = R_1 \cdot I_1 + L_1 \cdot \dot{I}_1 + 2 \cdot U_{FCL} \\ \dot{I}_1 = R_{FCL} \cdot \dot{U}_{FCL} + L_{FCL} \cdot U_{FCL} \\ \dot{U}_1 = C_1 \cdot I_1 \end{cases} \tag{9-81}$$

式中，未知变量矩阵 U_{FCL} 和系数矩阵 R_{FCL} 分别如式 (9-77) 和式 (9-79) 所示，系数矩阵 L_{FCL} 表示如下：

$$L_{FCL} = \begin{bmatrix} \dfrac{1}{L_{f10}} & 0 & 0 & 0 & 0 \\ 0 & \dfrac{1}{L_{f02}} & 0 & 0 & 0 \\ 0 & 0 & \dfrac{1}{L_{f23}} & 0 & 0 \\ 0 & 0 & 0 & \dfrac{1}{L_{f34}} & 0 \\ 0 & 0 & 0 & 0 & \dfrac{1}{L_{f41}} \end{bmatrix} \tag{9-82}$$

为了对附加限流设备后直流电网故障电流计算方法的有效性和精确性进行验证，在 PSCAD/EMTDC 仿真平台中，搭建了如图 9-30 所示的四端双极柔性直流电网电磁暂态仿真模型，稳定运行状态下，换流站 S1、S3 和 S4 采用定有功功率控制方式，S2 采用定直流电压控制方式，系统基本参数如表 9-14 和表 9-15 所示。为了研究系统的动态性能，在故障发生时没有额外的控制和保护措施。

表 9-14　四端 MMC-HVDC 系统仿真模型参数

换流站	额定功率 /MW	额定直流 电压/kV	交流电压/kV	桥臂子模块个数	子模块 电容/mF	桥臂电感 /mH	中性线 电抗/mH	平波电抗器 /mH
S1	3000	±500	230	244	15	50	300	150
S2	−3000	±500	525	244	15	50	300	150
S3	−1500	±500	525	244	8	100	300	150
S4	1500	±500	230	244	11.2	100	300	150

表 9-15　直流输电线路长度和参数

输电线路	长度/km	单位长度电阻/(Ω/km)	单位长度电感/(mH/km)
S1-S2	214.9		
S2-S3	190.4	0.014	0.82
S3-S4	204		
S4-S1	49.2		

在 1—2 线路距离节点 n_1 110km 处发生故障电阻为 0.01Ω 的双极短路故障，故障发生的时刻设置为 3.0s。在仿真过程中 IGBT 不发生闭锁。阻容型故障限流器中 C_f 设为 0.06mF，R_f 为 50Ω，阻感型故障限流器中 L_f 为 200mH，R_f 为 50Ω。故障发生 3ms 后，即 $t=3.003$s 时刻故障线路两端故障限流器动作。考虑到实际工程中保护动作的时间，通常只需要关注故障发生后 10ms 内的放电过程。含故障限流器的直流电网故障计算过程分为两个阶段，即发生直流故障到投入故障限流

器之前的故障电流和投入故障限流器后。U_1 和 I_1 的初始值如表 9-16 和表 9-17 所示，第二阶段状态变量的初值由第一阶段在 3.003s 时刻的计算值得到。正极故障电流 i_{10}、i_{02}、i_{23}、i_{34}、i_{41} 的计算值与仿真值如图 9-52 所示。

表 9-16　电容电压初始值

电容电压	u_1	u_2	u_3	u_4
初始值/kV	1000	1000	1000	1000

表 9-17　支路电流初始值

支路电流	i_{10}	i_{02}	i_{23}	i_{34}	i_{41}
初始值/kA	2.659	2.659	−0.538	−1.989	−0.427

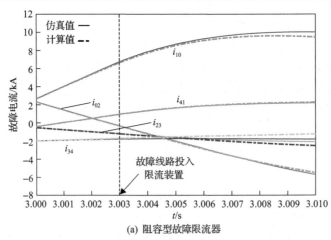

(a) 阻容型故障限流器

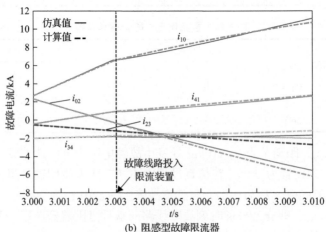

(b) 阻感型故障限流器

图 9-52　故障发生后 10ms 内故障电流仿真值与计算值

对比分析考虑限流措施的直流线路短路故障电流的仿真值和计算值，可知在子模块电容放电电流占主导地位的故障后、故障发展的短时间内，故障电流的仿真值和计算值高度一致，从而证明了该计算方法的有效性和精确性。

当考虑换流器主动限流控制时，由于换流器出口电压受控制策略影响，换流器等效模型不再是第 8 章提出的 RLC 等效电路，且任何一个换流站采用主动限流控制时都会对故障电流造成影响，无法将原直流电网简化为故障线路及其两端换流站组成的双端等效系统，因此，考虑换流器主动限流控制时需对整个网络的故障电流进行计算。这里基于复频域分析对考虑换流器主动限流控制的直流电网故障电流进行计算，然后通过拉普拉斯逆变换得到故障电流的时域响应。

以混合型 MMC-HVDC 系统为例，直流电网的定义与半桥型 MMC-HVDC 系统的一致，当发生双极短路故障时，直流电网复频域等效电路如图 9-53 所示，此外，将极对极直流故障定义为具有故障电阻 R_f 的节点 n_0，n_0 为实节点，在混合型 MMC 等效电路中，受控电压源的值为 u_{ci}，故障点的极对极直流电压为 u_f。这些变量的复频域表达式分别为 I_{ij}、I_{ci}、I_f、U_{ci}、U_f。根据 KVL，整个直流电网的复频域回路方程可以表示为

$$A \cdot U = R \cdot I_B + sL \cdot I_B - L \cdot I_{B0} \tag{9-83}$$

式中，$U = [U_{c1} \cdots U_f \cdots U_{ci}]^T$ 为电压矩阵；$I_B = [I_{12} \cdots I_{i0} \quad I_{0j} \cdots]^T$ 为支路电流列向量；$I_{B0} = [I_{12(0\_)} \cdots I_{i0(0\_)} \quad I_{0j(0\_)} \cdots]^T$ 为故障前支路电流列向量。

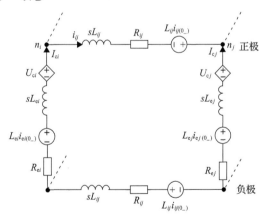

图 9-53　双极短路故障时直流电网复频域等效电路

U 中的元素为混合型 MMC 等效电路中的受控电压源，在 9.4.1 节分析的基础上，可以得到受控电压源与换流器直流侧电流间的关系为

$$U_{ci} = \frac{g_{i1}}{s} + \frac{g_{i2}}{s^2} - g_{i3}I_{ci} - \frac{g_{i4}}{s}I_{ci} \tag{9-84}$$

$$g_{i1} = I_{\mathrm{dcref}i}k_{\mathrm{p}ii}U_{\mathrm{dcN}} \tag{9-85}$$

$$g_{i2} = I_{\mathrm{dcref}i}k_{iii}U_{\mathrm{dcN}} \tag{9-86}$$

$$g_{i3} = \frac{k_{\mathrm{p}ii}U_{\mathrm{dcN}}}{I_{\mathrm{dcN}i}} \tag{9-87}$$

$$g_{i4} = \frac{k_{iii}U_{\mathrm{dcN}}}{I_{\mathrm{dcN}i}} \tag{9-88}$$

式中，$I_{\mathrm{dcref}i}$、$k_{\mathrm{p}ii}$、k_{iii} 和 $I_{\mathrm{dcN}i}$ 分别为混合型 MMC_i 的直流电流参考值、直流电流 PI 控制器的比例系数、直流电流 PI 控制器的积分系数和额定直流电流。此外，利用基尔霍夫电流定律（KCL），电流 I_{ci} 可以用支路电流表示，因此不需要额外的微分方程，节点注入电流 $I_{\mathrm{c}} = [I_{c1}\cdots I_{\mathrm{f}}\cdots I_{ci}]^{\mathrm{T}}$ 与支路电流的关系为

$$I_{\mathrm{c}} = A^{\mathrm{T}}I_{\mathrm{B}} \tag{9-89}$$

因此，可以得到电压矩阵 U 和支路电流 I_{B} 的关系为

$$U = \frac{G_1}{s} + \frac{G_2}{s^2} - G_3 A^{\mathrm{T}} I_{\mathrm{B}} - \frac{G_4 A^{\mathrm{T}}}{s}I_{\mathrm{B}} \tag{9-90}$$

式中

$$G_1 = [g_{11}\cdots -U_{\mathrm{dcN}}\cdots g_{i1}]^{\mathrm{T}} \tag{9-91}$$

$$G_2 = [g_{12}\cdots 0 \cdots g_{i2}]^{\mathrm{T}} \tag{9-92}$$

$$G_3 = \mathrm{diag}[g_{13}\cdots 0 \cdots g_{i3}] \tag{9-93}$$

$$G_4 = \mathrm{diag}[g_{14}\cdots 0 \cdots g_{i4}] \tag{9-94}$$

最后得到故障电流的复频域表达式：

$$I_{\mathrm{B}} = \left(R + sL + AG_3A^{\mathrm{T}} + \frac{AG_4A^{\mathrm{T}}}{s}\right)^{-1} \cdot \left[A\left(\frac{G_1}{s} + \frac{G_2}{s^2}\right) + LI_{\mathrm{B}0}\right] \tag{9-95}$$

$G_1 \sim G_4$ 由混合型 MMC 直流电流控制器的动态特性决定，因此，式(9-95)可以体现 MMC 的主动限流控制特性。通过式(9-95)的拉普拉斯逆变换，可以得出发生极间短路故障时的支路电流：

$$I_{\mathrm{dc}}(t) = L^{-1}\left[I_{\mathrm{B}}(s)\right] \tag{9-96}$$

当发生单极接地直流故障时，由于直流网络的正负极不对称，需要分别求解正负极的支路电流。正极 MMC 变量下标为 p，负极 MMC 变量下标为 n，金属回路的变量用下标 m 表示，直流电网复频域等效电路如图 9-54 所示。电网节点、支路、变量、关联矩阵、电阻矩阵和电感矩阵的定义与极间短路故障的情况相同。在单极接地故障的情况下，故障电流会通过金属回线形成流通路径。假设在正极线路上发生单极接地故障，电压矩阵为 $U_1 = [U_{pc1} \cdots U_f \cdots U_{pci} \cdots U_{nc1} \cdots U_{nci}]^T$，支路电流列向量为 $I_B = [I_{p12} \cdots I_{pi0} \quad I_{p0j} \cdots I_{n12} \cdots I_{nij}]^T$。与极间短路故障情况一致，整个直流电网的复频域回路方程可以用式(9-83)表示，其中

$$A = \begin{bmatrix} A_p & 0 \\ 0 & A_n \end{bmatrix} \tag{9-97}$$

式中，A_p 为正极节点和支路的关联矩阵；A_n 为负极节点和支路的关联矩阵；0 为 0 矩阵。直流电网正负极架空线参数相同，MMC 参数相同。R 矩阵中与支路电流 I_{pij} 对应的对角线元素为 $R_{ij} + R_{ei} + R_{ej} + R_{mij}$，与支路电流 I_{nij} 对应的对角线元素为 $-(R_{ij} + R_{ei} + R_{ej} + R_{mij})$，$R_{mij}$ 是金属回线支路的电阻。对于流经故障点的支路电流，如 I_{pi0}，其对应的对角线元素为 $R_{i0} + R_{ei} + R_f + R_n + R_{mie}$，其中 R_n 为电网接地电阻，R_{mie} 为节点 n_{mi} 与接地点之间金属回线的电阻。正极和负极支路电流对应可能出现的 R 非对角线元素分别如表 9-18 和表 9-19 所示。

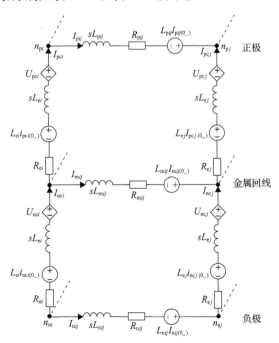

图 9-54　单极接地故障时直流电网复频域等效电路

表 9-18　电阻矩阵中正极支路电流 I_{pij} 对应的非对角线元素

非对角线对应的支路电流	I_{pik}	I_{pki}	I_{pjk}	I_{pkj}	I_{pkq}	I_{pqk}	
非对角线元素	R_{ei}	$-R_{ei}$	$-R_{ej}$	R_{ej}	0	0	
非对角线对应的支路电流	I_{nij}	I_{nik}	I_{nki}	I_{njk}	I_{nkj}	I_{nkq}	I_{nqk}
非对角线元素	R_{mij}	0	0	0	0	0	0

表 9-19　电阻矩阵中负极支路电流 I_{nij} 对应的非对角线元素

非对角线对应的支路电流	I_{pik}	I_{pki}	I_{pjk}	I_{pkj}	I_{pkq}	I_{pqk}	I_{pij}
非对角线元素	0	0	0	0	0	0	$-R_{mij}$
非对角线对应的支路电流	I_{nik}	I_{nki}	I_{njk}	I_{nkj}	I_{nkq}	I_{nqk}	
非对角线元素	$-R_{ei}$	R_{ei}	R_{ej}	$-R_{ej}$	0	0	

　　电压矩阵 U 包含了正负极 MMC 等效电路的受控电压源，同样，U 与支路电流的关系表示为

$$U = \frac{G_1}{s} + \frac{G_2}{s^2} - G_3 A^{\mathrm{T}} I_{\mathrm{B}} - \frac{G_4 A^{\mathrm{T}}}{s} I_{\mathrm{B}} \tag{9-98}$$

式中

$$G_1 = [g_{p11} \cdots -U_{dcN}/2 \cdots g_{pi1} \cdots g_{n11} \cdots g_{ni1}]^{\mathrm{T}} \tag{9-99}$$

$$G_2 = [g_{p12} \cdots 0 \cdots g_{pi2} \cdots g_{n12} \cdots g_{ni2}]^{\mathrm{T}} \tag{9-100}$$

$$G_3 = \mathrm{diag}[g_{p13} \cdots 0 \cdots g_{pi3} \cdots g_{n13} \cdots g_{ni3}] \tag{9-101}$$

$$G_4 = \mathrm{diag}[g_{p14} \cdots 0 \cdots g_{pi4} \cdots g_{n14} \cdots g_{ni4}] \tag{9-102}$$

　　基于四端混合型 MMC-HVDC 双极直流电网对考虑换流器主动限流控制的故障电流计算方法进行验证，该系统参数与半桥型的一致，如表 9-14 和表 9-15 所示，不同的是，换流器采用混合型 MMC 拓扑结构，其中混合型 MMC 桥臂中半桥子模块和全桥子模块的配置比例为 1∶1，换流站的直流电流 PI 控制器参数如表 9-20 所示。换流站交流侧均控制平均子模块电容电压，S1、S3 和 S4 的直流侧采用定有功功率控制方式，S2 采用定直流电压控制方式。

　　假设 1.3s 时刻在 1—2 线路距离换流站 S1 10km 处的直流线路上分别发生故障电阻为 0.01Ω 的双极短路故障和单极接地故障，经过 2ms 的故障检测时间后，故障极的混合型 MMC 于 1.302s 时刻切换至定直流电流控制，直流电流参考值设为 0，非故障极 MMC 不采取任何措施。图 9-55 所示为故障电流仿真值与计算值结果，由图 9-55 可知，故障电流的仿真值和计算值高度一致，考虑换流器主动限

流控制的故障电流计算方法具有较高的计算精度。

表 9-20　换流站直流电流 PI 控制器参数

换流站	比例系数	积分系数
S1	0.5	40
S2	0.2	20
S3	0.5	10
S4	0.5	20

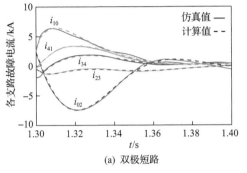
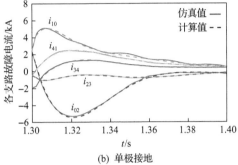

图 9-55　故障电流仿真值与计算值

9.5　本　章　小　结

　　本章基于现有限流措施，研究不同限流措施对故障电流的影响，分析采取限流措施后直流电网的故障发展演化特性并提出了附加限流措施(限流设备和换流器主动控制)的故障电流计算方法。

　　本章主要得出以下结论。

　　(1)由于限流设备可以增大故障回路中的阻抗，因此可以通过增设限流设备来降低直流电网的故障电流上升率，同时，换流器可主动调节其直流侧端口输出电压以自适应外部直流电压的变化，从而抑制故障电流。两种技术路线均有抑制故障电流，防止换流器闭锁和避免故障电流影响正常线路的作用。

　　(2)电阻型故障限流器安装在桥臂处效果更佳，电感型故障限流器安装在直流出口处更佳。基于评价函数构建优化模型并求解，得到了限流参数的综合最优解(以张北柔性直流电网为例，电阻型故障限流器选为 30Ω，电感型故障限流器选为 $50\mathrm{mH}$)。

　　(3)限流电感有助于降低故障电流上升率及峰值，耗能电阻有助于降低故障电流峰值。采用耗能电阻，故障电流较快达到峰值，而采用限流电感，故障电流较长时间将被限制在其峰值下，且电感越大，电流越低、限流时间越长。因此，在故障后的关键 10ms 内，限流电感在限制故障电流的上升率方面具有更好的性能。对于整个直流电网，限流电感和耗能电阻对各支路故障电流的变化均有抑制作用，对故障支路的电流变化影响较大，对故障点相邻支路的电流变化影响较小，对远离故障点支路的电流几乎没有影响。

(4)根据故障电流抑制特性提出了故障限流电路，在该限流方案下，故障发生 3ms 时刻断路器遮断容量需求降低了 58.9%，有助于降低保护成本和加快故障切除速度。

(5)建立了典型限流设备的阻抗模型和计及换流器主动控制的时域模型，提出了附加限流措施(限流设备和换流器主动控制)后直流电网的故障等效电路及故障电流计算方法，该方法具有较高的计算精度，算例表明故障电流计算误差在 5% 以内。

参 考 文 献

[1] 龚珺. 混合型高温故障超导限流器无感限流单元设计研究[D]. 北京: 北京交通大学, 2018.

[2] 梁飞, 宋萌. 电阻型超导限流器的研究综述[J]. 云南电力技术, 2018, 46(6): 127-133.

[3] 梁思源. 用于柔性直流输电系统的超导限流器综合设计与分析研究[D]. 武汉: 华中科技大学, 2020.

[4] 赵西贝, 许建中, 苑津莎, 等. 一种新型电容换相混合式直流限流器[J]. 中国电机工程学报, 2018, 38(23): 6915-6923, 7125.

[5] 韩乃峥, 贾秀芳, 赵西贝, 等. 一种新型混合式直流故障限流器拓扑[J]. 中国电机工程学报, 2019, 39(6): 1647-1658, 1861.

[6] 官二勇, 董新洲, 冯腾. 一种固态直流限流器拓扑结构[J]. 中国电机工程学报, 2017, 37(4): 978-986.

[7] 朱童, 余占清, 曾嵘, 等. 混合式直流断路器模型及其操作暂态特性研究[J]. 中国电机工程学报, 2016, 36(1): 18-30.

[8] 王振浩, 田奇, 成龙, 等. 混合式高压直流断路器暂态分断特性及其参数影响分析[J]. 电力系统保护与控制, 2019, 47(18): 1-10.

[9] 徐政, 肖晃庆, 徐雨哲. 直流断路器的基本原理和实现方法研究[J]. 高电压技术, 2018, 44(2): 347-357.

[10] 年珩, 孔亮. 环网式直流微网短路故障下断路器与限流器优化配置方法[J]. 中国电机工程学报, 2018, 38(23): 6861-6872, 7120.

[11] 王振浩, 张力斌, 成龙, 等. 一种具备限流功能的混合式高压直流断路器[J]. 电网技术, 2021, 45(5): 2042-2049.

[12] 许建中, 张继元, 李帅, 等. 一种阻容型限流式直流断路器拓扑及其在直流电网中的应用[J]. 中国电机工程学报, 2020, 40(8): 2618-2628.

[13] 王金健, 王志新. 一种具有限流能力的新型混合式高压直流断路器拓扑[J]. 电力自动化设备, 2019, 39(10): 143-149.

[14] 王新颖, 汤广福, 魏晓光, 等. MMC-HVDC 输电网用高压 DC/DC 变换器隔离需求探讨[J]. 电力系统自动化, 2017, 41(8): 172-178.

[15] Xing Z, Ruan X, You H, et al. Soft-switching operation of isolated modular DC/DC converters for application in HVDC grids[J]. IEEE Transactions on Power Electronics, 2016, 31(4): 2753-2766.

[16] Engel S P, Stieneker M, Soltau N, et al. Comparison of the modular multilevel DC converter and the dual-active

bridge converter for power conversion in HVDC and MVDC grids[J]. IEEE Transactions on Power Electronics, 2015, 30(1): 124-137.

[17] 王新颖, 汤广福, 魏晓光, 等. 适用于直流电网的 LCL 谐振式模块化多电平 DC/DC 变换器[J]. 电网技术, 2017, 41(4): 1106-1114.

[18] Yang J, He Z, Pang H, et al. The hybrid-cascaded DC-DC converters suitable for HVDC application[J]. IEEE Transactions on Power Electronics, 2015, 30(10): 5358-5363.

[19] Li B, Zhao X, Cheng D, et al. Novel hybrid DC/DC converter topology for HVDC interconnections[J]. IEEE Transactions on Power Electronics, 2019, 34(6): 5131-5146.

[20] 李彬彬, 张玉洁, 张书鑫, 等. 具备故障阻断能力的柔性直流输电 DC/DC 变换器[J]. 电力系统自动化, 2020, 44(5): 53-59.

[21] KishI G J, Ranjram M, Lehn P W. A modular multilevel DC/DC converter with fault blocking capability for HVDC interconnects[J]. IEEE Transactions on Power Electronics, 2015, 30(1): 148-162.

[22] 左文平, 林卫星, 姚良忠, 等. 直流-直流自耦变压器控制与直流故障隔离[J]. 中国电机工程学报, 2016, 36(9): 2398-2407.

[23] 黄昕昱, 张家奎, 徐千鸣, 等. 具有限流功能的模块化直流潮流控制器及其控制[J]. 电力系统自动化, 2020, 44(5): 38-46.

[24] 许建中, 李馨雨, 宋冰倩, 等. 具备故障限流及断路功能的复合型直流潮流控制器[J]. 中国电机工程学报, 2020, 40(13): 4244-4256.

[25] 罗永捷, 李耀华, 李子欣, 等. 全桥型 MMC-HVDC 直流短路故障穿越控制保护策略[J]. 中国电机工程学报, 2016, 36(7): 1933-1943.

[26] Adam G P, Davidson I E. Robust and generic control of full-bridge modular multilevel converter high-voltage DC transmission systems[J]. IEEE Transactions on Power Delivery, 2015, 30(6): 2468-2476.

[27] 孔明, 汤广福, 贺之渊. 子模块混合型 MMC-HVDC 直流故障穿越控制策略[J]. 中国电机工程学报, 2014, 34(30): 5343-5351.

[28] 李少华, 王秀丽, 李泰, 等. 混合式 MMC 及其直流故障穿越策略优化[J]. 中国电机工程学报, 2016, 36(7): 1849-1858.

[29] 周猛, 向往, 林卫星, 等. 柔性直流电网直流线路故障主动限流控制[J]. 电网技术, 2018, 42(7): 2062-2072.

[30] Marquardt R. Modular multilevel converter topologies with DC-short circuit current limitation[C]. 8th International Conference on Power Electronics-ECCE Asia, Jeju, 2011.

[31] Li R, Fletcher J E, Xu L, et al. A hybrid modular multilevel converter with novel three-level cells for DC fault blocking capability[J]. IEEE Transactions on Power Delivery, 2015, 30(4): 2017-2026.

[32] Nami A, Wang L, Dijkhuizen F, et al. Five level cross connected cell for cascaded converters[C]. 15th European Conference on Power Electronics and Applications, Lille, 2013.

[33] Li X, Liu W, Song Q, et al. An enhanced MMC topology with DC fault ride-through capability[C]. 39th Annual Conference of the IEEE Industrial Electronics Society, Vienna, 2013.

[34] 向往, 林卫星, 文劲宇, 等. 一种能够阻断直流故障电流的新型子模块拓扑及混合型模块化多电平换流器[J]. 中国电机工程学报, 2014, 34(29): 5171-5179.

[35] 杨晓峰, 薛尧, 郑琼林, 等. 采用逆阻型子模块的新型模块化多电平换流器[J]. 中国电机工程学报, 2016, 36(7): 1885-1891.

[36] 倪斌业, 向往, 周猛, 等. 半桥 MMC 型柔性直流电网自适应限流控制研究[J]. 中国电机工程学报, 2020, 40(17): 5609-5620.

[37] 张帆, 许建中, 苑宾, 等. 基于虚拟阻抗的 MMC 交、直流侧故障过电流抑制方法[J]. 中国电机工程学报, 2016, 36(8): 2103-2113.

[38] Mao M, Lu H, Cheng D, et al. Optimal allocation of fault current limiter in MMC-HVDC grid based on transient energy flow[J]. CSEE Journal of Power and Energy Systems, 2023, 9(5): 1786-1796.

[39] 陈丽莉. 大电网限流措施的优化配置研究[D]. 杭州: 浙江大学, 2011.

[40] Yan S, Ren L, Wang Z, et al. Simulation analysis and experimental tests of a small-scale flux-coupling type superconducting fault current limiter[J]. IEEE Transactions on Applied Superconductivity, 2017, 27(4): 5600205.

[41] 袁佳歆, 陈凡, 赵晋斌, 等. 电感式直流限流器研究综述[J]. 高电压技术, 2021, 47(5): 1595-1605.

[42] Liu K, Huai Q, Qin L, et al. Enhanced fault current-limiting circuit design for a DC fault in a modular multilevel converter-based high-voltage direct current system[J]. Applied Sciences, 2019, 9(8): 1661.

[43] Liu J, Tai N, Fan C, et al. A hybrid current-limiting circuit for DC line fault in multi-terminal VSC-HVDC system[J]. IEEE Transactions on Industrial Electronics, 2017, 64(7): 5595-5607.

[44] Li B, He J. Studies on the application of R-SFCL in the VSC-based DC distribution system[J]. IEEE Transactions on Applied Superconductivity, 2016, 26(3): 5601005.

[45] Martinez-Velasco J A, Magnusson J. Parametric analysis of the hybrid HVDC circuit breaker[J]. International Journal of Electrical Power and Energy Systems, 2017, 84: 284-295.

[46] de Kerf K, Srivastava K, Reza M, et al. Wavelet-based protection strategy for DC faults in multi-terminal VSC HVDC systems[J]. IET Generation Transmission and Distribution, 2011, 5(4): 496-503.

[47] Li X, Song Q, Liu W, et al. Protection of nonpermanent faults on DC overhead lines in MMC-based HVDC systems[J]. IEEE Transactions on Power Delivery, 2013, 28(1): 483-490.

[48] Li R, Xu L, Yao L. DC fault detection and location in meshed multiterminal HVDC systems based on DC reactor voltage change rate[J]. IEEE Transactions on Power Delivery, 2017, 32(3): 1516-1526.

[49] Lin W, Jovcic D, Nguefeu S, et al. Full-bridge MMC converter optimal design to HVDC operational requirements[J]. IEEE Transactions on Power Delivery, 2016, 31(3): 1342-1350.

[50] Song Q, Xu S, Zhou Y, et al. Active fault-clearing on long-distance overhead lines using a hybrid modular multilevel converter[C]. 28th IEEE International Symposium on Industrial Electronics (IEEE-ISIE), Vancouver, 2019.

[51] Zhang J, Xiang W, Lin W, et al. Research on fault protection of DC grid based on hybrid MMC[J]. Journal of Engineering, 2017, 2017(13): 822-827.

[52] Li C, Zhao C, Xu J, et al. A pole-to-pole short-circuit fault current calculation method for DC grids[J]. IEEE Transactions on Power System, 2017, 32(6): 4943-4953.